Heidelberger Taschenbücher
Band 179

Werner Greub

Lineare Algebra

Korrigierter Nachdruck der ersten Auflage

Springer-Verlag
Berlin Heidelberg New York 1976

Werner Greub
Universität Toronto, Toronto, Kanada

Die 1. Auflage erschien 1958 als Band 97 in der Reihe
Grundlehren der mathematischen Wissenschaften

AMS Subject Classifications (1970): 15 01, 15 A 03, 15 A 06, 15 A 09, 15 A 12, 15 A 15, 15 A 18, 15 A 21, 15 A 57, 15 A 63, 15 A 69, 15 A 72

ISBN-13:978-3-540-07745-9 e-ISBN-13:978-3-642-66385-7
DOI: 10.1007/978-3-642-66385-7

Library of Congress Cataloging in Publication Data. Greub, Werner Hildbert, 1925 — Lineare Algebra (Heidelberger Taschenbücher; Bd. 179). Bibliography: p. Includes index. 1. Algebras, Linear. I. Title. QA184.G73. 1976. 512'.5. 76-12530.

Herstellung: Brühlsche Universitätsdruckerei, Gießen

HERRN PROFESSOR
DR. ROLF NEVANLINNA
ZUGEEIGNET

Vorwort zum Nachdruck

Der vorliegende Nachdruck der „Linearen Algebra" ist – im Gegensatz zu der in englischer Sprache erschienenen zweiten, dritten und vierten Auflage – ein unveränderter Nachdruck des Bandes 97 der Gelben Reihe.

Ich habe mich lediglich bemüht, einige Versehen in den Formeln zu korrigieren. Dabei haben mich mein Kollege Dr. J. R. VANSTONE und vor allem Fräulein B. GÖHRING, Springer-Verlag, Planung Mathematik, tatkräftig unterstützt. Beiden spreche ich an dieser Stelle meinen verbindlichen Dank für Ihre Hilfe aus.

Toronto, im März 1976 WERNER H. GREUB

Vorwort

Dieses Buch entstand aus Vorlesungen, die ich in den Jahren 1954 bis 1956 an der Universität Zürich gehalten habe.

Seit meinen Studienjahren in Heidelberg hat mir stets eine Darstellung der linearen Algebra vorgeschwebt, die auf dem Begriff des linearen Raumes beruht und nicht, wie es in den meisten Vorlesungen über analytische Geometrie aus pädagogischen Gründen geschieht, den n-dimensionalen Zahlenraum als Ausgangspunkt verwendet. Dieser Gedanke ist in einmaliger Weise von HERMANN WEYL in seinem Buch „Raum, Zeit, Materie" skizziert worden. Er kam auch in der für dieses Buch grundlegenden Vorlesung meines verehrten Lehrers Professor WILLIAM THRELFALL in Heidelberg immer wieder zum Ausdruck.

Entsprechend dieser Auffassung enthält Kapitel I eine axiomatische Einführung in den Begriff des linearen Raumes. Anschließend daran behandelt Kapitel II die linearen Abbildungen, wobei das Hauptgewicht auf der gleichzeitigen Betrachtung des dualen Raumes und der dualen Abbildung liegt; dadurch gelangt man zu einer äußerst durchsichtigen geometrischen Darstellung der Hauptsätze über lineare Gleichungssysteme. In Kapitel III wird die Determinante einer linearen Selbstabbildung erklärt, und zwar mit Hilfe der total schiefsymmetrischen multilinearen Funktionen, also unabhängig von dem Zusammenhang mit der Volumsberechnung. Diese schiefsymmetrischen Funktionen dienen auch dazu, in Kapitel IV zu einer koordinatenfreien Definition der Orientierung in einem linearen Raume zu kommen. Den Ausgangspunkt der Tensoralgebra (Kapitel V) bildet wieder der Begriff des Paares dualer Räume. Hierdurch wird es möglich, alle Operationen mit Tensoren, insbesondere die Verjüngung, ohne Bezugnahme auf die Komponenten einzuführen.

Mit Kapitel VI beginnt die Theorie der metrischen linearen Räume, wobei zunächst ein positiv-definites Skalarprodukt für die Längenmessung zugrunde gelegt wird. Hieran schließt sich in Kapitel VII die Besprechung der längentreuen und selbstadjungierten Abbildungen und deren Eigenwerttheorie. In Kapitel VIII werden zunächst die symmetrischen bilinearen Funktionen allgemein untersucht und schließlich diejenigen Eigenschaften des Euklidischen Raumes hervorgehoben, die sich auf Räume mit indefiniter Metrik übertragen lassen. Kapitel IX bringt dann die Klassifikation der Flächen zweiter Ordnung in affiner und metrischer Hinsicht. Die Übertragung der metrischen Begriffe auf komplexe lineare Räume findet sich in Kapitel X.

Das letzte — elfte — Kapitel führt wieder zu den linearen Räumen ohne Skalarprodukt zurück. Es gehört also logisch eigentlich zwischen Kapitel V und VI, würde an dieser Stelle jedoch in gewisser Hinsicht die Einheitlichkeit stören, da die hier behandelte Theorie der Zerlegung in irreduzible invariante Unterräume bezüglich einer linearen Selbstabbildung nicht unbedingt zu einer allgemeinen Kenntnis der linearen Algebra gehört. Entsprechend der Grundidee des ganzen Buches werden die irreduziblen Unterräume nicht aus der Matrix mittels ihrer Elementarteiler konstruiert, sondern vielmehr aus der Abbildung selbst. Die Normalformen der Matrix ergeben sich dann unmittelbar aus dem Zerlegungssatz.

Ehrlich gestanden habe ich zunächst nicht daran gedacht, meine Vorlesungen über lineare Algebra in Buchform erscheinen zu lassen. In dieser Hinsicht gebührt mein besonderer Dank Herrn Professor Rolf Nevanlinna, der mich zur Abfassung des Buches ermuntert hat. Ebensosehr danke ich den Herren Professoren B. L. van der Waerden und F. K. Schmidt für ihre vielen fachlichen Ratschläge und ihre Unterstützung bei der Veröffentlichung dieses Buches. Fernerhin möchte ich Herrn Dr. F. Kasch meinen Dank sagen für seine Mithilfe bei den Korrekturen und für manche wichtige Änderungen des Textes.

Nicht zuletzt gehört mein Dank dem Springer-Verlag, der dieses Buch in die berühmte „Gelbe Sammlung" einreiht — was ich als besondere Ehre betrachte — und der ihm die dem Springer-Verlag eigene einmalige Ausstattung zuteil werden läßt.

Baltimore, im Februar 1958 Werner H. Greub

Inhaltsverzeichnis

Erstes Kapitel

Lineare Räume

Zweites Kapitel

Lineare Abbildungen und Gleichungssysteme

Drittes Kapitel

Determinanten

Viertes Kapitel

Orientierte lineare Räume

Fünftes Kapitel

Multilineare Algebra

Sechstes Kapitel

Der Euklidische Raum

Siebentes Kapitel

Lineare Abbildungen Euklidischer Räume

Achtes Kapitel

Symmetrische Bilinearfunktionen

Neuntes Kapitel

Flächen zweiter Ordnung

Zehntes Kapitel

Unitäre Räume

Elftes Kapitel

Invariante Unterräume

Übersicht über den logischen Zusammenhang der einzelnen Kapitel

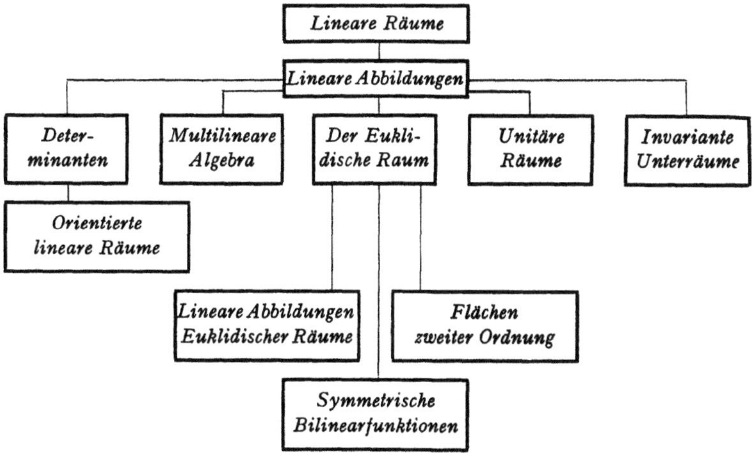

Erstes Kapitel

Lineare Räume

§ 1. Die Axiome des linearen Raumes

1.1 Additive Gruppen. Es sei eine Menge A von Elementen x, y usw. gegeben, die wir *Vektoren* nennen. Je zwei Vektoren x und y sei ein dritter Vektor als ihre *Summe* zugeordnet; dieser wird mit $x + y$ bezeichnet. Dabei sollen folgende Axiome erfüllt sein:

I.1. $x + y = y + x$ (kommutatives Gesetz).

I.2. $(x + y) + z = x + (y + z)$ (assoziatives Gesetz).

I.3. Es gibt einen *Nullvektor*, d. h. einen Vektor 0, so daß $x + 0 = x$ für jeden Vektor x.

I.4. Zu jedem Vektor x gibt es einen *entgegengesetzten Vektor* $-x$, so daß $x + (-x) = 0$.

Eine Menge mit einer derartigen Struktur heißt eine *additive Gruppe*. Der in I.3. postulierte Nullvektor ist eindeutig bestimmt; sind nämlich 0 und 0′ zwei Nullvektoren, so gelten für jeden Vektor x die Gleichungen

$$x + 0 = x \quad \text{und} \quad x + 0' = x .$$

Setzt man in der ersten $x = 0'$ und in der zweiten $x = 0$, so folgt

$$0' + 0 = 0' , \quad 0 + 0' = 0$$

und hieraus nach dem kommutativen Gesetz $0' = 0$.

Auch der zu einem Vektor a entgegengesetzte Vektor ist durch a eindeutig bestimmt. Wir zeigen gleich allgemeiner, daß es zu zwei gegebenen Vektoren a und b genau einen Vektor x gibt, so daß

$$x + a = b . \tag{1.1}$$

Um zunächst die Eindeutigkeit zu beweisen, seien x_1 und x_2 zwei Lösungen dieser Gleichung

$$x_1 + a = b , \quad x_2 + a = b .$$

Dann folgt

$$x_1 + a = x_2 + a .$$

Nun gibt es nach I.4. einen zu a entgegengesetzten Vektor $-a$; addiert man diesen, so folgt nach dem assoziativen Gesetz

$$x_1 + (a + (-a)) = x_2 + (a + (-a))$$

und somit $x_1 = x_2$.

Damit ist speziell die Eindeutigkeit des entgegengesetzten Vektors bewiesen; man braucht nur in (1.1) $b = 0$ zu setzen.

Wir zeigen jetzt, daß die Gleichung (1.1) tatsächlich eine Lösung hat; setzt man nämlich

$$x = b + (-a) \tag{1.2}$$

so wird

$$x + a = (b + (-a)) + a = b + ((-a) + a) = b + 0 = b\,,$$

d. h. der Vektor (1.2.) ist eine Lösung. Man nennt diesen Vektor die Differenz der Vektoren b und a und schreibt ihn auch in der Form

$$x = b - a\,.$$

1.2. Reelle lineare Räume. Wir betrachten jetzt neben der additiven Gruppe A den Bereich der reellen Zahlen, die zum Unterschied von den Vektoren mit griechischen Buchstaben bezeichnet werden sollen. Diese reellen Zahlen sollen in die Gruppe A als Multiplikatoren eingeführt werden, d. h. es soll jedem Paar (λ, x) wieder ein Vektor zugeordnet werden, der mit λx bezeichnet wird. Dabei soll diese Multiplikation folgenden Gesetzen genügen:

II.1. Assoziatives Gesetz: $\lambda(\mu x) = (\lambda\mu)\,x$.

II.2. Distributive Gesetze: $(\lambda + \mu)\,x = \lambda x + \mu x$,

$$\lambda(x + y) = \lambda x + \lambda y\,.$$

II.3. Für jeden Vektor x gilt $1 \cdot x = x$.

Eine additive Gruppe, in der eine derartige Multiplikation mit den reellen Zahlen erklärt ist, heißt ein *reeller linearer Raum* oder ein *reeller Vektorraum.*

Als Beispiel betrachten wir die Gesamtheit aller n-tupel reeller Zahlen

$$x = (\xi^1, \ldots \xi^n)\,,$$

wobei n eine feste natürliche Zahl bezeichnet*. Erklärt man die Summe zweier n-tupel

$$x = (\xi^1, \ldots \xi^n) \quad \text{und} \quad y = (\eta^1, \ldots \eta^n)$$

als das n-tupel

$$x + y = (\xi^1 + \eta^1, \ldots \xi^n + \eta^n) \tag{1.3}$$

und das Produkt eines n-tupels mit einer reellen Zahl λ gemäß

$$\lambda x = (\lambda\xi^1, \ldots \lambda\xi^n)\,, \tag{1.4}$$

so sind die Axiomgruppen I und II offenbar erfüllt. Diese n-tupel bilden somit einen Vektorraum, den *n-dimensionalen arithmetischen*

*) Die oberen Indizes bedeuten hier Nummern und nicht Exponenten.

Vektorraum. Der Nullvektor dieses Raumes ist durch das n-tupel

$$0 = (0, \ldots 0)$$

gegeben.

Ein anderes Beispiel für einen linearen Raum erhält man, wenn man als Vektoren alle eindeutigen Funktionen $f(t)$ in einem bestimmten Intervall $a \leqq t \leqq b$ der t-Achse nimmt. Die Addition und Multiplikation wird in üblicher Weise durch die Gleichungen

$$(f + g)(t) = f(t) + g(t), \quad (\lambda f)(t) = \lambda f(t)$$

erklärt. Der Nullvektor des so erhaltenen Raumes ist die identisch verschwindende Funktion. An Stelle der eindeutigen Funktionen könnte man auch die stetigen oder die differenzierbaren Funktionen nehmen.

1.3. Lineare Räume mit beliebigem Koeffizientenkörper. Anstelle der reellen Zahlen können aber auch die komplexen Zahlen oder allgemeiner die Elemente eines beliebigen kommutativen Körpers als Multiplikatoren auftreten. Dabei versteht man unter einem *kommutativen Körper* eine Menge Λ von Elementen, für die eine Addition und eine Multiplikation so erklärt sind, daß folgende Axiome gelten:

I. Gesetze der Addition:

1. Kommutatives Gesetz: $\alpha + \beta = \beta + \alpha$.
2. Assoziatives Gesetz: $\alpha + (\beta + \gamma) = (\alpha + \beta) + \gamma$.
3. Es gibt ein *Nullelement* 0, so daß $\alpha + 0 = \alpha$ für jedes α.
4. Zu jedem Element α gibt es ein *inverses Element* $-\alpha$, so daß $\alpha + (-\alpha) = 0$ gilt.

Die Elemente eines Körpers bilden also bezüglich der Addition eine Gruppe.

II. Gesetze der Multiplikation:

1. Kommutatives Gesetz: $\alpha\beta = \beta\alpha$ *).
2. Assoziatives Gesetz: $\alpha(\beta\gamma) = (\alpha\beta)\gamma$.
3. Es gibt ein *Einselement* ε, so daß $\varepsilon\alpha = \alpha$ für jedes α.

Zu jedem von 0 verschiedenen Element α gibt es ein *inverses Element* $\frac{\varepsilon}{\alpha}$, so daß $\alpha \frac{\varepsilon}{\alpha} = \varepsilon$ gilt.

III. Distributives Gesetz: $\alpha(\beta + \gamma) = \alpha\beta + \alpha\gamma$.

Zum Beispiel bilden die reellen Zahlen einen kommutativen Körper, ebenso die komplexen Zahlen oder die rationalen Zahlen. Es gibt aber auch Körper, deren Elemente keine Zahlen sind, wie z. B. der Körper der rationalen Funktionen in einer Unbestimmten x mit reellen Zahlen als Koeffizienten. Alle die bisher genannten Körper enthalten unendlich

*) Ist das kommutative Gesetz II.1 nicht erfüllt, so heißt Λ ein *Schiefkörper*; wir betrachten nur kommutative Körper.

viele Elemente; es existieren jedoch auch Körper mit nur endlich vielen Elementen. Auf die Theorie der Körper soll hier nicht näher eingegangen werden, da die im folgenden verwendeten Körpereigenschaften unmittelbare Folgerungen aus den oben angegebenen Axiomen sind. Als einziges sei der Begriff der *Charakteristik* eines Körpers erwähnt, der für das V. Kapitel von Bedeutung ist. Wir definieren zunächst das Produkt zwischen der natürlichen Zahl k und dem Körperelement α als die Summe

$$k \cdot \alpha = \underbrace{\alpha + \alpha + \cdots + \alpha}_{k \text{ mal}}$$

Es kann vorkommen, daß $k \cdot \varepsilon = 0$ für gewisse von Null verschiedene Zahlen k. Die kleinste natürliche Zahl k mit dieser Eigenschaft heißt die *Charakteristik* des Körpers Λ. Gibt es außer $k = 0$ keine natürliche Zahl, für die $k \cdot \varepsilon = 0$, so sagt man, der Körper Λ habe die Charakteristik Null. In einem solchen Körper folgt aus der Gleichung

$$k\alpha = 0 \qquad (k \neq 0)$$

stets $\alpha = 0$. Zum Beispiel hat der Körper der reellen oder der komplexen Zahlen die Charakteristik Null.

Das Einselement eines Körpers soll in Zukunft einfach mit 1 bezeichnet werden.

Es sei nun eine additive Gruppe A und ein kommutativer Körper Λ gegeben. Jedem Paar (λ, x), wobei λ ein Element aus Λ und x ein Vektor aus A ist, sei wieder ein Vektor λx aus A so zugeordnet, daß die Bedingungen II.1 bis II.3 von 1.2 erfüllt sind. *Dann heißt A ein linearer Vektorraum mit dem Koeffizientenkörper Λ.* Statt linearer Vektorraum sagt man auch einfach linearer Raum; statt Koeffizientenkörper ist auch die Bezeichnung Skalarenkörper gebräuchlich, und die Elemente aus Λ nennt man auch Skalare. Man spricht kurz von einem linearen Raum A über Λ.

Ist Λ speziell der reelle bzw. der komplexe Zahlkörper, so hat man einen reellen bzw. einen komplexen linearen Raum. Ein Beispiel für einen linearen Raum über einen gegebenen Körper Λ erhält man, wenn man die Vektoren x als die n-tupel $(\xi^1, \ldots, \xi^n)$ von Körperelementen definiert und die Verknüpfungen wie im arithmetischen Vektorraum erklärt.

Die drei ersten sowie das XI. Kapitel beziehen sich, wenn nicht ausdrücklich etwas anderes bemerkt ist, auf lineare Räume mit beliebigem Koeffizientenkörper. Das V. Kapitel bezieht sich auf Koeffizientenkörper der Charaktaristik Null. Das X. Kapitel betrifft komplexe lineare Räume, während die Kapitel IV und VI bis IX reelle lineare Räume voraussetzen.

1.4. Eigenschaften linearer Räume. Setzt man im ersten Distributivgesetz II.2 $\mu = 0$, so folgt

$$\lambda x = \lambda x + 0 \cdot x$$

und wenn man den Vektor $-(\lambda x)$ addiert,

$$0 = 0 \cdot x \,^{\star}.$$

Weiter ergibt sich aus dem zweiten Distributivgesetz für $y = 0$

$$\lambda \cdot 0 = 0 .$$

Ein Produkt aus einem Körperelement und einem Vektor verschwindet also jedenfalls dann, wenn einer der Faktoren Null ist. Umgekehrt folgt aber auch aus der Gleichung

$$\lambda x = 0 ,$$

daß entweder λ oder x verschwinden muß. Ist nämlich $\lambda \neq 0$, so gibt es im Körper Λ ein inverses Element $\frac{1}{\lambda}$ und wenn man mit diesem multipliziert, folgt

$$\left(\frac{1}{\lambda} \cdot \lambda\right) x = 1 \cdot x = 0$$

und somit nach II.3 (in 1.2)

$$x = 0 .$$

Ein Produkt verschwindet somit genau dann, wenn mindestens ein Faktor verschwindet.

Aus dem ersten Distributivgesetz II.2 erhält man für $\mu = -\lambda$

$$\lambda x + (-\lambda) x = 0$$

und somit

$$(-\lambda) x = -\lambda x .$$

Entsprechend folgt aus dem zweiten Distributivgesetz, wenn man $y = -x$ setzt,

$$\lambda(-x) = -(\lambda x) .$$

Die beiden distributiven Gesetze II.2 lassen sich durch vollständige Induktion leicht auf den mehrere Summanden verallgemeinern. Sie lauten dann, wenn man sich des Summenzeichens bedient,

$$\left(\sum_\nu \lambda_\nu\right) x = \sum_\nu \lambda_\nu x ,$$

$$\lambda \sum_\nu x_\nu = \sum_\nu \lambda x_\nu .$$

---

*) Man beachte, daß hier auf der linken Seite *der Vektor* Null und auf der rechten *das Körperelement* Null steht.

Aufgaben: 1. Man zeige, daß man das Axiom II.3. (in 1.2) durch folgendes ersetzen kann: Die Gleichung

$$\lambda x = 0$$

gilt genau dann, wenn $\lambda = 0$ oder $x = 0$.

2. *Kartesisches Produkt.* Es seien zwei lineare Räume A und B gegeben, welche denselben Koeffizientenkörper besitzen. Aus diesen kann man folgendermaßen einen dritten linearen Raum C konstruieren: Die Vektoren von C sind die Vektorpaare (x, y), wobei x ein Vektor von A und y ein Vektor von B ist. Die Verknüpfungen lauten

$$(x_1, y_1) + (x_2, y_2) = (x_1 + x_2, y_1 + y_2)$$

bzw.

$$\lambda(x, y) = (\lambda x, \lambda y) .$$

Man zeige, daß die Axiomgruppen I und II erfüllt sind. Der so erhaltene Raum C heißt das *Kartesische Produkt* der Räume A und B.

§ 2. Lineare Räume endlicher Dimension

1.5. Lineare Abhängigkeit. Im linearen Raume A mit dem Koeffizientenkörper Λ seien endlich viele Vektoren $x_1, \ldots x_p$ gegeben. Diese Vektoren heißen *linear abhängig* über Λ, wenn es p nicht sämtlich verschwindende Elemente $\lambda^1, \ldots \lambda^p$ aus Λ gibt, so daß die Relation

$$\sum_\nu \lambda^\nu x_\nu = 0$$

besteht. Andernfalls heißen die Vektoren *linear unabhängig* über Λ. Der Zusatz „über Λ" in diesen Definitionen kann unterdrückt werden, wenn es unmißverständlich ist, um welchen Koeffizientenkörper es sich handelt.

Besteht das System nur aus einem einzigen Vektor x, so bedeutet die lineare Abhängigkeit, daß es ein Element $\lambda \neq 0$ gibt, so daß $\lambda x = 0$; hieraus folgt aber $x = 0$. Ein einziger Vektor ist also genau dann linear abhängig, wenn er gleich Null ist.

Fügt man zu einem System linear abhängiger Vektoren $x_1, \ldots x_p$ weitere hinzu, etwa $x_{p+1}, \ldots, x_q$, so erhält man wieder ein System linear abhängiger Vektoren; denn nach Voraussetzung gibt es nämlich ein System von p nicht sämtlich verschwindenden Koeffizienten λ^ν $(\nu = 1, \ldots p)$, so daß

$$\sum_{\nu=1}^{p} \lambda^\nu x_\nu = 0 .$$

Hieraus folgt

$$\sum_{\nu=1}^{p} \lambda^\nu x_\nu + 0 \cdot x_{p+1} + \cdots + 0 \cdot x_q = 0 ,$$

d. h. auch die Vektoren $x_1, \ldots x_q$ sind linear abhängig.

Jedes Vektorsystem, in dem der Nullvektor vorkommt, muß also linear abhängig sein, denn der Nullvektor ist bereits linear abhängig.

1.6. Dimension. Es kann vorkommen, daß es in einem linearen Raume beliebig viele linear unabhängige Vektoren gibt. Im Raume der stetigen reellen Funktionen $f(t)$ mit den reellen Zahlen als Koeffizientenkörper sind z. B. die Potenzen

$$f_\nu(t) = t^\nu \qquad (\nu = 0, 1, 2 \ldots p)$$

(wobei p eine beliebig große ganze Zahl ist) linear unabhängige Vektoren. Derartige „unendlichdimensionale" Räume sollen im weiteren durch das folgende *Dimensionsaxiom* ausgeschlossen werden:

III. Es gibt eine endliche Maximalzahl von linear unabhängigen Vektoren.

Diese Maximalzahl heißt die *Dimension* des Raumes A über Λ.

1.7. Basis. Es sei A ein n-dimensionaler Raum. Dann gibt es ein System von n linear unabhängigen Vektoren $x_1, \ldots x_n$. Ein solches System heißt eine *Basis* von A über Λ. Jeder beliebige Vektor x des Raumes läßt sich dann eindeutig in der Form

$$x = \sum_\nu \xi^\nu x_\nu\,, \quad \xi^\nu \in \Lambda$$

darstellen. Zum Beweis betrachten wir die $(n+1)$ Vektoren $x_1, \ldots x_n, x$. Diese müssen linear abhängig sein, es besteht also eine Relation der Form

$$\sum_\nu \lambda^\nu x_\nu + \lambda x = 0 \tag{1.5}$$

mit nicht lauter verschwindenden Koeffizienten. Hier muß speziell $\lambda \neq 0$ sein; wäre nämlich $\lambda = 0$, so folgt aus der obigen Relation

$$\sum_\nu \lambda^\nu x_\nu = 0$$

und hieraus weiter, da die Vektoren x_ν linear unabhängig sind, $\lambda^\nu = 0$ $(\nu = 1 \ldots n)$. Es würden also doch alle Koeffizienten in (1.5) verschwinden, entgegen unserer Voraussetzung.

Es ist somit $\lambda \neq 0$ und man kann die Gleichung (1.5) nach x auflösen. Setzt man noch

$$-\frac{\lambda^\nu}{\lambda} = \xi^\nu \qquad (\nu = 1 \ldots n)\,,$$

so erhält man

$$x = \sum_\nu \xi^\nu x_\nu\,, \tag{1.6}$$

womit x als Linearkombination der Basisvektoren mit Koeffizienten aus Λ dargestellt ist.

Es ist noch zu zeigen, daß die Koeffizienten ξ^ν in (1.6) durch den Vektor x eindeutig bestimmt sind. Dazu nehmen wir an, es gäbe zwei

Darstellungen

$$x = \sum_\nu \xi^\nu x_\nu$$

und

$$x = \sum_\nu \eta^\nu x_\nu .$$

Dann folgt

$$\sum_\nu \xi^\nu x_\nu = \sum_\nu \eta^\nu x_\nu$$

und hieraus nach dem Distributivgesetz

$$\sum_\nu (\xi^\nu - \eta^\nu) \; x_\nu = 0 .$$

Das ist wegen der linearen Unabhängigkeit der Vektoren x_ν nur möglich, wenn $\xi^\nu - \eta^\nu = 0$ $(\nu = 1 \ldots n)$.

Die Koeffizienten $\xi^\nu (\in \Lambda)$ in der Darstellung (1.6) heißen die *Komponenten* des Vektors x in bezug auf die Basis $x_1, \ldots x_n$.

1.8. Basistransformation. Es seien jetzt x_ν und $\bar{x}_\nu$ $(\nu = 1 \ldots n)$ zwei Basen des linearen Raumes A. Dann muß jeder Vektor $\bar{x}_\nu$ eine lineare Kombination der Basisvektoren $x_1, \ldots x_n$ sein,

$$\bar{x}_\nu = \sum_\mu \alpha_\nu^\mu \, x_\mu \qquad (\nu = 1, \ldots n) . \quad (1.7)$$

Ebenso muß jeder Vektor x_λ eine lineare Kombination der Basisvektoren $\bar{x}_1, \ldots \bar{x}_n$ sein,

$$x_\lambda = \sum_\varkappa \beta_\lambda^\varkappa \, \bar{x}_\varkappa . \quad (1.8)$$

Ersetzt man in (1.7) die x_μ auf der rechten Seite nach (1.8) wieder durch die $\bar{x}_\varkappa$, so folgt

$$\bar{x}_\lambda = \sum_\varkappa \Big(\sum_\mu \alpha_\lambda^\mu \, \beta_\mu^\varkappa\Big) \bar{x}_\varkappa .$$

Führt man hier das *Kroneckersche Symbol* $\delta_\lambda^\varkappa$ ein, das durch die Gleichungen

$$\delta_\lambda^\varkappa = \begin{cases} 1 \text{ für } \lambda = \varkappa \\ 0 \text{ für } \lambda \neq \varkappa \end{cases} \quad (1.9)$$

definiert ist, so kann man dies in der Form

$$\sum_\varkappa \Big(\sum_\mu \alpha_\lambda^\mu \, \beta_\mu^\varkappa - \delta_\lambda^\varkappa\Big) \bar{x}_\varkappa = 0$$

schreiben. Jetzt folgt wegen der linearen Unabhängigkeit der Vektoren $\bar{x}_\varkappa (\varkappa = 1 \ldots n)$

$$\sum_\mu \alpha_\lambda^\mu \, \beta_\mu^\varkappa = \delta_\lambda^\varkappa . \quad (1.10)$$

Dieses Gleichungssystem stellt einen Zusammenhang zwischen den Koeffizienten α_ν^μ und $\beta_\lambda^\varkappa$ her. Ebenso erhält man, wenn man in (1.8) die $\bar{x}_\varkappa$ nach (1.7) durch die x_μ ersetzt,

$$\sum_\mu \alpha_\mu^\varkappa \beta_\lambda^\mu = \delta_\lambda^\varkappa . \tag{1.11}$$

Mit Hilfe der Koeffizienten α_ν^μ und $\beta_\lambda^\varkappa$ kann man die Komponenten eines Vektores in bezug auf die Basen x_ν und $\bar{x}_\nu$ durcheinander ausdrücken. Es sei x ein fester Vektor und ξ^ν seien seine Komponenten bezüglich der Basis x_ν,

$$x = \sum_\nu \xi^\nu x_\nu .$$

Setzt man hier für die x_ν nach (1.8) ein, so folgt

$$x = \sum_{\nu,\varkappa} \xi^\nu \beta_\nu^\varkappa \bar{x}_\varkappa ,$$

und diese Gleichung besagt, daß die Komponenten von x in bezug auf die Basis $\bar{x}_\varkappa$ durch

$$\bar{\xi}^\varkappa = \sum_\nu \beta_\nu^\varkappa \xi^\nu \tag{1.12}$$

gegeben sind.

Ebenso erhält man die ξ^ν aus den $\bar{\xi}^\nu$ durch das System

$$\xi^\nu = \sum_\mu \alpha_\mu^\nu \bar{\xi}^\mu . \tag{1.13}$$

1.9. Austauschsatz von Steinitz. Läßt man in einer Basis des linearen Raumes A gewisse Vektoren weg, so sind die restlichen sicher linear unabhängig. Es erhebt sich die Frage, ob man umgekehrt ein gegebenes System von linear unabhängigen Vektoren immer zu einer Basis des Raumes A ergänzen kann. Dies ist nach dem *Austauschsatz von* Steinitz stets möglich. Er lautet ausführlich:

Ist in einem linearen Raume A eine Basis $x_1 \ldots x_n$ und außerdem ein System von p linear unabhängigen Vektoren $a_1 \ldots a_p$ gegeben, so kann man p geeignet gewählte der Basisvektoren x_ν durch die Vektoren a_ν ersetzen und erhält wieder eine Basis.

Der Beweis beruht auf folgender Bemerkung: Ist $x_1, \ldots x_n$ eine Basis des Raumes und

$$a = \sum_\nu \xi^\nu x_\nu \tag{1.14}$$

ein beliebiger Vektor, so bilden die Vektoren

$$x_1, \ldots x_{i-1} , \quad a , \quad x_{i+1} , \ldots x_n \tag{1.15}$$

wieder eine Basis, sofern der Koeffizient ξ^i von Null verschieden ist.

Wir haben zu zeigen, daß die Vektoren (1.15) wieder linear unabhängig sind. Es sei etwa $i = 1$, also $\xi^1 \neq 0$. Hat man dann eine Relation der Form

$$\lambda^1 a + \sum_{\nu=2}^{n} \lambda^\nu x_\nu = 0 , \tag{1.16}$$

so folgt, wenn man hier für a nach (1.14) einsetzt,

$$\lambda^1 \xi^1 x_1 + \sum_{\nu=2}^{n} (\lambda^1 \xi^\nu + \lambda^\nu) x_\nu = 0 .$$

Wegen der linearen Unabhängigkeit der Vektoren x_ν müssen jetzt alle Koeffizienten verschwinden, speziell der von x_1. Also folgt $\lambda^1 \xi^1 = 0$ und da $\xi^1 \neq 0$,

$$\lambda^1 = 0 .$$

Jetzt folgt aus (1.16)

$$\sum_{\nu=2}^{n} \lambda^\nu x_\nu = 0$$

und somit $\lambda^\nu = 0$ $(\nu = 2 \ldots n)$. Damit ist die lineare Unabhängigkeit der Vektoren (1.15) bewiesen.

1.10. Hieraus ergibt sich nun der oben formulierte Austauschsatz. Wir beginnen mit dem Vektor a_1 und schreiben diesen in der Form

$$a_1 = \sum_\nu \xi^\nu x_\nu .$$

Da $a_1 \neq 0$ (wegen der linearen Unabhängigkeit von $a_1, \ldots a_p$), ist mindestens ein Koeffizient ξ^ν von Null verschieden. Wir können annehmen, daß ξ^1 dieser Koeffizient ist, denn das läßt sich durch Umnumerieren der x_ν erreichen. Dann bilden also die Vektoren

$$a_1, x_2, \ldots x_n \tag{1.17}$$

wieder eine Basis.

Nun gehen wir zu a_2 über. Dieser Vektor ist in der Form

$$a_2 = \eta^1 a_1 + \sum_{\nu=2}^{n} \eta^\nu x_\nu$$

darstellbar. Hier muß einer der $(n-1)$ letzten Koeffizienten η^ν von Null verschieden sein, denn sonst wären die Vektoren a_1 und a_2 linear abhängig. Wir können annehmen, es sei $\eta^2 \neq 0$ und somit in der Basis (1.17) den Vektor x_2 durch a_2 ersetzen.
Also bilden auch die Vektoren

$$a_1, a_2, x_3, \ldots x_n$$

eine Basis von A. Indem man dieses Verfahren p mal anwendet, erhält man schließlich eine Basis, in welcher die Vektoren $a_1, \ldots a_p$ vorkommen.

1.11. Charakterisierung einer Basis. Wie in 1.7. gezeigt wurde, läßt sich jeder Vektor des linearen Raumes A als lineare Kombination der Basisvektoren darstellen. Wir können jetzt umgekehrt zeigen, daß ein System von linear unabhängigen Vektoren x_ν $(\nu = 1, \ldots, n)$, welches in diesem Sinn den ganzen Raum aufspannt, eine Basis ist.

Der Beweis kommt darauf hinaus zu zeigen, daß die Anzahl n der Vektoren x_ν gleich der Dimension des Raumes A ist. Zunächst folgt, wenn m die Dimension bezeichnet, $n \leqq m$. Wäre nun $n < m$, so könnte man die Vektoren x_ν zu einer Basis

$$x_1, \ldots x_n; \quad x_{n+1} \ldots x_m$$

des Raumes A ergänzen. Nun betrachten wir einen der hinzugekommenen Vektoren, etwa x_{n+1}. Dieser muß eine lineare Kombination der Vektoren $x_1, \ldots x_n$ sein, da diese ganz A aufspannen. Somit können die Vektoren $x_1, \ldots x_n, x_{n+1}$ nicht linear unabhängig sein, womit ein Widerspruch hergestellt ist. Dieser löst sich nur, wenn $n = m$ ist.

1.12. Der arithmetische Vektorraum. Aus dem letzten Ergebnis kann man schließen, daß der „n-dimensionale" arithmetische Vektorraum oder allgemeiner der Raum Λ^n aller n-Tupel $(\xi^1, \ldots, \xi^n)$ mit Elementen ξ^ν aus einem beliebigen Körper Λ, tatsächlich n-dimensional im Sinne der Definition von 1.6 sind. Dazu zeigen wir, daß die Vektoren

$$e_\nu = (0, \ldots 0, 1, 0 \ldots 0) \qquad (\nu = 1 \ldots n),$$

wobei die Eins an der ν-ten Stelle steht, eine Basis des Raumes Λ^n bilden. Zunächst folgt die lineare Unabhängigkeit dieser Vektoren; denn die Linearkombination $\sum_\nu \lambda^\nu e_\nu$ ist das n-tupel $(\lambda^1, \ldots, \lambda^n)$ und diese kann also nur dann gleich dem Nullvektor von Λ^n sein, wenn alle λ^ν verschwinden.

Andererseits spannen die Vektoren e_ν $(\nu = 1, \ldots n)$ den ganzen Raum Λ^n auf, denn ein beliebiger Vektor

$$x = (\xi^1, \ldots \xi^n)$$

ist gleich der Linearkombination

$$x = \sum_\nu \xi^\nu e_\nu .$$

Die Vektoren e_ν bilden also nach 1.11 eine Basis des Raumes Λ^n und dieser hat somit die Dimension n. Hieraus folgt insbesondere, daß es zu jeder vorgegebenen Dimension wirklich einen linearen Raum über einem beliebigen Körper Λ gibt.

Aufgaben: 1. Man zeige, daß die Dimension des Kartesischen Produktes der Räume A und B gleich der Summe der Dimensionen von A und B ist.

2. Es sei x_1, x_2 eine Basis eines zweidimensionalen linearen Raumes. Man zeige, daß die Vektoren

$$\bar{x}_1 = x_1 + x_2, \quad \bar{x}_2 = x_1 + \alpha x_2 \text{ mit } \alpha \neq 1, \alpha \in \Lambda$$

wieder eine Basis bilden und berechne die Komponenten des Vektors

$$x = \xi^1 x_1 + \xi^2 x_2$$

in der Basis $\bar{x}_1$, $\bar{x}_2$.

§ 3. Unterräume

1.13. Eine Teilmenge A_1 von Vektoren eines linearen Raumes A über Λ heißt ein *Unterraum* von A, in Zeichen $A_1 \subset A$, wenn sie vermöge der beiden in A definierten Verknüpfungen selbst ein linearer Raum über Λ ist. Dies ist offenbar genau dann der Fall, wenn A_1

1. mit je zwei Vektoren x und y auch den Vektor $x + y$ enthält,
2. mit jedem Vektor x auch alle Vektoren λx, $\lambda \in \Lambda$ enthält.

Aus der zweiten Bedingung ergibt sich für $\lambda = 0$, daß ein Unterraum immer den Nullvektor enthalten muß.

Die Forderungen 1 und 2 können in die Bedingung vereinigt werden, daß A_1 mit je zwei Vektoren x und y alle Linearkombinationen $\lambda x + \mu y$ mit $\lambda, \mu \in \Lambda$ enthält.

Die Dimension eines linearen Unterraumes ist offenbar höchstens gleich der Dimension von A. Dabei besteht die Gleichheit nur dann, wenn A_1 mit A zusammenfällt; ist nämlich n die gemeinsame Dimension von A_1 und A und x_ν $(\nu = 1 \ldots n)$ eine Basis von A_1, so ist dies auch eine Basis von A und jeder Vektor von A ist somit in A_1 enthalten.

Eine beliebige Menge M von Vektoren aus A *erzeugt* einen Unterraum als die Gesamtheit aller endlichen Linearkombinationen

$$\sum_\nu \lambda^\nu x_\nu$$

von Vektoren x_ν aus M. Dieser Unterraum heißt die *lineare Hülle* von M.

1.14. Durchschnitt und Verbindungsraum. Es seien A_1 und A_2 zwei Unterräume von A. Dann bildet die Gesamtheit der Vektoren, die sowohl in A_1 als auch in A_2 liegen, ebenfalls einen Unterraum von A. Dieser heißt der Durchschnitt von A_1 und A_2 und wird mit $A_1 \cap A_2$ bezeichnet.

Andererseits bilden auch die Vektoren x, die sich in der Form

$$x = x_1 + x_2, \tag{1.18}$$

wobei x_1 in A_1 und x_2 in A_2 liegt, schreiben lassen, einen Unterraum von A. Er heißt der Verbindungsraum von A_1 und A_2 und wird mit $A_1 + A_2$ bezeichnet*. Der Verbindungsraum enthält die Räume A_1 und A_2 als Unterräume, da $0 \in A_2$ und $0 \in A_1$.

Ein Vektor des Verbindungsraumes läßt sich im allgemeinen auf mehrere Arten in der Form (1.18) zerlegen. Sind

$$x = x_1 + x_2 \quad \text{und} \quad x = x_1' + x_2'$$

*) Der Verbindungsraum $A_1 + A_2$ ist wohl zu unterscheiden von der Vereinigungsmenge der Räume A_1 und A_2. Diese besteht aus allen Vektoren, die entweder in A_1 oder in A_2 liegen und ist im allgemeinen kein linearer Raum.

zwei derartige Zerlegungen, so folgt

$$x_1' - x_1 = x_2 - x_2',$$

d. h. der Vektor

$$y = x_1' - x_1 = x_2 - x_2'$$

liegt im Durchschnitt $A_1 \cap A_2$. Umgekehrt erhält man aus der Zerlegung (1.18) wieder eine solche, indem man

$$x_1' = x_1 + y, \quad x_2' = x_2 - y \tag{1.19}$$

setzt, wobei y einen beliebigen Vektor des Durchschnittes bezeichnet.

1.15. Direkte Zerlegung. Aus der letzten Bemerkung ergibt sich, daß die Vektoren x_1 und x_2 in der Zerlegung (1.18) genau dann eindeutig bestimmt sind, wenn der Durchschnitt $A_1 \cap A_2$ nur aus dem Nullvektor besteht. In diesem Fall heißt der Verbindungsraum die *direkte Summe* von A_1 und A_2 und wird mit $A_1 \oplus A_2$ bezeichnet.

Die Dimension der direkten Summe ist gleich der Summe der Dimensionen von A_1 und A_2. Ist nämlich x_ν $(\nu = 1 \ldots p)$ eine Basis von A_1 und x_ν $(\nu = p + 1 \ldots q)$ eine Basis von A_2, so bilden die Vektoren x_ν $(\nu = 1 \ldots q)$ eine Basis des Raumes $A_1 \oplus A_2$. Zunächst ist klar, daß diese Vektoren den Raum $A_1 \oplus A_2$ aufspannen; um zu zeigen, daß sie linear unabhängig sind, schreiben wir die Relation

$$\sum_{\nu=1}^{q} \lambda_\nu x_\nu = 0$$

in der Form

$$\sum_{\nu=1}^{p} \lambda_\nu x_\nu = - \sum_{\nu=p+1}^{q} \lambda_\nu x_\nu .$$

Hier liegt der Vektor links in A_1, der Vektor rechts in A_2, also müssen beide Vektoren im Durchschnitt $A_1 \cap A_2$ enthalten sein. Dieser besteht aber nur aus dem Nullvektor und es folgt

$$\sum_{\nu=1}^{p} \lambda^\nu x_\nu = 0, \quad \sum_{\nu=p+1}^{q} \lambda^\nu x_\nu = 0$$

und hieraus weiter

$$\lambda^\nu = 0 \qquad (\nu = 1, \ldots q).$$

Die Vektoren x_ν $(\nu = 1 \ldots q)$ bilden also eine Basis der direkten Summe $A_1 \oplus A_2$, w. z. b. w.

1.16. Mehrere Unterräume. Hat man ein System von mehreren Unterräumen A_ν $(\nu = 1, \ldots p)$ gegeben, so kann man in entsprechender Weise Durchschnitt und Verbindungsraum erklären. Der Durchschnitt besteht aus den Vektoren, die in allen Unterräumen enthalten sind und der Verbindungsraum aus den Vektoren der Form

$$x = \sum_\nu x_\nu, \tag{1.20}$$

wobei x_ν ein Vektor von A_ν ($\nu = 1, \ldots p$) ist. Gilt für jedes $\nu = 1, \ldots, p$, daß $A_\nu \cap (A_1 + \cdots + A_{\nu-1} + A_{\nu+1} + \cdots + A_p) = 0$ ist, so ist die Zerlegung (1.20) eindeutig bestimmt, und man spricht wieder von der *direkten Summe* dieser Unterräume. Die Dimension der direkten Summe der A_ν ist gleich der Summe der Dimensionen von A_ν. Der Beweis verläuft analog wie im Falle $p = 2$ und soll dem Leser als Aufgabe überlassen werden.

1.17. Faktorraum. Es sei wieder A_1 ein Unterraum von A. Dann kann man unter den Vektoren des Raumes A folgendermaßen eine Äquivalenzrelation definieren: Zwei Vektoren x_1 und x_2 aus A werden als äquivalent erklärt, $x_1 \sim x_2$, wenn der Vektor $x_2 - x_1$ in A_1 enthalten ist. Diese Relation hat in der Tat die drei Eigenschaften einer Äquivalenz:

1. Es gilt $x \sim x$ für jeden Vektor x, denn der Nullvektor ist in A_1 enthalten (Reflexivität).

2. Aus $x_1 \sim x_2$ folgt $x_2 \sim x_1$, denn A_1 enthält mit dem Vektor $x_2 - x_1$ auch den Vektor $x_1 - x_2$ (Symmetrie).

3. Aus $x_1 \sim x_2$ und $x_2 \sim x_3$ folgt $x_1 \sim x_3$; denn A_1 enthält mit den Vektoren $x_2 - x_1$ und $x_3 - x_2$ auch den Vektor $(x_2 - x_1) + (x_3 - x_2) = x_3 - x_1$ (Transitivität).

Wir fassen jetzt alle untereinander äquivalenten Vektoren in eine Klasse zusammen. Diese Klasse soll mit (x) bezeichnet werden, wobei x ein „Repräsentant" der Klasse, d. h. ein beliebig ausgewählter Vektor ist. Zwei Klassen (x) und (y) fallen entweder zusammen oder sie haben überhaupt keinen gemeinsamen Vektor. Ist nämlich z ein Vektor, der sowohl zu (x) als auch zu (y) gehört, so gilt $x \sim z$ und $y \sim z$ und somit auch $x \sim y$, d. h. die Klassen (x) und (y) fallen zusammen.

Andererseits ist jeder Vektor x in einer Klasse enthalten, nämlich in der Klasse (x). Der ganze Raum A zerfällt somit in elementfremde Klassen. Eine von diesen Klassen ist der Unterraum A_1; sie ist als diejenige charakterisiert, welche den Nullvektor enthält und kann daher mit (0) bezeichnet werden.

1.18. Der lineare Raum der Klassen. Die Gesamtheit der so erhaltenen Klassen kann nun selbst zu einem linearen Raum gemacht werden durch folgende Verknüpfungsvorschriften: Sind zwei Klassen (x) und (y) gegeben, so wähle man je einen Repräsentanten x bzw. y und bilde den Vektor $x + y$. Dieser liegt in einer bestimmten Klasse $(x + y)$, und zwar hängt diese nur von den Klassen (x) und (y) und nicht von der Auswahl der Repräsentanten ab. Wählt man nämlich zwei andere aus, etwa x' und y', so liegen die Vektoren $x' - x$ und $y' - y$ im Unterraum A_1 und damit auch der Vektor $(x' - x) + (y' - y) = x' + y' - (x + y)$. Die Vektoren $x' + y'$ und $x + y$ sind also äquivalent und es gilt somit $(x' + y') = (x + y)$. Nun wird die (eindeutig bestimmte) Klasse $(x + y)$ als Summe der Klassen (x) und (y) erklärt,

$$(x) + (y) = (x + y) .$$

Entsprechend definiert man das λ-fache einer Klasse (x) als die Klasse des Vektors λx,

$$\lambda(x) = (\lambda x)$$

und zeigt wie bei der Addition, daß diese von der Wahl des Repräsentanten x unabhängig ist.

Nun überzeugt man sich leicht, daß die so definierte Addition und Multiplikation in der Menge der Klassen den Axiomen eines linearen Raumes genügen. Der Nullvektor des so erhaltenen Raumes ist die Klasse (0). Der von den Klassen (x) gebildete Raum heißt der *Faktorraum* von A nach dem Unterraum A_1 und wird mit A/A_1 bezeichnet.

1.19. Dimension des Faktorraumes. Hat der Raum A die Dimension n und der Unterraum A_1 die Dimension p, so hat der Faktorraum die Dimension $n - p$. Zum Beweis sei $x_1, \ldots x_p$ eine Basis von A_1. Diese kann man nach dem Austauschsatz von STEINITZ zu einer Basis $x_1, \ldots x_p; x_{p+1}, \ldots x_n$ des Raumes A erweitern. Dann sind die Klassen $(x_{p+1}), \ldots (x_n)$ linear unabhängige Vektoren des Faktorraumes; denn die Relation

$$\sum_{\nu=p+1}^{n} \lambda^\nu (x_\nu) = (0)$$

besagt, daß der Vektor $\sum_{\nu=p+1}^{n} \lambda^\nu x_\nu$ im Unterraum A_1 liegt, also in der Form

$$\sum_{\nu=p+1}^{n} \lambda^\nu x_\nu = \sum_{\nu=1}^{p} \lambda^\nu x_\nu$$

darstellbar ist. Diese Beziehung kann aber nur bestehen, wenn alle Koeffizienten verschwinden, also speziell

$$\lambda^{p+1} = 0 , \ldots \lambda^n = 0 .$$

Andererseits spannen die Klassen $(x_{p+1}), \ldots (x_n)$ den ganzen Faktorraum auf. Ist nämlich (x) eine beliebige Klasse, so kann man zunächst den Vektor x in der Form

$$x = \sum_{\nu=1}^{n} \lambda^\nu x_\nu$$

darstellen und hieraus folgt die Äquivalenz

$$x \sim \sum_{\nu=p+1}^{n} \lambda^\nu x_\nu ,$$

da die ersten p Basisvektoren im Unterraum A_1 liegen. Daher müssen die Klassen dieser beiden Vektoren übereinstimmen,

$$(x) = \sum_{\nu=p+1}^{n} \lambda^\nu (x_\nu) ,$$

d. h. x ist eine lineare Kombination der Klassen $(x_{p+1}), \ldots (x_n)$. Diese bilden also eine Basis des Faktorraumes und somit muß seine Dimension gleich $n - p$ sein, w. z. b. w.

Aufgaben: 1. Es seien A_1 und A_2 zwei Unterräume von A. Die Dimension der Räume A_1, A_2, $A_1 \cap A_2$, $A_1 + A_2$ seien der Reihe nach p, q, d, s. Man beweise die Beziehung

$$p + q = d + s ,$$

indem man den Satz von STEINITZ verwendet.

2. Man zeige, daß es zu einem gegebenen Unterraum A_1 von A immer einen zweiten direkten Summanden gibt.

3. Es sei A der dreidimensionale arithmetische Vektorraum und A_1 eine Ebene durch den Nullpunkt (d. h. ein zweidimensionaler Unterraum). Wie sehen in diesem Falle die Klassen äquivalenter Vektoren aus?

4. Es sei M eine beliebige Menge von Vektoren aus A. Man zeige, daß es einen eindeutig bestimmten Unterraum A_1 kleinster Dimension gibt, der alle Vektoren von M enthält und daß dieser die lineare Hülle von M ist.

§ 4. Lineare Funktionen

1.20. Ist jedem Vektor x des linearen Raumes A ein Element $f(x)$ des Koeffizientenkörpers Λ zugeordnet, so sagt man, im Raume A ist eine *Funktion* definiert. Eine Funktion $f(x)$ heißt *linear*, wenn sie den beiden Bedingungen

a) $f(x + y) = f(x) + f(y)$ für alle $x, y \in A$,

b) $f(\lambda x) = \lambda f(x)$ für alle $\lambda \in \Lambda$ und alle $x \in A$

genügt, die man auch in die Bedingung

$$f(\lambda x + \mu y) = \lambda f(x) + \mu f(y) \quad \text{für alle } \lambda, \mu \in \Lambda \text{ und alle } x, y \in A$$

zusammenfassen kann.

Setzt man in b) $\lambda = 0$, so folgt $f(0) = 0$.

1.21. Darstellung in einer Basis. Im Raume A sei eine lineare Funktion $f(x)$ definiert. Wählt man eine Basis x_ν $(\nu = 1, \ldots n)$, so ist jeder Vektor x in der Form

$$x = \sum_\nu \xi^\nu x_\nu$$

darstellbar. Hieraus erhält man auf Grund der Linearität von f für den Funktionswert

$$f(x) = \sum_{\nu} \xi^{\nu} f(x_{\nu}) . \tag{1.21}$$

Bezeichnet man die Werte der Funktion f in den Basisvektoren mit η_{ν},

$$f(x_{\nu}) = \eta_{\nu} ,$$

so schreibt sich die Gleichung (1.21) in der Form

$$f(x) = \sum_{\nu} \xi^{\nu} \eta_{\nu} . \tag{1.22}$$

Die Funktion f ist also durch ihre Werte in den Basisvektoren eindeutig festgelegt. Gibt man umgekehrt Werte $\eta_{\nu} \in \Lambda$ für die x_{ν} ($\nu = 1, \ldots, n$) beliebig vor, so wird durch (1.22) genau eine lineare Funktion definiert, die für $x = x_{\nu}$ den Wert η_{ν} annimt.

1.22. Dualer Raum. Mit zwei linearen Funktionen $f_1(x)$ und $f_2(x)$ ist auch die Funktion

$$f(x) = f_1(x) + f_2(x)$$

linear und mit $f(x)$ auch die Funktion $\lambda f(x)$ für beliebiges $\lambda \in \Lambda$. Die Gesamtheit aller linearen Funktionen im Raume A über Λ wird vermöge dieser beiden Verknüpfungen selbst zu einem linearen Raum über dem gleichen Körper Λ. Man bestätigt in der Tat leicht, daß diese beiden Verknüpfungen den Axiomen eines linearen Raumes genügen. Der so erhaltene lineare Raum heißt der zu *A duale Raum* und soll mit A^* bezeichnet werden.

Der Nullvektor des dualen Raumes ist die identisch verschwindende Funktion.

1.23. Duale Basen. Es sei jetzt x_{ν} ($\nu = 1, \ldots n$) eine Basis des Raumes A. Wählt man eine feste Nummer ν ($\nu = 1 \ldots n$), so gibt es nach 1.21 genau eine lineare Funktion f^{ν}, welche in x_{ν} den Wert Eins und in allen anderen Basisvektoren den Wert Null annimmt. Dies kann man in die Gleichung

$$f^{\nu}(x_{\mu}) = \delta^{\nu}_{\mu}$$

zusammenfassen, wobei δ^{ν}_{μ} das durch (1.9) definierte *Kroneckersche Symbol* bezeichnet.

Indem man ν von 1 bis n variiert, erhält man so n lineare Funktionen, also n Vektoren des dualen Raumes. Diese bilden eine Basis von A^*; dazu haben wir erstens die lineare Unabhängigkeit der Funktionen f^{ν} zu beweisen. Die Relation

$$\sum_{\nu} \lambda_{\nu} f^{\nu} = 0$$

besagt, daß die lineare Funktion

$$f(x) = \sum_{\nu} \lambda_{\nu} f^{\nu}(x)$$

identisch verschwindet. Insbesondere muß diese also in jedem Basisvektor x_μ den Wert Null annehmen; andererseits ist aber

$$f(x_\mu) = \sum_\nu \lambda_\nu f^\nu(x_\mu) = \sum_\nu \lambda_\nu \delta^\nu_\mu = \lambda_\mu$$

und somit folgt $\lambda_\mu = 0$ $(\mu = 1 \ldots n)$.

Zweitens spannen die Funktionen f^ν den ganzen Raum A^* auf. Dazu sei $f(x)$ eine beliebige lineare Funktion und η_ν seien ihre Werte auf der Basis x_ν,

$$f(x_\nu) = \eta_\nu \qquad (\nu = 1 \ldots n).$$

Setzt man dann

$$g(x) = \sum_\nu \eta_\nu f^\nu(x),$$

so folgt

$$g(x_\mu) = \sum_\nu \eta_\nu f^\nu(x_\mu) = \sum_\nu \eta_\nu \delta^\nu_\mu = \eta_\mu .$$

Die Funktionen f und g nehmen daher in jedem Basisvektor dieselben Werte an und sind somit überhaupt identisch. Es ist also

$$f(x) = \sum_\nu \eta_\nu f^\nu(x).$$

Damit ist gezeigt, daß die Funktionen f^ν eine Basis des Raumes A^* bilden. Diese heißt die *zu x_ν duale Basis*. Insbesondere folgt, daß die Räume A und A^* dieselbe Dimension haben.

1.24. Es sei jetzt A_1 ein Unterraum von A. Die Gesamtheit aller linearen Funktionen, die in A_1 identisch verschwinden, bilden dann offenbar einen Unterraum von A^*, den wir mit $A^*{}_1$ *) bezeichnen.

Wir zeigen, daß die Summe der Dimensionen von A_1 und $A^*{}_1$ gleich der Dimension n von A ist. Dazu bezeichne r die Dimension von A_1 und $x_1 \ldots x_r$ eine Basis dieses Raumes. Diese kann zu einer Basis $x_1 \ldots x_r; x_{r+1} \ldots x_n$ des Raumes A erweitert werden. $f^\nu (\nu = 1 \ldots n)$ sei die duale Basis, so daß also

$$f^\nu(x_\mu) = \delta^\nu_\mu . \qquad (1.23)$$

Die Funktionen $f^{r+1}, \ldots f^n$ liegen dann in $A^*{}_1$, denn sie verschwinden in A_1 identisch. Als Teilsystem der dualen Basis f^ν sind sie linear unabhängig. Andererseits spannen sie den ganzen Raum $A^*{}_1$ auf. Ist nämlich f eine beliebige Funktion von $A^*{}_1$, so ist diese jedenfalls in der Form

$$f(x) = \sum_{\nu=1}^{n} \lambda_\nu f^\nu(x)$$

*) Der Index 1 ist hier nach rechts gerückt, um anzudeuten, daß $A^*{}_1$ ein Unterraum von A^* ist. Dementsprechend würde $A_1{}^*$ den Raum der linearen Funktionen in A_1 bezeichnen, der vom ersteren wohl zu unterscheiden ist.

darstellbar. Setzt man hier für x einen der ersten r Basisvektoren ein, $x = x_\varrho$ $(\varrho = 1 \ldots r)$, so folgt wegen (1.23)

$$f(x_\varrho) = \lambda_\varrho .$$

Andererseits gilt $f(x_\varrho) = 0$, da f in A_1 identisch verschwindet und somit folgt $\lambda_\varrho = 0$ $(\varrho = 1 \ldots r)$. Die Funktion f ist also bereits eine Linearkombination der Funktionen $f^{r+1}, \ldots f^n$, und diese bilden eine Basis des Raumes A^*_1, w. z. b. w.

Aufgaben: 1. In einem n-dimensionalen Raume seien n lineare Funktionen $f^\nu(x)$ $(\nu = 1 \ldots n)$ gegeben, die in einem Vektor a $(a \neq 0)$ alle den Wert Null annehmen. Dann sind diese Funktionen linear abhängig.

2. Man zeige, daß es zu jeder Basis f^ν $(\nu = 1 \ldots n)$ des Raumes A^* eine Basis x_ν $(\nu = 1 \ldots n)$ des Raumes A gibt, deren duale die Basis f^ν ist.

3. Es sei f eine nicht identisch verschwindende lineare Funktion; dann bilden die Vektoren, für die $f(x) = 0$, einen $(n-1)$-dimensionalen Unterraum von A.

Zweites Kapitel

Lineare Abbildungen und Gleichungssysteme

§ 1. Lineare Abbildungen

2.1. Es seien zwei lineare Räume A und B mit demselben Koeffizientenkörper Λ gegeben. Jedem Vektor x des Raumes A sei ein eindeutig bestimmter Vektor des Raumes B zugeordnet. Dieser heißt der *Bildvektor* von x und soll mit φx bezeichnet werden. Diese Zuordnung soll den beiden Bedingungen

a) $\varphi(x_1 + x_2) = \varphi x_1 + \varphi x_2$ für alle $x_1, x_2 \in A$,

b) $\varphi(\lambda x) = \lambda \varphi x$ für alle $\lambda \in \Lambda$ und alle $x \in A$

genügen. Diese kann man in die Bedingung

$$\varphi(\lambda x_1 + \mu x_2) = \lambda \varphi x_1 + \mu \varphi x_2 \quad \text{für alle } \lambda, \mu \in \Lambda \text{ und alle } x_1, x_2 \in A$$

zusammenfassen. Dann heißt φ eine *lineare Abbildung* des Raumes A in den Raum B. Fällt speziell B mit A zusammen, so spricht man von einer *linearen Selbstabbildung* des Raumes A.

Setzt man in b) $\lambda = 0$, so folgt $\varphi 0 = 0$, eine lineare Abbildung führt somit den Nullvektor von A in den von B über. Weiter folgt, daß ein System linear abhängiger Vektoren wieder in ein solches übergeht; besteht nämlich eine Relation

$$\sum_\nu \lambda^\nu x_\nu = 0 ,$$

wobei nicht alle λ^ν verschwinden, so folgt nach a) und b)

$$\sum_\nu \lambda^\nu \varphi x_\nu = 0 .$$

Die Bildvektoren erfüllen also dieselbe Relation und sind daher wieder linear abhängig.

Dagegen brauchen linear unabhängige Vektoren nicht wieder in linear unabhängige überzugehen. Wählt man z. B. für φ die *Nullabbildung*, d. h. diejenige, die alle Vektoren in den Nullvektor überführt, so geht jedes System von Vektoren in den (linear abhängigen) Nullvektor über.

2.2. Reguläre Abbildungen. Eine lineare Abbildung heißt *regulär*, wenn verschiedene Vektoren immer verschiedene Bildvektoren haben. Eine solche Abbildung führt somit den Nullvektor *als einzigen* wieder in den Nullvektor über. Umgekehrt ist eine lineare Abbildung mit dieser Eigenschaft regulär; haben nämlich zwei Vektoren x_1 und x_2 denselben Bildvektor, $\varphi x_1 = \varphi x_2$, so folgt $\varphi(x_1 - x_2) = 0$ und daraus $x_1 - x_2 = 0$, d. h. $x_1 = x_2$. Eine reguläre Abbildung führt ein System linear unabhängiger Vektoren wieder in ein solches über. Ist nämlich $x_1, \ldots x_p$ ein solches System und besteht zwischen den Bildvektoren eine Relation

$$\sum_\nu \lambda^\nu \varphi x_\nu = 0 ,$$

so besagt diese, daß der Vektor

$$x = \sum_\nu \lambda^\nu x_\nu$$

in den Nullvektor übergeht. Wegen der Regularität folgt dann

$$\sum_\nu \lambda^\nu x_\nu = 0$$

und somit, da die Vektoren x_ν $(\nu = 1 \ldots p)$ linear unabhängig waren, $\lambda^\nu = 0$ $(\nu = 1 \ldots p)$. Hieraus folgt, daß im Fall einer regulären Abbildung die Dimension von B mindestens gleich der von A sein muß.

2.3. Isomorphismen. Ist bei einer linearen Abbildung φ jeder Vektor y Bild eines Vektors von A, so heißt φ eine Abbildung von A *auf* den Raum B; wenn diese Bedingung nicht notwendig erfüllt ist, nennt man φ eine Abbildung *in* B.

Unter einem *Isomorphismus* versteht man eine reguläre lineare Abbildung von A *auf* B.

Ist φ ein Isomorphismus von A auf B, so gibt es zu jedem Vektor y von B einen eindeutig bestimmten *Urbildvektor*, d. h. einen Vektor x, so daß $\varphi x = y$. Ordnet man jedem Vektor y seinen Urbildvektor x zu, so erhält man umgekehrt eine Abbildung von B auf A, die offenbar wieder linear ist. Diese heißt der zu φ *inverse Isomorphismus* und wird mit φ^{-1} bezeichnet.

2.4. Isomorphe Räume. Zwei lineare Räume A und B mit demselben Koeffizientenkörper Λ heißen *zueinander isomorph*, $A \cong B$, wenn es einen Isomorphismus zwischen ihnen gibt. Isomorphe Räume haben dieselbe Dimension; ist nämlich φ ein Isomorphismus von A auf B, so gehen linear unabhängige Vektoren von A wieder in linear unabhängige über, und die Dimension von B muß daher mindestens gleich der von A sein. Durch Betrachtung des inversen Isomorphismus findet man das Umgekehrte und hieraus folgt die Gleichheit.

Andererseits sind je zwei lineare Räume mit derselben Dimension isomorph. Zum Beweis wähle man in A und B je eine Basis x_ν bzw. y_ν $(\nu = 1 \ldots n)$. Jeder Vektor x von A ist dann eindeutig in der Form

$$x = \sum_\nu \xi^\nu x_\nu$$

darstellbar. Setzt man

$$\varphi x = \sum_\nu \xi^\nu y_\nu ,$$

so ist hierdurch offenbar eine lineare Abbildung von A auf den Raum B definiert. Diese ist regulär, denn aus $\varphi x = 0$ folgt $\xi^\nu = 0$ $(\nu = 1 \ldots n)$ und somit $x = 0$. Sie stellt somit einen Isomorphismus von A auf B dar.

Hieraus folgt insbesondere, daß ein n-dimensionaler linearer Raum A über Λ zum Raum Λ^n aller n-tupel $(\xi^1, \ldots, \xi^n)$, $\xi_i \in \Lambda$ isomorph ist. Wählt man als Basis von Λ^n die Vektoren

$$e_\nu : (\underbrace{0 \ldots 0, 1}_{\nu\text{-te Stelle}}, 0 \ldots 0),$$

so erhält man als Bild eines Vektors

$$x = \sum_\nu \xi^\nu x_\nu$$

von A das n-tupel

$$(\xi^1, \ldots \xi^n)$$

seiner Komponenten in bezug auf die Basis x_ν.

2.5. Kern und Bildraum. Es sei jetzt wieder φ eine beliebige (nicht notwendig reguläre) lineare Abbildung von A in B. Die Gesamtheit aller Vektoren x, die in den Nullvektor übergehen, enthält dann mit je zwei Vektoren x_1 und x_2 auch alle Linearkombinationen $\lambda x_1 + \mu x_2$ und ist somit ein Unterraum K von A. Dieser Unterraum heißt der *Kern* der Abbildung φ. Addiert man zu einem Vektor x_1 einen beliebigen Vektor des Kerns, so ändert sich der Bildvektor φx_1 nicht und umgekehrt unterscheiden sich zwei Vektoren x_1 und x_2 mit demselben Bild um einen Vektor des Kerns. Die regulären Abbildungen sind offenbar dadurch charakterisiert, daß sich der Kern auf den Nullvektor reduziert.

Ebenso enthält die Gesamtheit der Bildvektoren φx mit je zwei Vektoren φx_1 und φx_2 alle Linearkombinationen $\lambda \varphi x_1 + \mu \varphi x_2$

$= \varphi(\lambda x_1 + \mu x_2)$ und stellt somit einen Unterraum von B dar. Dieser heißt der *Bildraum* und soll mit φA bezeichnet werden. Seine Dimension r heißt der *Rang* der linearen Abbildung φ.

Bezeichnet n die Dimension von A und m die von B, so folgt zunächst

$$r \leqq m\,,$$

denn φA ist ein Unterraum von B. Die Gleichheit $r = m$ besteht genau dann, wenn er mit dem ganzen Raum B zusammenfällt, d. h. wenn φ eine Abbildung *auf* B ist.

Es gilt aber auch

$$r \leqq n\,.$$

Ist nämlich x_ν $(\nu = 1 \ldots n)$ eine Basis von A, so wird der Bildraum von den Vektoren $\varphi x_\nu (\nu = 1 \ldots n)$ erzeugt und seine Dimension ist also höchstens gleich der Anzahl n.

2.6. Beziehung zwischen Kern und Bildraum. Wir bilden jetzt den Faktorraum von A nach dem Kern K. Er besteht aus den Klassen der bezüglich K äquivalenten Vektoren. Zwei Vektoren einer Klasse haben denselben Bildvektor, denn ihre Differenz geht in den Nullvektor über. Man kann daher eine eindeutige Abbildung des Faktorraumes A/K in den Raum B erklären, indem man jeder Klasse das Bild eines beliebig gewählten Repräsentanten zuordnet. Die so bestimmte Abbildung ist offenbar wieder linear. Sie ist überdies *regulär*; geht nämlich eine Klasse (x) in den Nullvektor über, so muß der Repräsentant x im Unterraum K liegen. Dieser Unterraum stellt aber die Nullklasse des Raumes A/K dar.

Somit ist der Faktorraum A/K mittels der oben erklärten Zuordnung zum Bildraum φA isomorph

$$\varphi A \cong A/K\,. \tag{2.1}$$

Hieraus läßt sich eine Beziehung zwischen den Dimensionen dieser drei Räume folgern. Bezeichnet k die Dimension von K und r den Rang von φ, also die Dimension von φA, so hat der Faktorraum die Dimension $n - k$ und es folgt wegen der obigen Isomorphie

$$n - k = r\,.$$

Hiernach ist der Rang der Abbildung φ genau dann gleich n, wenn $k = 0$, d. h. wenn sie regulär ist.

Nimmt man speziell an, daß der Raum B ebenfalls die Dimension n hat, so bedeutet die Gleichheit $r = n$, daß φ eine Abbildung von A *auf* B ist. Somit können wir folgenden Satz aussprechen:

Eine lineare Abbildung von A in einen Raum B derselben Dimension ist genau dann eine Abbildung auf den ganzen Raum B, wenn sie regulär ist.

2.7. Duale Abbildung. Es sei wieder φ eine lineare Abbildung von A in B. Wir betrachten jetzt neben A und B die dualen Räume A^* und B^* (vgl. Kap. I, § 4). Ist g ein Vektor aus B^*, also eine lineare Funktion in B, so erhält man hieraus eine lineare Funktion f in A, indem man

$$f(x) = g(\varphi x) \tag{2.2}$$

setzt. Hierdurch ist jeder linearen Funktion $g(y)$ eine lineare Funktion $f(x)$ zugeordnet, d. h. eine eindeutige Abbildung von B^* in A^* definiert. Bezeichnet man diese mit φ^*, und schreibt demgemäß in (2.2) $\varphi^* g$ anstatt f, so lautet diese Gleichung*)

$$\varphi^* g(x) = g(\varphi x).$$

Hieraus sieht man, daß die Zuordnung φ^* wieder linear ist; sind nämlich g_1 und g_2 zwei beliebige lineare Funktionen in B, so folgt

$$\begin{aligned}\varphi^*(\lambda g_1 + \mu g_2)(x) &= (\lambda g_1 + \mu g_2)(\varphi x) = \lambda g_1(\varphi x) + \mu g_2(\varphi x)\\ &= \lambda \varphi^* g_1(x) + \mu \varphi^* g_2(x).\end{aligned}$$

Die so bestimmte lineare Abbildung φ^* heißt die zu φ *duale Abbildung*.

Ist speziell φ die Nullabbildung, so folgt für jede lineare Funktion g

$$\varphi^* g(x) = g(\varphi x) = g(0) = 0.$$

(identisch in x), d. h. dann ist auch φ^* die Nullabbildung.

2.8. Kern der dualen Abbildung. Zur dualen Abbildung φ^* gehört ein bestimmter Kern K^*. Er ist ein Unterraum von B^* und besteht aus allen linearen Funktionen g, welche mittels φ^* in die identisch verschwindende Funktion übergeführt werden. Bezeichnet g eine solche Funktion, so gilt identisch in x

$$g(\varphi x) = \varphi^* g(x) = 0. \tag{2.3}$$

Durchläuft hier x den ganzen Raum A, so durchläuft φx den Bildraum und die Gleichung (2.3) besagt daher, daß g im Bildraum identisch verschwinden muß. Umgekehrt wird eine Funktion g mit dieser Eigenschaft mittels φ^* in die identisch verschwindende Funktion übergeführt und liegt somit in K^*. Der Kern K^* besteht daher genau aus denjenigen linearen Funktionen, welche im Bildraum φA identisch verschwinden. Hieraus ergibt sich eine Beziehung zwischen der Dimension von K^* und dem Rang der Abbildung φ. Die Gesamtheit der linearen Funktionen g, die in dem r-dimensionalen Unterraum φA verschwinden, hat nämlich nach 1.24 die Dimension $m - r$, und diese Zahl muß gleich der Dimension k^* von K^* sein,

$$k^* = m - r.$$

*) Man beachte, daß g eine Funktion im Raume B, $\varphi^* g$ aber eine Funktion in A ist.

Andererseits hängt k^* mit dem Rang r^* von φ^* nach 2.6 durch die Beziehung

$$k^* = m - r^*$$

zusammen. Somit folgt

$$r^* = r\,, \tag{2.4}$$

d.h. *der Rang der dualen Abbildung φ^* ist gleich dem Rang der Abbildung φ.*

2.9. Charakterisierung des Bildraumes mittels φ^*. Mit Hilfe der dualen Abbildung kann man ein Kriterium angeben, wann ein gegebener Vektor b des Raumes B im Bildraum φA enthalten ist. Nehmen wir erstens an, b sei Bild eines Vektors a von A, also $b = \varphi a$. Dann gilt, wenn g eine lineare Funktion im Raume B bezeichnet,

$$g(b) = g(\varphi a) = \varphi^* g(a)\,.$$

Wählt man speziell g aus K^*, so verschwindet die Funktion $\varphi^* g$ identisch und es folgt

$$g(b) = \varphi^* g(a) = 0\,.$$

In einem Bildvektor b müssen daher alle Funktionen aus K^* den Wert Null annehmen. Hiervon gilt auch die Umkehrung, die wir in folgender Form beweisen: Liegt der Vektor b nicht im Bildraum, so gibt es eine Funktion g aus K^*, die in b von Null verschieden ist.

Um dies einzusehen, sei $y_1, \ldots y_r$ eine Basis des Bildraumes. Da der Vektor b nach Voraussetzung nicht in diesem enthalten ist, sind die Vektoren $y_1 \ldots y_r$, b linear unabhängig. Man kann sie daher zu einer Basis $y_1, \ldots y_r, b, y_{r+2}, \ldots y_m$ des Raumes B ergänzen. Nun sei g diejenige lineare Funktion, die auf dieser Basis die Werte

$$g(y_\varrho) = 0 \quad (\varrho \neq r+1), \quad g(b) = 1$$

hat. Diese liegt in K^*, denn sie verschwindet identisch im Bildraum φA und es ist $g(b) \neq 0$.

Somit ist die Umkehrung bewiesen und wir können folgenden Satz aussprechen:

Ein Vektor b des Raumes B ist genau dann Bildvektor, wenn in ihm alle Funktionen g aus K^* den Wert Null annehmen.

Aufgaben: 1. Es sei φ ein Isomorphismus von A auf B. Dann ist φ^* ein Isomorphismus von B^* auf A^* und es gilt die Beziehung

$$(\varphi^*)^{-1} = (\varphi^{-1})^*.$$

2. Es seien A_1 und A_2 zwei beliebige Unterräume von A. Man stelle einen Isomorphismus zwischen den Faktorräumen $A_1 + A_2/A_1$ und $A_2/A_1 \cap A_2$ her. Welche Beziehung zwischen den Dimensionen von A_1, A_2, $A_1 + A_2$ und $A_1 \cap A_2$ ergibt sich hieraus?

§ 2. Lineare Gleichungssysteme und Matrizen

In den Ergebnissen des letzten Paragraphen sind bereits die Hauptsätze über lineare Gleichungssysteme enthalten. Es bleibt nur noch übrig, diese in der Sprache der Gleichungen auszudrücken.

2.10. Matrizen. Es sei wieder φ eine lineare Abbildung eines n-dimensionalen Raumes A in einem m-dimensionalen Raum B. Wir wählen in den Räumen A und B je eine Basis x_ν $(\nu = 1 \ldots n)$ bzw. y_μ $(\mu = 1 \ldots m)$. Jeder Bildvektor φx_ν ist dann eine Linearkombination der Vektoren y_μ,

$$\varphi x_\nu = \sum_\mu \alpha_\nu^\mu y_\mu .$$

Schreibt man diese Gleichungen ausführlich, so lauten sie

$$\begin{aligned} \varphi x_1 &= \alpha_1^1 y_1 + \alpha_1^2 y_2 + \cdots + \alpha_1^m y_m \\ \varphi x_2 &= \alpha_2^1 y_1 + \alpha_2^2 y_2 + \cdots + \alpha_2^m y_m \\ &\cdots\cdots\cdots\cdots\cdots\cdots \\ \varphi x_n &= \alpha_n^1 y_1 + \alpha_n^2 y_2 + \cdots + \alpha_n^m y_m . \end{aligned} \tag{2.5}$$

Hier bilden die Koeffizienten auf der rechten Seite ein rechteckiges Schema von Elementen des Koeffizientenkörpers. Ein derartiges Schema heißt eine *Matrix* und soll zur Abkürzung in der Form

$$(\alpha_\nu^\mu) \qquad (\nu = 1 \ldots n, \mu = 1 \ldots m)$$

geschrieben werden. Hier gibt der Index ν die Nummer der Zeile an und μ die Nummer der Spalte. Man nennt daher ν den *Zeilenindex* und μ den *Spaltenindex**). Es sei jetzt

$$x = \sum_\nu \xi^\nu x_\nu$$

ein beliebiger Vektor des Raumes A. Dann ist der Bildvektor durch die Gleichung

$$\varphi x = \sum_\nu \xi^\nu \varphi x_\nu = \sum_{\nu,\mu} \alpha_\nu^\mu \xi^\nu y_\mu$$

gegeben. Diese zeigt, daß die Matrix α_ν^μ die Abbildung φ vollkommen bestimmt. Bezeichnen η^μ $(\mu = 1 \ldots m)$ die Komponenten des Bildvektors in der Basis y_μ $(\mu = 1 \ldots m)$, so erhält man für diese die Darstellung

$$\eta^\mu = \sum_\nu \alpha_\nu^\mu \xi^\nu .$$

---

*) Es wäre unzweckmäßig, bei der Schreibweise (α_ν^μ) ein für allemal zu vereinbaren, daß der untere Index die Zeile und der obere die Spalte angeben soll [vgl. (2.6)]. Es muß also jedesmal ausdrücklich dazu gesagt werden, welches der Zeilenindex ist.

Diese Gleichungen lauten ausgeschrieben

$$\begin{aligned} \eta^1 &= \alpha_1^1\, \xi^1 + \alpha_2^1\, \xi^2 + \dots + \alpha_n^1\, \xi^n \\ \eta^2 &= \alpha_1^2\, \xi^1 + \alpha_2^2\, \xi^2 + \dots + \alpha_n^2\, \xi^n \\ &\dots\dots\dots\dots\dots\dots\dots\dots \\ \eta^m &= \alpha_1^m\, \xi^1 + \alpha_2^m\, \xi^2 + \dots + \alpha_n^m\, \xi^n\,. \end{aligned} \tag{2.6}$$

Das Koeffizientenschema auf der rechten Seite entsteht somit aus dem in (2.5) durch Vertauschen von Zeilen und Spalten. Zwei Matrizen, welche in dieser Weise miteinander zusammenhängen, heißen zueinander *transponiert.*

2.11. Das zugehörige Gleichungssystem. Es sei jetzt

$$b = \sum_\mu \beta^\mu\, y_\mu$$

ein gegebener Vektor des Raumes B. b ist genau dann ein Bildvektor, wenn das Gleichungssystem

$$\sum_\nu \alpha_\nu^\mu\, \xi^\nu = \beta^\mu \tag{2.7}$$

nach den Unbekannten ξ^ν $(\nu = 1 \dots n)$ lösbar ist. Die Vektorgleichung

$$\varphi\, x = b$$

ist somit zum Gleichungssystem (2.7) äquivalent.

Setzt man speziell $b = 0$, so ergibt sich, daß die Vektoren des Kerns K von φ durch das homogene Gleichungssystem

$$\sum_\nu \alpha_\nu^\mu\, \xi^\nu = 0 \tag{2.8}$$

charakterisiert sind. Nun wurde in 2.2. gezeigt, daß eine lineare Abbildung eines n-dimensionalen Raumes in einen m-dimensionalen Raum im Falle $m < n$ nicht regulär sein kann. Dies bedeutet jetzt:

Ein homogenes lineares Gleichungssystem von m Gleichungen mit n Unbekannten hat im Falle $m < n$ immer nichttriviale Lösungen.

2.12. Der Alternativsatz. Wir nehmen jetzt speziell an, daß die Räume A und B dieselbe Dimension haben, setzen also $m = n$. In diesem Falle besteht der Bildraum φA genau dann aus ganz B, wenn die Abbildung φ regulär ist (vgl. 2.6).

Dies besagt, auf lineare Gleichungen übersetzt: *Es sei ein System von n linearen Gleichungen mit n Unbekannten gegeben,*

$$\sum_\nu \alpha_\nu^\mu\, \xi^\nu = \eta^\mu \qquad (\mu = 1 \dots n)\,.$$

Dieses ist genau dann für jede Wahl der η^μ $(\mu = 1 \dots n)$ lösbar, wenn das zugehörige *homogene System*

$$\sum_\nu \alpha_\nu^\mu\, \xi^\nu = 0$$

nur die triviale Lösung hat.

2.13. Matrix der dualen Abbildung. Als nächstes soll der Zusammenhang der Matrizen der Abbildungen φ und φ^* untersucht werden. Dazu legen wir in den Räumen A und A^* bzw. B und B^* je ein Paar dualer Basen zugrunde. Diese seien x_ν und f^ν ($\nu = 1 \ldots n$) bzw. y_μ und g^μ ($\mu = 1 \ldots m$), so daß also die Beziehungen

$$f^\lambda(x_\nu) = \delta^\lambda_\nu$$

und

$$g^\varkappa(y_\mu) = \delta^\varkappa_\mu$$

bestehen.

Zu den Abbildungen φ und φ^* gehört je eine Matrix (α^μ_ν) bzw. $(\overset{*}{\alpha}{}^\varkappa_\lambda)$ und diese sind durch die Gleichungen

$$\varphi x_\nu = \sum_\mu \alpha^\mu_\nu y_\mu \tag{2.9}$$

bzw.

$$\varphi^* g^\varkappa = \sum_\lambda \overset{*}{\alpha}{}^\varkappa_\lambda f^\lambda \tag{2.10}$$

bestimmt. Hier ist zu beachten, daß der untere Index in der Matrix α^μ_ν die Zeile und in der Matrix $\overset{*}{\alpha}{}^\varkappa_\lambda$ die Spalte angibt.

Der Zusammenhang zwischen den Abbildungen φ und φ^* wird durch die Gleichung

$$\varphi^* g(x) = g(\varphi x)$$

hergestellt, die für jede lineare Funktion g und jeden Vektor x gilt. Setzt man hier speziell $x = x_\nu$ und $g = g^\varkappa$, so folgt

$$\varphi^* g^\varkappa(x_\nu) = g^\varkappa(\varphi x_\nu)\,. \tag{2.11}$$

Hier ist die linke Seite nach (2.10) gleich

$$\varphi^* g^\varkappa(x_\nu) = \sum_\lambda \overset{*}{\alpha}{}^\varkappa_\lambda f^\lambda(x_\nu) = \sum_\lambda \overset{*}{\alpha}{}^\varkappa_\lambda \delta^\lambda_\nu = \overset{*}{\alpha}{}^\varkappa_\nu$$

und die rechte nach (2.9)

$$g^\varkappa(\varphi x_\nu) = \sum_\mu \alpha^\mu_\nu g^\varkappa(y_\mu) = \sum_\mu \alpha^\mu_\nu \delta^\varkappa_\mu = \alpha^\varkappa_\nu\,.$$

Somit folgt aus (2.11) die Beziehung

$$\overset{*}{\alpha}{}^\varkappa_\nu = \alpha^\varkappa_\nu\,.$$

Diese besagt, wenn man noch die verschiedene Bedeutung der unteren Indizes von $\overset{*}{\alpha}{}^\varkappa_\nu$ und $\alpha^\varkappa_\nu$ beachtet, daß die Matrizen von φ und φ^* zueinander transponiert sind.

Unter Zugrundelegung dualer Basen entspricht somit der dualen Abbildung die transponierte Matrix.

2.14. Der Hauptsatz für inhomogene Gleichungssysteme. Nun sind wir in der Lage, das in 2.9. erhaltene Ergebnis auf lineare Gleichungssysteme zu übersetzen. Dort wurde gezeigt, daß ein gegebener Vektor b

des Raumes B genau dann Bildvektor ist, wenn jede lineare Funktion g aus K^* die Gleichung

$$g(b) = 0$$

erfüllt. Setzen wir

$$b = \sum_{\mu} \beta^{\mu} y_{\mu}, \tag{2.12}$$

so bedeutet die Eigenschaft von b, im Bildraum zu liegen, die Lösbarkeit des Gleichungssystems

$$\sum_{\nu} \alpha^{\mu}_{\nu} \xi^{\nu} = \beta^{\mu} \qquad (\mu = 1 \ldots m). \tag{2.13}$$

Wir haben jetzt noch den Kern K^* durch lineare Gleichungen zu charakterisieren. Bezeichnet zunächst

$$g = \sum_{\varkappa} \eta^*_{\varkappa} g^{\varkappa}$$

eine beliebige lineare Funktion in B, so wird

$$\varphi^* g = \sum_{\varkappa} \eta^*_{\varkappa} \varphi^* g^{\varkappa} = \sum_{\varkappa, \lambda} \alpha^{\varkappa}_{\lambda} \eta^*_{\varkappa} f^{\lambda}.$$

Somit gilt $\varphi^* g = 0$ genau dann, wenn die homogenen Gleichungen

$$\sum_{\varkappa} \alpha^{\varkappa}_{\lambda} \eta^*_{\varkappa} = 0 \qquad (\lambda = 1 \ldots n) \tag{2.14}$$

erfüllt sind. Die Funktion g liegt also genau dann in K^*, wenn die Koeffizienten η^*_{μ} das System (2.14), d. h. das zu (2.13) transponierte, homogene System erfüllen.

Nach dem oben erwähnten Satz muß jede solche Funktion für $y = b$ den Wert Null annehmen. Nun ist

$$g(b) = \sum_{\varkappa, \mu} \eta^*_{\varkappa} \beta^{\mu} g^{\varkappa}(y_{\mu}) = \sum_{\varkappa, \mu} \eta^*_{\varkappa} \beta^{\mu} \delta^{\varkappa}_{\mu} = \sum_{\mu} \eta^*_{\mu} \beta^{\mu}$$

und wir erhalten folgendes Ergebnis:

Das inhomogene System (2.13) *ist genau dann lösbar, wenn jede Lösung des transponierten homogenen Systems* (2.14) *der Relation*

$$\sum_{\mu} \eta^*_{\mu} \beta^{\mu} = 0$$

genügt.

Aufgaben: 1. Man verifiziere den letzten Satz für das System

$$\begin{aligned} \alpha_1 \xi^1 + \ldots + \alpha_n \xi^n &= \alpha \\ \beta_1 \xi^1 + \ldots + \beta_n \xi^n &= \beta. \end{aligned} \qquad \alpha_{\nu}, \beta_{\mu} \in \Lambda$$

2. Es sei φ eine lineare Selbstabbildung des linearen Raumes A und γ^{μ}_{ν} ihre Matrix in bezug auf eine Basis x_{ν} $(\nu = 1 \ldots n)$. Wählt man eine andere Basis $\bar{x}_{\nu}$, die mit der ersten durch die Gleichungen

$$\bar{x}_{\nu} = \sum_{\mu} \alpha^{\mu}_{\nu} x_{\mu}, \quad x_{\lambda} = \sum_{\varkappa} \beta^{\varkappa}_{\lambda} \bar{x}_{\varkappa}$$

zusammenhängt (vgl. 1.8), so lautet die Matrix von φ in der Basis $\bar{x}_\nu$

$$\bar{\gamma}_\lambda^\varkappa = \sum_{\mu,\nu} \beta_\mu^\varkappa \gamma_\nu^\mu \alpha_\lambda^\nu .$$

Man leite diese Beziehung her und folgere daraus, daß die Summe $\sum_\nu \gamma_\nu^\nu$ von der Basis unabhängig ist.

3. Es seien x_ν und $\bar{x}_\nu$ ($\nu = 1 \ldots n$) zwei Basen des Raumes A, die durch die Matrix α_ν^μ zusammenhängen,

$$\bar{x}_\nu = \sum_\mu \alpha_\nu^\mu x_\mu .$$

Durch die Zuordnung

$$x_\nu \to \bar{x}_\nu \qquad (\nu = 1 \ldots n)$$

ist eine reguläre lineare Selbstabbildung φ des Raumes A definiert. Man zeige, daß diese Abbildung sowohl in der Basis x_ν als auch in der Basis $\bar{x}_\nu$ die Matrix α_ν^μ hat.

§ 3. Lösen eines linearen Gleichungssystems durch Elimination

2.15. Die im letzten Paragraphen erhaltenen Existenzsätze über die Lösungen linearer Gleichungssysteme mit Koeffizienten aus einem Körper Λ geben keine Auskunft darüber, wie man diese Lösungen wirklich erhält. Eine Methode hierzu liefert die Determinantentheorie, auf die wir im III. Kapitel ausführlich zurückkommen werden. Wenn die Koeffizienten des Systems numerisch gegebene Zahlen sind, ist es jedoch meistens einfacher, das System direkt mit Hilfe der sukzessiven Elimination zu lösen. Diese Methode soll hier beschrieben werden. Wir wenden uns zunächst der Frage zu, wie man den Rang einer linearen Abbildung aus ihrer Matrix bestimmt.

2.16. Rang einer Matrix. Es sei eine beliebige Matrix

$$\begin{matrix} \alpha_1^1 & \alpha_1^2 & \ldots & \alpha_1^m \\ \cdot & & & \cdot \\ \cdot & & & \cdot \\ \cdot & & & \cdot \\ \alpha_n^1 & \alpha_n^2 & \ldots & \alpha_n^m \end{matrix} \qquad (2.15)$$

vorgelegt. Ihre Zeilen kann man als Vektoren des m-dimensionalen arithmetischen Vektorraumes Λ^m auffassen. Die Maximalzahl r_1 der linear unabhängigen unter ihnen heißt der *Zeilenrang* der Matrix. Ebenso erklärt man den *Spaltenrang* als die Maximalzahl r_2 der linear unabhängigen Spalten, wobei diese als Vektoren des Raumes Λ^n betrachtet werden.

Wir zeigen jetzt, daß Zeilen- und Spaltenrang übereinstimmen. Dazu sei A ein n-dimensionaler und B ein m-dimensionaler linearer Raum über Λ. In diesen Räumen wählen wir je eine Basis x_ν ($\nu = 1 \ldots n$)

und y_μ ($r = 1 \ldots m$) und erklären eine lineare Abbildung φ von A in B durch die Zuordnungen

$$\varphi x_\nu = \sum_\mu \alpha_\nu^\mu y_\mu \qquad (\nu = 1 \ldots n) .$$

Der Rang dieser Abbildung ist gleich dem Zeilenrang r_1 der Matrix (2.15). Denn der Rang ist — als Dimension des Bildraumes — gleich der Maximalzahl der linear unabhängigen unter den Vektoren $\varphi x_1, \ldots \varphi x_n$. Die Komponenten des Vektors φx_ν in der Basis $y_1 \ldots y_m$ bestehen aber gerade aus der ν-ten Zeile der Matrix (2.15). Somit ist die Maximalzahl der linear unabhängigen Vektoren φx_ν gleich der Maximalzahl der Zeilen, also gleich dem Zeilenrang r_1,

$$r = r_1 .$$

Ersetzt man hier φ durch die duale Abbildung φ^* und die Basen x_ν und y_μ durch die dualen Basen, so findet man entsprechend, daß der Rang von φ^* gleich dem Zeilenrang der transponierten Matrix ist, also gleich dem Spaltenrang von (2.15),

$$r^* = r_2 .$$

Nun ist aber nach (2.4) $r = r^*$ und somit folgt

$$r_1 = r_2 = r .$$

Der gemeinsame Zeilen- und Spaltenrang wird einfach als der *Rang der Matrix* bezeichnet.

2.17. Bestimmung des Ranges. Wir wenden uns jetzt der Aufgabe zu, den Rang einer gegebenen Matrix wirklich zu bestimmen. Ist die Matrix von der speziellen Gestalt

$$\begin{matrix} \alpha_1^1 & 0 & . & . & 0 \\ 0 & \alpha_2^2 & 0 & . & 0 \\ . & . & . & . & . \\ 0 & . & \alpha_r^r & 0 & 0 \\ 0 & . & . & . & 0 \end{matrix} \tag{2.16}$$

wobei $\alpha_\varrho^\varrho \neq 0$ ($\varrho = 1 \ldots r$) und alle anderen Elemente gleich Null sind, so hat sie offenbar den Rang r. Ist die gegebene Matrix nicht von vornherein von der Gestalt (2.16), so kann man sie durch endlich viele „elementare Umformungen", welche den Rang unverändert lassen, auf diese Form (2.16) bringen. Diese elementaren Umformungen sind

I. Vertauschen zweier Zeilen (bzw. Vertauschen zweier Spalten),

II. Addition eines beliebigen Vielfachen einer Zeile zu einer anderen (bzw. die entsprechende Spaltenoperation).

Daß eine Umformung I den Rang nicht ändert, ist unmittelbar klar. Für die Umformung II, z. B. die Zeilenoperation, folgt es daraus, daß der Zeilenrang gleich der Dimension des von den Zeilenvektoren erzeugten Unterraumes von Λ^n ist und dieser bleibt bei der Operation II unverändert.

Es bleibt also nur noch zu zeigen, daß man jede gegebene Matrix durch geeignetes Anwenden der Operationen I und II auf die Form (2.16) bringen kann.

Wir können annehmen, daß mindestens ein Element von Null verschieden ist, denn sonst hat die Matrix bereits die Form (2.16), und ihr Rang ist gleich Null. Durch zwei Operationen I (einmal für die Zeilen und einmal für die Spalten) kann man dieses Element an die Stelle (1,1) bringen. Damit erhält man eine Matrix, in der $\alpha_1^1 \neq 0$.

Indem man nun geeignete Vielfache der ersten Zeile von den anderen Zeilen subtrahiert, kann man die Elemente $\alpha_2^1, \ldots \alpha_n^1$ zum Verschwinden bringen und durch entsprechende Spaltenoperationen die Elemente $\alpha_1^2, \ldots \alpha_1^m$. Damit erhält man eine Matrix der Form

$$\begin{matrix} \alpha_1^1 & 0 & \ldots & 0 \\ 0 & * & \cdot & * \\ \cdot & & & \\ \cdot & & & \\ \cdot & & & \\ 0 & * & & * \end{matrix}$$

Entweder sind hier außer α_1^1 alle Elemente gleich Null, dann ist man schon fertig; oder es ist noch ein von Null verschiedenes Element vorhanden, dann kann man es an die Stelle (2,2) bringen. Dabei werden die bereits erhaltenen Nullen in der ersten Zeile und Spalte nicht wieder zerstört. Nun räumt man wieder mittels der Umformungen II die zweite Zeile und Spalte bis auf das Element α_2^2 aus und kommt so zu einer Matrix der Form

$$\begin{matrix} \alpha_1^1 & 0 & \ldots & & 0 \\ 0 & \alpha_2^2 & 0 & \ldots & 0 \\ \cdot & 0 & * & & * \\ \cdot & \cdot & & & \\ \cdot & \cdot & & & \\ \cdot & \cdot & & & \\ 0 & 0 & * & & * \end{matrix}$$

Indem man dieses Verfahren fortsetzt, erhält man schließlich die gewünschte Normalform (2.16). Deren Rang kann man nun direkt ablesen und hat damit auch den Rang der ursprünglichen Matrix.

2.18. Lösen eines Gleichungssystems durch Elimination. Es sei jetzt ein System von m linearen Gleichungen mit n Unbekannten gegeben,

$$\begin{aligned} \alpha_1^1 \xi^1 + \alpha_2^1 \xi^2 + \ldots + \alpha_n^1 \xi^n &= \beta^1 \\ \alpha_1^2 \xi^1 + \alpha_2^2 \xi^2 + \ldots + \alpha_n^2 \xi^n &= \beta^2 \\ \cdots\cdots\cdots\cdots\cdots\cdots & \\ \alpha_1^m \xi^1 + \alpha_2^m \xi^2 + \ldots + \alpha_n^m \xi^n &= \beta^m . \end{aligned} \tag{2.17}$$

Dabei nehmen wir an, daß auf der linken Seite in jeder Zeile mindestens ein Koeffizient von Null verschieden ist. Speziell ist also in der letzten Zeile ein α^m_ν ungleich Null, etwa α^m_n. Dann kann man ξ^n durch die anderen Unbekannten ausdrücken,

$$\xi^n = -\frac{1}{\alpha^m_n}\left(\beta^m - \sum_{\nu=1}^{n-1} \alpha^m_\nu \xi^\nu\right). \tag{2.18}$$

Setzt man dies in die ersten $(m-1)$ Gleichungen ein, so erhält man ein System von $(m-1)$ Gleichungen mit $(n-1)$ Unbekannten

$$\begin{aligned} {}'\alpha^1_1 \xi^1 + {}'\alpha^1_2 \xi^2 + \ldots + {}'\alpha^1_{n-1} \xi^{n-1} &= {}'\beta^1 \\ {}'\alpha^2_1 \xi^1 + {}'\alpha^2_2 \xi^2 + \ldots + {}'\alpha^1_{n-1} \xi^{n-1} &= {}'\beta^2 \\ \ldots\ldots\ldots\ldots\ldots\ldots\ldots\ldots\ldots\ldots \\ {}'\alpha^{m-1}_1 \xi^1 + {}'\alpha^{m-1}_2 \xi^2 + \ldots + {}'\alpha^{m-1}_{n-1} \xi^{n-1} &= {}'\beta^{m-1}. \end{aligned} \tag{2.19}$$

Dieses ist zum ursprünglichen in folgendem Sinne äquivalent: Ist $(\xi^1, \ldots \xi^n)$ eine Lösung von (2.17), so ist $(\xi^1, \ldots \xi^{n-1})$ eine Lösung von (2.19). Umgekehrt erhält man aus jeder Lösung $(\xi^1, \ldots \xi^{n-1})$ von (2.19) eine Lösung von (2.17), indem man dazu ξ^n nach (2.18) berechnet.

Es kann vorkommen, daß in gewissen Gleichungen des Systems (2.19) alle Koeffizienten auf der linken Seite verschwinden. Ist die rechte Seite einer solchen Gleichung von Null verschieden, so ist das System (2.19) widerspruchsvoll und damit auch das System (2.17). In diesem Falle kann es somit keine Lösungen geben. Sind dagegen auch die rechten Seiten dieser Gleichungen Null, so sind diese von selbst erfüllt und können weggelassen werden.

Wenn das so erhaltene reduzierte System (2.19) überhaupt keine Gleichung mehr enthält, ist die Lösung von (2.17) durch (2.18) gegeben, wobei man $(\xi^1, \ldots \xi^{n-1})$ beliebig wählen darf. Bleiben aber, was im allgemeinen der Fall sein wird, in (2.19) noch Gleichungen übrig, so wende man auf dieses System dasselbe Verfahren an. Dieses setzt man solange fort, als noch Gleichungen übrig bleiben. Wenn dies immer wieder zutrifft, erhält man schließlich eine einzige Gleichung

$$\alpha_1 \xi^1 + \alpha_2 \xi^2 + \ldots + \alpha_l \xi^l = \beta \tag{2.20}$$

in der mindestens ein Koeffizient von Null verschieden ist, etwa α_l. Berechnet man hieraus ξ^l,

$$\xi^l = -\frac{1}{\alpha_l}\left(\beta - \sum_{\lambda=1}^{l-1} \alpha_\lambda \xi^\lambda\right),$$

so hat man die allgemeine Lösung von (2.20), wobei $\xi^1, \ldots \xi^{l-1}$ beliebig gewählt werden darf.

Zu jeder solchen Lösung von (2.20) kann man nach dem vorhergehenden Schritt ξ^{l+1} berechnen und erhält so rückwärtsgehend schließlich eine Lösung von (2.17). Hier treten wieder $\xi^1, \ldots \xi^{l-1}$ als willkürliche Parameter auf.

§ 4. Summe und Produkt linearer Abbildungen

2.19. Wir kehren jetzt wieder zur Theorie der linearen Abbildungen zurück. Es seien A und B zwei lineare Räume über Λ. Wir betrachten die Gesamtheit der linearen Abbildungen φ von A in B. Aus je zwei solchen Abbildungen φ_1 und φ_2 kann man eine dritte herstellen, indem man

$$\varphi x = \varphi_1 x + \varphi_2 x$$

setzt. Diese heißt die *Summe* von φ_1 und φ_2 und wird mit $\varphi_1 + \varphi_2$ bezeichnet. Entsprechend erklärt man das λ-fache einer linearen Abbildung φ, indem man

$$(\lambda \varphi) x = \lambda \cdot \varphi x$$

setzt. Die Gesamtheit (φ) bildet vermöge dieser beiden Verknüpfungen einen linearen Raum. Man überzeugt sich nämlich leicht, daß diese den Axiomen für einen linearen Raum genügen.

Hat A die Dimension n und B die Dimension m, so hat der Raum der linearen Abbildungen die Dimension nm. Der Beweis wird geführt, indem man eine Basis x_ν $(\nu = 1 \ldots n)$ von A und eine Basis $y_\mu (\mu = 1 \ldots m)$ von B wählt und die Abbildungen φ_μ^λ $(\lambda = 1 \ldots n, \mu = 1 \ldots m)$ mittels der Zuordnungen

$$\varphi_\mu^\lambda x_\nu = \delta_\nu^\lambda y_\mu$$

definiert. Diese bilden dann eine Basis des Raumes (φ). Dies zu zeigen, sei dem Leser als Aufgabe überlassen.

2.20. Der lineare Raum der Matrizen. Wir wählen jetzt in den Räumen A und B je eine feste Basis x_ν $(\nu = 1 \ldots n)$ bzw. y_μ $(\mu = 1 \ldots m)$. Dann bestimmt jede lineare Abbildung φ eine Matrix α_ν^μ gemäß

$$\varphi x_\nu = \sum_\mu \alpha_\nu^\mu y_\mu .^{\star}$$

Sind φ_1 und φ_2 zwei Abbildungen und α_ν^μ bzw. β_ν^μ die zugehörigen Matrizen, so folgt

$$(\varphi_1 + \varphi_2) x_\nu = \sum_\mu (\alpha_\nu^\mu + \beta_\nu^\mu) y_\mu ,$$

d. h. zur Abbildung $\varphi_1 + \varphi_2$ gehört die Matrix

$$\gamma_\nu^\mu = \alpha_\nu^\mu + \beta_\nu^\mu .$$

Diese heißt die *Summe* der Matrizen α_ν^μ und β_ν^μ.

Entsprechend erklärt man das λ-fache einer Matrix, indem man alle Elemente mit λ multipliziert. Das ist diejenige Matrix, die zur λ-fachen Abbildung gehört.

---

*) Hier bezeichnet, wie in diesem ganzen Paragraphen, der untere Index die *Zeile* der Matrix.

Die Gesamtheit aller Matrizen mit n Zeilen und m Spalten bilden somit ebenfalls einen linearen Raum. Dieser ist offenbar zum Raume der linearen Abbildungen $A \to B$ isomorph und hat daher die Dimension $n\,m$.

2.21. Produkt linearer Abbildungen. Es seien jetzt drei lineare Räume A, B, C über Λ gegeben. φ sei eine lineare Abbildung von A in B und ψ eine lineare Abbildung von B in C. Aus diesen kann man dann eine lineare Abbildung von A in C zusammensetzen,

$$A \xrightarrow{\varphi} B \xrightarrow{\psi} C\,.$$

Die so erhaltene Abbildung heißt das *Produkt* von φ und ψ und wird mit $\psi\,\varphi$ bezeichnet*).

Ist speziell φ ein Isomorphismus von A auf B und ψ ein Isomorphismus von B auf C, so ist offenbar $\psi\,\varphi$ ein Isomorphismus von A auf C. Für die inversen Isomorphismen gilt dann

$$(\psi\,\varphi)^{-1} = \varphi^{-1}\,\psi^{-1}\,.$$

Denn man erhält zu jedem Vektor z von C den Urbildvektor $(\psi\,\varphi)^{-1}\,z$ in A, indem man zunächst mittels ψ^{-1} in den Raum B zurückgeht und auf diesen Vektor dann φ^{-1} anwendet.

2.22. Matrizenprodukt. Wählt man in den Räumen A, B, C je eine Basis x_ν $(\nu = 1\ldots n)$, y_μ $(\mu = 1\ldots m)$, z_λ $(\lambda = 1\ldots l)$, so entspricht den Abbildungen φ und ψ je eine Matrix α_ν^μ und β_μ^λ gemäß

$$\varphi\,x_\nu = \sum_\mu \alpha_\nu^\mu\,y_\mu\,,\quad \psi\,y_\mu = \sum_\lambda \beta_\mu^\lambda\,z_\lambda\,.$$

Aus diesen beiden Gleichungen erhält man für die Produktabbildung

$$\psi\,\varphi\,x_\nu = \sum_{\mu,\lambda} \alpha_\nu^\mu\,\beta_\mu^\lambda\,z_\lambda$$

und somit lautet deren Matrix

$$\gamma_\nu^\lambda = \sum_\mu \alpha_\nu^\mu\,\beta_\mu^\lambda\,.$$

Diese wird als das *Produkt der Matrizen* α_ν^μ und β_μ^λ erklärt. Man beachte, daß dieses nur dann definiert ist, wenn die Spaltenzahl der ersten Matrix mit der Zeilenzahl der zweiten übereinstimmt.

2.23. Produkt linearer Selbstabbildungen. Wir betrachten jetzt speziell die Gesamtheit aller linearen *Selbstabbildungen* des Raumes A. Dann ist zu je zwei Abbildungen φ und ψ eine Produktabbildung $\psi\,\varphi$ definiert. Dabei kommt es auf die Reihenfolge an, d. h. die Abbildungen $\psi\,\varphi$ und $\varphi\,\psi$ sind im allgemeinen verschieden. Wählt man z. B. für

*) Man beachte, daß man das Produkt von Abbildungen von rechts nach links liest.

A einen zweidimensionalen Raum mit der Basis x_1, x_2 und erklärt die Selbstabbildungen φ und ψ durch die Zuordnungen

$$\begin{array}{lcl} \varphi x_1 = \alpha x_1 & & \psi x_1 = x_2 \\ & (\alpha \neq \beta)\,, & \\ \varphi x_2 = \beta x_2 & & \psi x_2 = x_1\,, \end{array}$$

so wird

$$\psi \varphi x_1 = \alpha x_2 \quad \text{und} \quad \varphi \psi x_1 = \beta x_2\,,$$

und somit sind diese Abbildungen verschieden.

Die identische Selbstabbildung ι spielt in der so definierten Multiplikation die Rolle des Einheitselementes, d. h. es gilt für jede Selbstabbildung φ

$$\varphi \iota = \iota \varphi = \varphi\,. \tag{2.21}$$

Ist die Abbildung φ regulär, also ein Isomorphismus des Raumes A auf sich, und ψ der inverse Isomorphismus, so sind die Produktabbildungen $\psi \varphi$ und $\varphi \psi$ die Identität,

$$\psi \varphi = \iota\,, \quad \varphi \psi = \iota\,. \tag{2.22}$$

Umgekehrt folgt aus jeder der beiden Gleichungen (2.22), daß ψ und φ zueinander inverse Isomorphismen sind. Hieraus ergibt sich insbesondere, daß jede der beiden Gleichungen (2.22) die andere zur Folge hat.

2.24. Reguläre Matrizen. Wählt man im Raume A eine Basis x_ν $(\nu = 1 \ldots n)$, so gehört zu jeder linearen Selbstabbildung φ eine quadratische Matrix α_ν^μ gemäß

$$\varphi x_\nu = \sum_\mu \alpha_\nu^\mu x_\mu\,.$$

Speziell gehört zur Identität die *Einheitsmatrix*

$$\alpha_\nu^\mu = \delta_\nu^\mu\,.$$

Es sei jetzt ψ eine zweite lineare Selbstabbildung und β_ν^μ die zugehörige Matrix,

$$\psi x_\nu = \sum_\mu \beta_\nu^\mu x_\mu\,.$$

Dann gehören zu den beiden Produktabbildungen $\psi \varphi$ und $\varphi \psi$ die Matrizen

$$\sum_\mu \alpha_\nu^\mu \beta_\mu^\lambda \quad \text{und} \quad \sum_\mu \beta_\nu^\mu \alpha_\mu^\lambda\,.$$

Ist φ insbesondere ein Isomorphismus und ψ der inverse Isomorphismus, also $\psi \varphi = \varphi \psi = \iota$, so folgt

$$\sum_\mu \alpha_\nu^\mu \beta_\mu^\lambda = \delta_\nu^\lambda \tag{2.23}$$

und

$$\sum_\mu \beta_\nu^\mu \alpha_\mu^\lambda = \delta_\nu^\lambda\,. \tag{2.24}$$

Zwei Matrizen, die mittels dieser Beziehungen zusammenhängen, heißen *zueinander invers*. Übrigens hat jedes der beiden Systeme (2.23) und (2.24) das andere zur Folge; das erste z. B. besagt nämlich, daß $\psi\,\varphi$ die Identität ist und hieraus folgt nach der Bemerkung am Schluß von 2.23, daß φ und ψ inverse Isomorphismen sind.

Eine Matrix, die eine Inverse besitzt, heißt *regulär*.

Aufgaben: 1. Eine lineare Selbstabbildung φ des Raumes A über Λ heißt eine *Projektion*, wenn sie mit ihrem Quadrat übereinstimmt,

$$\varphi^2 = \varphi\,.$$

Man zeige, daß bei einer Projektion Kern und Bildraum nur den Nullvektor gemeinsam haben, daß also die direkte Zerlegung

$$A = K \oplus \varphi\,A$$

gilt.

2. Unter einer *Involution* versteht man eine lineare Selbstabbildung, deren Quadrat gleich der Identität ist,

$$\psi^2 = \iota\,.$$

Man zeige, daß man aus jeder Projektion φ eine Involution ψ erhält, indem man

$$\psi = 2\,\varphi - \iota$$

setzt. Ist Λ der Körper der reellen Zahlen*), dann läßt sich jede Involution so darstellen.

3. Zwei lineare Selbstabbildungen φ und ψ des Raumes A heißen *vertauschbar*, wenn $\psi\,\varphi = \varphi\,\psi$. Offenbar ist die Abbildung

$$\varphi\,x = \lambda\,x$$

mit allen Abbildungen vertauschbar. Man beweise umgekehrt, daß eine lineare Selbstabbildung φ von dieser Form sein muß, wenn sie mit allen linearen Selbstabbildungen ψ vertauschbar ist.

Anleitung: Man zeige zunächst, daß

$$\varphi\,x = \lambda(x)\,x$$

wobei λ zunächst noch von x abhängen darf und schließe dann, daß $\lambda(x)$ konstant sein muß.

§ 5. Paare dualer Räume

2.25. In Kap. I, § 4 haben wir den zu einem linearen Raum A dualen Raum A^* eingeführt als den Raum der linearen Funktionen in A. Wir gehen jetzt von A^* nochmals zum dualen Raum über; zwischen dem so erhaltenen Raum A^{**} und dem ursprünglichen Raum A läßt sich dann

*) Oder allgemeiner ein Körper mit von zwei verschiedener Charakteristik.

in natürlicher Weise ein Isomorphismus herstellen: Die Vektoren von A^{**} sind die linearen Funktionen $\Phi(f)$ in A^*. Ist nun a ein fester Vektor von A, so bestimmt dieser eine solche Funktion, nämlich die Funktion

$$\Phi_a(f) = f(a).$$

Die Zuordnung

$$a \to \Phi_a \tag{2.25}$$

definiert eine eindeutige Abbildung von A in A^{**}, die offenbar linear ist. Ferner ist sie regulär; geht nämlich ein Vektor a von A in den Nullvektor von A^{**} über, so gilt

$$f(a) = 0$$

für alle linearen Funktionen f und dies ist nur möglich, wenn a der Nullvektor ist.

Aus der Regularität der Abbildung Φ_a folgt weiter, daß diese ein Isomorphismus von A auf A^{**} ist, denn diese Räume haben dieselbe Dimension. Identifiziert man je zwei Vektoren von A und A^{**}, die sich mittels dieses Isomorphismus entsprechen, so ist der zu A^* duale Raum also wieder der Raum A.

2.26. Duale Räume. Die so erhaltene Symmetrie zwischen A und A^* legt es nahe, diese beiden Räume von vornherein als gleichberechtigt einzuführen und nicht zuerst einen von ihnen auszuzeichnen. Man wird so zu folgender Definition geführt:

Es seien zwei lineare Räume A^* und A über demselben Koeffizientenkörper Λ gegeben. Jedem Vektorpaar x^*, x wobei x^* in A^* und x in A liegt, sei ein Element aus Λ zugeordnet, das wir mit $\{x^*, x\}$ bezeichnen. Diese Zuordnung habe folgende Eigenschaften:

(I) Sie ist bilinear, d. h. es gilt

$$\{\lambda x_1^* + \mu x_2^*, x\} = \lambda \{x_1^*, x\} + \mu \{x_2^*, x\}$$

und

$$\{x^*, \lambda x_1 + \mu x_2\} = \lambda \{x^*, x_1\} + \mu \{x^*, x_2\}.$$

(II) Gilt $\{a^*, x\} = 0$ für einen festen Vektor a^* und alle Vektoren x, so folgt $a^* = 0$. Ebenso gilt $\{x^*, a\} = 0$ für einen festen Vektor a und alle x^* nur dann, wenn $a = 0$.

Zwei Räume, in denen eine solche bilineare Funktion gegeben ist, heißen *zueinander dual*. Das Element $\{x^*, x\}$ aus Λ nennen wir das *skalare Produkt* der Vektoren x^* und x.

2.27. Beziehung zu den linearen Funktionen. Ist A ein linearer Raum und A^f der Raum der linearen Funktionen, so sind diese Räume zueinander dual; das Skalarprodukt ist in diesem Fall durch die Gleichung

$$\{f, x\} = f(x)$$

definiert. Dabei sind offenbar die Bedingungen (I) und (II) erfüllt.

Wir zeigen jetzt umgekehrt, daß A^f im wesentlichen der einzige zu A duale Raum ist; m. a. W. ist A^* ein beliebiger zu A dualer Raum, so kann man in natürlicher Weise einen Isomorphismus zwischen A^* und A^f herstellen.

Ist a^* ein fester Vektor von A^*, so ist $\{a^*, x\}$ eine lineare Funktion in A. Diese hängt von a^* ab und soll mit $f_{a^*}(x)$ bezeichnet werden,

$$f_{a^*}(x) = \{a^*, x\}.$$

Die Zuordnung

$$a^* \to f_{a^*} \tag{2.26}$$

definiert offenbar eine lineare Abbildung von A^* in A^f. Diese ist regulär; geht nämlich der Vektor a^* in die identisch verschwindende Funktion über, so gilt $\{a^*, x\} = 0$ (identisch in x) und hieraus folgt nach (II), daß a^* der Nullvektor ist.

Wir zeigen weiter, daß die Zuordnung (2.26) eine Abbildung auf den ganzen Raum A^f ist, daß sich also jede lineare Funktion $f(x)$ in der Form

$$f(x) = \{a^*, x\}$$

schreiben läßt. Dies ergibt sich aus einer Dimensionsbetrachtung. Hat A^* die Dimension m und A (und damit auch A^f) die Dimension n, so muß $m \leqq n$ gelten, da sich A^* regulär in den Raum A^f abbilden läßt. Nun kann man aber umgekehrt eine entsprechende Abbildung von A in den Raum $(A^*)^f$ definieren und findet so $n \leqq m$. Es muß also $m = n$ gelten und hieraus folgt, daß die Abbildung (2.26) ein Isomorphismus von A^* auf A^f ist.

Damit haben wir folgendes Ergebnis:

Ist ein Paar dualer Räume A^*, A gegeben, so kann man jede lineare Funktion $f(x)$ in A in der Form

$$f(x) = \{a^*, x\}$$

schreiben, wobei a^* einen eindeutig bestimmten Vektor von A^* bezeichnet.

2.28. Orthogonales Komplement. Zwei Vektoren x^* und x der Räume A^* und A heißen zueinander *orthogonal*, wenn ihr Skalarprodukt verschwindet,

$$\{x^*, x\} = 0$$

Zu jedem Unterraum U von A gehört dann ein Unterraum $U^\perp$ von A^* als die Gesamtheit aller Vektoren, die zu jedem Vektor von U orthogonal sind. $U^\perp$ heißt das *orthogonale Komplement* von U. Hat U die Dimension r, so hat $U^\perp$ die Dimension $n-r$. Dies ergibt sich direkt aus 1.24, wenn man die Vektoren von A^* als lineare Funktionen im Raume A deutet; denn dann besteht $U^\perp$ genau aus denjenigen Funktionen, die im Unterraume U verschwinden.

Geht man von $U^\perp$ nochmals zum orthogonalen Komplement über, so erhält man wieder den Raum U. Denn erstens muß U in diesem orthogonalen Komplement enthalten sein und zweitens hat dieses die Dimension $n - (n - r) = r$, also dieselbe Dimension wie U.

2.29. Duale Basen. Zwei Basen $\overset{*}{x}{}^\nu$ und x_ν $(\nu = 1, \ldots n)$ der Räume A^* und A heißen *zueinander dual*, wenn die Relationen

$$\{\overset{*}{x}{}^\nu, x_\mu\} = \delta_\nu^\mu$$

bestehen. Nach 1.23 folgt, daß es zu jeder Basis von A eine duale gibt. Schreibt man einen Vektor x von A in der Form

$$x = \sum_\nu \xi^\nu x_\nu ,$$

so erhält man für die Komponenten die Darstellung

$$\xi^\nu = \{\overset{*}{x}{}^\nu, x\}$$

und ebenso erhält man für die Komponenten eines Vektors

$$x^* = \sum_\nu \xi_\nu^* \overset{*}{x}{}^\nu$$

die Darstellung

$$\xi_\nu^* = \{x^*, x_\nu\} .$$

Die bilineare Funktion $\{x^*, x\}$ drückt sich durch die Komponenten von x^* und x in der Form

$$\{x^*, x\} = \sum_{\nu,\mu} \xi_\nu^* \xi^\mu \{\overset{*}{x}{}^\nu, x_\mu\} = \sum_{\nu,\mu} \xi_\nu^* \xi^\mu \delta_\mu^\nu = \sum_\nu \xi_\nu^* \xi^\nu$$

aus.

Wir betrachten jetzt zwei Paare dualer Basen x_ν, $\overset{*}{x}{}^\nu$ und $\bar{x}_\nu$, $\overset{*}{\bar{x}}{}^\nu$, die mittels der Transformationen

$$\bar{x}_\nu = \sum_\lambda \alpha_\nu^\lambda x_\lambda \quad \text{bzw.} \quad \overset{*}{\bar{x}}{}^\lambda = \sum_\varkappa \beta_\varkappa^\lambda \overset{*}{x}{}^\varkappa$$

zusammenhängen. Aus den Relationen

$$\{\overset{*}{x}{}^\varkappa, x_\lambda\} = \delta_\lambda^\varkappa \quad \text{und} \quad \{\overset{*}{\bar{x}}{}^\mu, \bar{x}_\nu\} = \delta_\nu^\mu$$

erhält man zwischen den Matrizen (α_ν^μ) und (β_ν^μ) die Beziehungen

$$\sum_\lambda \alpha_\nu^\lambda \beta_\lambda^\mu = \delta_\nu^\mu ,$$

die besagen, daß diese Matrizen zueinander invers sind. Zwei Paare dualer Basen hängen somit mittels inverser Matrizen zusammen und umgekehrt erhält man aus einem Paar dualer Basen durch Transformation mit inversen Matrizen wieder ein solches.

2.30. Duale Abbildung. Wir betrachten jetzt neben A, A^* ein zweites Paar B, B^* dualer Räume und eine lineare Abbildung φ von A in B.

Zu dieser kann man ganz entsprechend wie es in 2.7 für die Räume der linearen Funktionen gemacht wurde, eine duale Abbildung φ^* von B^* in A^* erklären. Es sei y^* ein fester Vektor von B^*; dieser bestimmt eine lineare Funktion in B gemäß

$$g(y) = \{y^*, y\} .$$

Die Funktion $g(y)$ ihrerseits bestimmt im Raume A eine lineare Funktion $f(x)$, die durch die Gleichung

$$f(x) = g(\varphi x) = \{y^*, \varphi x\}$$

definiert ist. Schließlich gehört zur Funktion $f(x)$ ein eindeutig bestimmter Vektor x^*, so daß

$$\{x^*, x\} = f(x) .$$

Insgesamt ist damit dem Vektor y^* von B^* ein Vektor x^* von A^* zugeordnet und diese Vektoren hängen durch die Beziehung

$$\{y^*, \varphi x\} = \{x^*, x\} \qquad \text{(identisch in } x\text{)}$$

zusammen. Bezeichnet man die Zuordnung $y^* \to x^*$ mit φ^*, setzt also

$$x^* = \varphi^* y^* ,$$

so lautet diese Beziehung

$$\{y^*, \varphi x\} = \{\varphi^* y^*, x\} . \tag{2.27}$$

Aus dieser ist unmittelbar ersichtlich, daß die Abbildung φ^* wieder linear ist. Die so erhaltene lineare Abbildung φ^* heißt die zu φ *duale Abbildung*.

Mit Hilfe der dualen Abbildung kann man den Satz von 2.9 so formulieren: *Der Bildraum φA ist das orthogonale Komplement des Kerns K^* der dualen Abbildung.*

2.31. Legt man in den Räumen A, A^* und B, B^* je ein Paar dualer Basen x_ν, $\overset{*}{x}{}^\nu$ $(\nu = 1 \ldots n)$ bzw. y_μ, $\overset{*}{y}{}^\mu$ $(\mu = 1 \ldots m)$ zugrunde, so sind die Matrizen α_ν^μ und β_ν^μ der Abbildungen φ und φ^* zueinander transponiert*). Dies folgt aus der Beziehung (2.27), wenn man dort $x = x_\nu$ und $y^* = \overset{*}{y}{}^\mu$ setzt. Dann wird die linke Seite gleich

$$\{\overset{*}{y}{}^\mu, \varphi x_\nu\} = \sum_\varkappa \alpha_\nu^\varkappa \{\overset{*}{y}{}^\mu, y_\varkappa\} = \alpha_\nu^\mu$$

und die rechte

$$\{\varphi^* \overset{*}{y}{}^\mu, x_\nu\} = \sum_\lambda \beta_\lambda^\mu \{\overset{*}{x}{}^\lambda, x_\nu\} = \beta_\nu^\mu ,$$

und es folgt

$$\alpha_\nu^\mu = \beta_\nu^\mu ,$$

d. h. diese beiden Matrizen sind zueinander transponiert.

*) Dabei bezeichnet ν in der Matrix α_ν^μ die Zeile und in der Matrix β_ν^μ die Spalte.

Es sei jetzt C, C^* ein drittes Paar dualer Räume und ψ eine lineare Abbildung von B in C. Dann setzen sich die dualen Abbildungen nach der Formel

$$(\psi\,\varphi)^* = \varphi^*\,\psi^* \tag{2.28}$$

zusammen. Denn es gilt für je zwei beliebige Vektoren x und z^* aus A bzw. C^*

$$\{(\psi\,\varphi)^*\,z^*, x\} = \{z^*, \psi\,\varphi\,x\} = \{\psi^*\,z^*, \varphi\,x\} = \{\varphi^*\,\psi^*\,z^*, x\}$$

und hieraus ergibt sich

$$(\psi\,\varphi)^*\,z^* = \varphi^*\,\psi^*\,z^*\,.$$

Geht man in der Beziehung (2.28) zu den Matrizen in bezug auf Paare dualer Basen über, so folgt, daß die Transponierte einer Produktmatrix gleich dem Produkt der transponierten Matrizen in umgekehrter Reihenfolge ist.

2.32. Zusammenhang mit den bilinearen Funktionen. Es sei jetzt $\Phi(x, y)$ eine bilineare Funktion im Raume A, d. h. eine Funktion von zwei Vektoren, die in bezug auf beide Argumente linear ist,

$$\Phi(x, \lambda y_1 + \mu y_2) = \lambda \Phi(x, y_1) + \mu \Phi(x, y_2)$$
$$\Phi(\lambda x_1 + \mu x_2, y) = \lambda \Phi(x_1, y) + \mu \Phi(x_2, y)\,.$$

Eine solche Funktion bestimmt zwei lineare Abbildungen von A in den dualen Raum A^*. Hält man nämlich erstens x fest, $x = a$, so ist Φ noch eine lineare Funktion von y und diese bestimmt eindeutig einen Vektor a^* nach der Gleichung

$$\Phi(a, y) = \{a^*, y\}\,.$$

Die Zuordnung

$$a \to a^*$$

definiert offenbar eine lineare Abbildung φ von A in A^*. Setzt man $a^* = \varphi a$ und schreibt wieder x anstatt a, so erhält man zwischen Φ und φ die Beziehung

$$\Phi(x, y) = \{\varphi x, y\}\,. \tag{2.29}$$

Hält man umgekehrt das zweite Argument von Φ fest, so erhält man entsprechend eine lineare Abbildung ψ von A in A^*, so daß

$$\Phi(x, y) = \{\psi y, x\}\,. \tag{2.30}$$

Die Abbildungen φ und ψ stimmen genau dann überein, wenn die bilineare Funktion Φ symmetrisch ist, d. h. wenn

$$\Phi(x, y) = \Phi(y, x)\,.$$

Allgemein kann man sagen, daß die Abbildungen φ und ψ zueinander dual sind. Aus (2.29) und (2.30) folgt nämlich

$$\{\varphi x, y\} = \{\psi y, x\}\,,$$

was die Dualität von φ und ψ ausdrückt.

Aufgaben: 1. Es sei φ eine lineare Abbildung von A in den dualen Raum A^*. Dann ist φ^* ebenfalls eine lineare Abbildung von A in A^*. Wählt man in den Räumen A und A^* duale Basen, so entspricht der Abbildung φ eine Matrix $\alpha_{\nu\mu}$. Man zeige, daß diese Matrix genau dann symmetrisch ist, wenn $\varphi^* = \varphi$.

2. Ist

$$A = U \oplus V$$

eine direkte Zerlegung des Raumes A, so bilden die ortogonalen Komplemente $U^\perp$ und $V^\perp$ eine direkte Zerlegung des dualen Raumes A^*

$$A^* = U^\perp \oplus V^\perp ,$$

und zwar sind die Räume U und $V^\perp$ bzw. $U^\perp$ und V je zueinander dual.

3. Man beweise die Beziehungen

$$(U + V)^\perp = U^\perp \cap V^\perp$$

und

$$(U \cap V)^\perp = U^\perp + V^\perp .$$

4. Man zeige, daß die Abbildung φ^* zu einer gegebenen Abbildung φ durch die Relation (2.27) eindeutig bestimmt ist.

5. Es sei φ eine lineare Selbstabbildung eines Raumes A, so daß $\varphi^2 = \varphi$. Ist dann A^* ein zu A dualer Raum, so sind die Bildräume φA und $\varphi^* A^*$ mittels der Bilinearfunktion $\{x^*, x\}$ ebenfalls zueinander dual.

6. Man beweise ohne die Formel (2.28), daß die transponierte Produktmatrix gleich dem Produkt der Transponierten in umgekehrter Reihenfolge ist.

Drittes Kapitel

Determinanten

§ 1. Determinantenfunktionen

3.1. Definition. Wie wir gesehen haben, spielen die Begriffe „linear abhängig" und „linear unabhängig" eine grundlegende Rolle in der Theorie der linearen Räume. Wir fragen nun nach einem Kriterium dafür, daß n vorgegebene Vektoren eines n-dimensionalen Raumes A über Λ linear abhängig bzw. linear unabhängig (und damit eine Basis) sind.

Um zu einem solchen Kriterium zu gelangen, führen wir den Begriff der Determinantenfunktion ein. Unter einer *Determinantenfunktion* in dem beliebigen n-dimensionalen Raum A über Λ verstehen wir eine Funktion $\Delta(x_1, \ldots, x_n)$ von n Vektoren $x_1, \ldots, x_n \in A$ mit Funktionswerten in Λ, welche folgende Eigenschaften hat:

1. $\Delta(x_1, \ldots, x_n)$ ist in bezug auf *jedes Argument linear*, d. h. für jedes $i = 1, \ldots, n$ und $\lambda, \mu \in \Lambda$ gilt

$$\Delta(x_1, \ldots, x_{i-1}, \lambda x_i + \mu y_i, x_{i+1}, \ldots, x_n) = \lambda \Delta(x_1, \ldots, x_{i-1}, x_i, x_{i+1}, \ldots, x_n) + \mu \Delta(x_1, \ldots, x_{i-1}, y_i, x_{i+1}, \ldots, x_n).$$

2. Sind die Vektoren $x_1, \ldots, x_n$ *linear abhängig*, so gilt

$$\Delta(x_1, \ldots, x_n) = 0.$$

Es erhebt sich sofort die Frage, ob es nichttrivale (d. h. von der identisch verschwindenden verschiedene) Determinantenfunktionen gibt. Bevor wir darauf antworten, sollen einige Eigenschaften der Determinantenfunktionen hergeleitet werden.

3.2. Eigenschaften der Determinantenfunktionen. Es sei $e_1, \ldots, e_n$ eine feste Basis von A. Dann kann man jeden Vektor x_ν in der Form

$$x_\nu = \sum_\lambda \xi_\nu^\lambda e_\lambda$$

darstellen. Hieraus folgt auf Grund der n-fachen Linearität von Δ

$$\Delta(x_1, \ldots, x_n) = \sum_{(\lambda)} \xi_1^{\lambda_1} \ldots \xi_n^{\lambda_n} \Delta(e_{\lambda_1}, \ldots, e_{\lambda_n}), \tag{3.1}$$

wobei das Symbol (λ) unter dem Summenzeichen besagen soll, daß die Indizes $\lambda_1, \ldots, \lambda_n$ unabhängig voneinander von 1 bis n laufen. Auf Grund der zweiten Definitionseigenschaft von Δ verschwinden hier aber alle Glieder, in denen zwei λ_i übereinstimmen, denn dann kommt in dem n-tupel $e_{\lambda_1}, \ldots, e_{\lambda_n}$ zweimal derselbe Vektor vor und folglich sind dann $e_{\lambda_1}, \ldots, e_{\lambda_n}$ linear abhängig. Man braucht in (3.1) also nur über alle Permutationen zu summieren und kann anstelle von (3.1) schreiben

$$\Delta(x_1, \ldots, x_n) = \sum_\sigma \xi_1^{\sigma(1)} \ldots \xi_n^{\sigma(n)} \Delta(e_{\sigma(1)}, \ldots, e_{\sigma(n)}), \tag{3.2}$$

wobei σ alle n Permutationen der Zahlen $(1, \ldots, n)$ durchläuft.

Wir wollen nun noch $\Delta(e_{\sigma(1)}, \ldots, e_{\sigma(n)})$ auf $\Delta(e_1, \ldots, e_n)$ zurückführen. Dazu überlegen wir zunächst: Vertauscht man irgendzwei der Argumente $x_1, \ldots, x_n$ von $\Delta(x_1, \ldots, x_n)$, so multipliziert sich Δ mit dem Körperelement $-1 \in \Lambda$. Eine lineare Funktion mit dieser Eigenschaft nennt man *total schiefsymmetrisch*. Wir wollen also zeigen: *Determinantenfunktionen sind total schiefsymmetrisch.*

Um das einzusehen, betrachten wir Δ einmal nur als Funktion des ν-ten und μ-ten Arguments $(\nu < \mu \leqq n)$ und schreiben

$$\Delta(x_1, \ldots, x_n) = \Delta_{\nu\mu}(x, y) \text{ mit } x = x_\nu, y = x_\mu.$$

Dann gilt auf Grund der Definitionseigenschaften für Determinantenfunktionen

$$\begin{aligned} 0 = \Delta_{\nu\mu}(x + y, x + y) &= \Delta_{\nu\mu}(x, x) + \Delta_{\nu\mu}(x, y) + \Delta_{\nu\mu}(y, x) + \Delta_{\nu\mu}(y, y) \\ &= \Delta_{\nu\mu}(x, y) + \Delta_{\nu\mu}(y, x), \end{aligned}$$

also

$$\Delta_{\nu\mu}(x, y) = -\Delta_{\nu\mu}(y, x) . \tag{3.3}$$

Bekanntlich nennt man eine Permutation $\sigma = (\sigma(1), \ldots, \sigma(n))$ der Zahlen $(1, \ldots, n)$ *gerade*, wenn man durch eine gerade Anzahl von Vertauschungen je zweier der Zahlen von $(1, \ldots, n)$ zu $(\sigma(1), \ldots, \sigma(n))$ gelangen kann, sonst nennt man σ *ungerade*. Dabei hängt die Eigenschaft daß σ gerade bzw. ungerade ist, nicht davon ab, in welcher Anzahl und Reihenfolge man die Vertauschungen vorgenommen hat.

Setzt man nun

$$\varepsilon_\sigma = \begin{cases} 1 & \text{falls } \sigma \text{ gerade} \\ -1 & \text{falls } \sigma \text{ ungerade} \end{cases} \qquad (1, -1 \in \Lambda),$$

so folgt wegen (3.3)

$$\Delta(e_{\sigma(1)}, \ldots, e_{\sigma(n)}) = \varepsilon_\sigma \Delta(e_1, \ldots, e_n) .$$

Damit erhält man aus (3.2)

$$\Delta(x_1, \ldots, x_n) = \Delta(e_1, \ldots, e_n) \sum_\sigma \varepsilon_\sigma \xi_1^{\sigma(1)} \ldots \xi_n^{\sigma(n)} . \tag{3.4}$$

Gilt nun $\Delta(x_1, \ldots, x_n) \neq 0$ für ein festes n-tupel $(x_1 \ldots x_n)$, so besagt diese Gleichung, daß dann auch $\Delta(e_1, \ldots, e_n) \neq 0$ für jede beliebige Basis $e_1, \ldots, e_n$ gelten muß. Mit anderen Worten: *Ist eine Determinantenfunktion für ein* bestimmtes *n-tupel linear unabhängiger Vektoren ungleich Null, so ist sie für jedes n-tupel linear unabhängiger Vektoren ungleich Null.*

Eine nichttriviale Determinantenfunktion hat also die Eigenschaft, daß $\Delta(x_1, \ldots, x_n) \neq 0$ dann und nur dann gilt, wenn $x_1, \ldots, x_n$ linear unabhängig sind.

Können wir eine nichttriviale Determinantenfunktion angeben, so ist damit ein Kriterium der gewünschten Art gefunden.

Aus (3.4) folgt weiter, daß sich *je zwei Determinantenfunktionen Δ_1 und Δ_2 nur um einen konstanten Faktor aus Λ unterscheiden.* Ist nämlich eine von ihnen, etwa Δ_1 nicht identisch Null, so gilt wegen (3.4)

$$\Delta_2(x_1, \ldots, x_n) = \lambda \Delta_1(x_1, \ldots, x_n) \text{ mit } \lambda = \frac{\Delta_2(e_1, \ldots, e_n)}{\Delta_1(e_1, \ldots, e_n)} .$$

3.3. Existenz nichttrivialer Determinantenfunktionen. Es soll nun gezeigt werden, daß es in einem beliebigen linearen Raum A über Λ stets eine nichttriviale Determinantenfunktion gibt, die dann — wie eben überlegt — bis auf einen konstanten Faktor aus Λ eindeutig bestimmt ist. Wir legen wieder die feste Basis $e_1, \ldots, e_n$ zugrunde und definieren die Funktion Δ durch die Gleichung

$$\Delta(x_1, \ldots, x_n) = \sum_\sigma \varepsilon_\sigma \xi_1^{\sigma(1)} \ldots \xi_n^{\sigma(n)} . \tag{3.5}$$

Diese Funktion ist jedenfalls nicht identisch Null, denn aus (3.5) folgt $\Delta(e_1, \ldots, e_n) = 1$.

Es bleibt zu zeigen, daß sie eine Determinantenfunktion ist. Zunächst ist diese Funktion in jedem $x_\nu = \sum_\lambda \xi_\nu^\lambda e_\lambda$ linear, da in jedem Summanden auf der rechten Seite von (3.5) genau eine Koordinate ξ_ν^λ von x_ν als Faktor auftritt. Die erste Bedingung ist also erfüllt.

Sind nun die Vektoren $x_1, \ldots, x_n$ linear abhängig, dann gibt es ein $m \leq n$ so, daß gilt

$$x_m = \sum_{\mu=1}^{m-1} \eta^\mu x_\mu, \quad \eta^\mu \in \Lambda .$$

Wegen der schon bewiesenen Linearität von Δ folgt

$$\Delta(x_1, \ldots, x_n) = \sum_{\mu=1}^{m-1} \eta^\mu \Delta(x_1, \ldots, x_{m-1}, x_\mu, x_{m+1}, \ldots, x_n) .$$

Daraus erhält man $\Delta(x_1, \ldots, x_n) = 0$, falls

$$\Delta(x_1, \ldots, x_{m-1}, x_\mu, x_{m+1}, \ldots, x_n) = 0 \qquad (\mu = 1, \ldots, m-1)$$

gezeigt werden kann. Wir haben also unter der Voraussetzung, daß mindestens zwei der Vektoren von $x_1, \ldots, x_n$ übereinstimmen, $\Delta(x_1, \ldots, x_n) = 0$ zu beweisen. Es sei $x_\nu = x_\mu$ mit $\nu < \mu \leqq n$. Zu jeder Permutation $\sigma = (\sigma(1), \ldots, \sigma(\nu), \ldots, \sigma(\mu), \ldots, \sigma(n))$ betrachten wir die Permutation $\sigma' = (\sigma(1), \ldots, \sigma(\mu), \ldots, \sigma(\nu), \ldots, \sigma(n))$, die man aus σ durch Vertauschen von $\sigma(\nu)$ und $\sigma(\mu)$ erhält. Umgekehrt erhält man aus σ' durch Vertauschen von $\sigma'(\nu) = \sigma(\mu)$ und $\sigma'(\mu) = \sigma(\nu)$ wieder σ. Die so zwischen den Permutationen σ und σ' gestiftete Zuordnung ist also umkehrbar eindeutig. Wir überlegen nun: Ist σ gerade bzw. ungerade, so ist σ' ungerade bzw. gerade, d. h. es gilt stets $\varepsilon_\sigma + \varepsilon_{\sigma'} = 0$. Um das einzusehen, vertauschen wir der Reihe nach $\sigma(\mu)$ mit $\sigma(\mu-1), \sigma(\mu-2), \ldots, \sigma(\nu)$; das sind $\mu - 1 - \nu + 1 = \mu - \nu$ Vertauschungen. Wir haben damit die Permutation

$$(\sigma(1), \ldots, \sigma(\nu-1), \sigma(\mu), \sigma(\nu), \ldots, \sigma(\mu-1), \sigma(\mu+1), \ldots, \sigma(n))$$

erhalten. Um daraus σ' zu gewinnen, vertauschen wir $\sigma(\nu)$ mit

$\sigma(\nu+1), \ldots, \sigma(\mu-1)$; das sind $\mu - 1 - (\nu+1) + 1 = \mu - \nu - 1$

Vertauschungen. Damit haben wir σ' durch insgesamt $2(\mu - \nu) - 1$, d. h. durch eine ungerade Anzahl von Vertauschungen aus σ erhalten, womit unsere Behauptung $\varepsilon_\sigma + \varepsilon_{\sigma'} = 0$ bewiesen ist.

Aus $x_\nu = x_\mu$ folgt $\xi_\nu^{\sigma(\nu)} = \xi_\mu^{\sigma(\nu)}, \xi_\nu^{\sigma(\mu)} = \xi_\mu^{\sigma(\mu)}$

und daher gilt

$$\xi_1^{\sigma'(1)} \ldots \xi_n^{\sigma'(n)} = \xi_1^{\sigma(1)} \ldots \xi_\nu^{\sigma(\mu)} \ldots \xi_\mu^{\sigma(\nu)} \ldots \xi_n^{\sigma(n)} = \xi_1^{\sigma(1)} \ldots \xi_n^{\sigma(n)} .$$

Es ist also

$$\varepsilon_\sigma\, \xi_1^{\sigma(1)} \ldots \xi_n^{\sigma(n)} + \varepsilon_{\sigma'}\, \xi_1^{\sigma'(1)} \ldots \xi_n^{\sigma'(n)} = (\varepsilon_\sigma + \varepsilon_{\sigma'})\, \xi_1^{\sigma(1)} \ldots \xi_n^{\sigma(n)} = 0\ ;$$

da die in (3.5) rechts stehende Summe in Paare von Summanden dieser Art zerlegt werden kann, ist sie selbst gleich Null. Das ist die noch ausstehende zweite Bedingung einer Determinantenfunktion für die durch (3.5) definierte Funktion. Damit ist die Existenz nichttrivialer Determinantenfunktionen in jedem linearen Raum A über Λ bewiesen, und jede Determinantenfunktion stimmt bis auf einen konstanten Faktor aus Λ mit der durch (3.5) gegebenen überein.

Voraussetzung. Wenn im folgenden von einer Determinantenfunktion die Rede ist, so soll es sich dabei stets um eine nicht identisch verschwindende Determinantenfunktion handeln.

3.4. Determinantenfunktionen in dualen Räumen. Es sei jetzt A, A^* ein Paar dualer Räume und Δ bzw. Δ^* eine Determinantenfunktion in A bzw. A^*. Wir zeigen, daß das Produkt

$$\Delta(x_1 \ldots x_n)\Delta^*(\overset{*}{x}{}^1 \ldots \overset{*}{x}{}^n)$$

für alle Paare dualer Basen denselben Wert annimmt.

Wir beweisen zunächst folgendes: Im Raume A^* werde zu gegebenem Δ eine Funktion Φ^* von n Vektoren folgendermaßen definiert: Für n linear unabhängige Vektoren $\overset{*}{x}{}^\nu (\nu = 1 \ldots n)$ sei

$$\Phi^*(\overset{*}{x}{}^1 \ldots \overset{*}{x}{}^n) = \Delta(x_1 \ldots x_n)^{-1},$$

wobei $x_\nu (\nu = 1 \ldots n)$ die duale Basis in A bezeichnet und für linear abhängige Vektoren

$$\Phi^*(\overset{*}{x}{}^1 \ldots \overset{*}{x}{}^n) = 0\,.$$

Die so definierte Funktion Φ^* ist, behaupten wir, eine Determinantenfunktion.

Hieraus ergibt sich dann unmittelbar die obige Behauptung; denn eine beliebige Determinantenfunktion Δ^* in A^* muß dann ein Vielfaches von Φ^* sein, $\Delta^* = \lambda\Phi^*$ und man hat für je zwei duale Basen

$$\Delta(x_1 \ldots x_n)\Delta^*(\overset{*}{x}{}^1 \ldots \overset{*}{x}{}^n) = \lambda\, \Delta(x_1 \ldots x_n)\, \Phi^*(\overset{*}{x}{}^1 \ldots \overset{*}{x}{}^n) = \lambda\,.$$

Wir haben also zu zeigen, daß Φ^* linear in bezug auf alle Argumente ist und stets dann den Wert 0 annimmt, wenn die Vektoren $\overset{*}{x}{}^1, \ldots \overset{*}{x}{}^n$ linear abhängig sind. Die letzte Eigenschaft folgt unmittelbar aus der Definition. Ferner gilt

$$\Phi^*(\lambda\overset{*}{x}{}^1, \overset{*}{x}{}^2 \ldots \overset{*}{x}{}^n) = \lambda\, \Phi^*(\overset{*}{x}{}^1, \overset{*}{x}{}^2 \ldots \overset{*}{x}{}^n)\ ;$$

hier kann man $\lambda \neq 0$ und die Vektoren $\overset{*}{x}{}^\nu$ linear unabhängig annehmen, denn sonst verschwinden beide Seiten. Dann bedeutet der Übergang von $\overset{*}{x}^1$ zu $\lambda\overset{*}{x}^1$ für die duale Basis den Übergang von x_1 zu $\frac{1}{\lambda}x_1$ und damit wird

$$\Phi^*(\lambda\overset{*}{x}^1, \overset{*}{x}^2 \ldots \overset{*}{x}^n) = \Delta\left(\frac{1}{\lambda}x_1, x_2 \ldots x_n\right)^{-1} = \lambda\,\Delta(x_1, x_2 \ldots x_n)^{-1}$$
$$= \lambda\,\Phi^*(\overset{*}{x}^1, \overset{*}{x}^2 \ldots \overset{*}{x}^n)\,.$$

Es bleibt noch die Linearität in bezug auf die Addition zu beweisen. Dazu bemerken wir zunächst, daß sich der Funktionswert von Φ^* nicht ändert, wenn man zum ersten Vektor eine beliebige Linearkombination der anderen addiert. Dabei kann man wieder die Vektoren $\overset{*}{x}^\nu$ linear unabhängig voraussetzen. Der Übergang

$$(\overset{*}{x}^1, \overset{*}{x}^2 \ldots \overset{*}{x}^n) \to (\overset{*}{x}^1 + \lambda_2\overset{*}{x}^2 + \cdots + \lambda_n\overset{*}{x}^n, \overset{*}{x}^2, \ldots \overset{*}{x}^n)$$

bedeutet für die duale Basis den Übergang

$$(x_1, x_2 \ldots x_n) \to (x_1, x_2 - \lambda^2 x_1, \ldots x_n - \lambda^n x_1)\,, \; (\lambda^i = \lambda_i,\ i = 2, \ldots, n)\,.$$

Man überzeugt sich in der Tat leicht, daß die so erhaltenen $2n$ Vektoren wieder duale Basen sind. Nun gilt aber für die Funktion Δ auf Grund der Definitionseigenschaften

$$\Delta(x_1, x_2 - \lambda^2 x_1, \ldots, x_n - \lambda^n x_1) = \Delta(x_1, x_2 \ldots x_n)$$

und somit ist auch

$$\Phi^*\left(\overset{*}{x}^1 + \sum_{\nu=2}^{n}\lambda_\nu\overset{*}{x}^\nu, \overset{*}{x}^2 \ldots \overset{*}{x}^n\right) = \Phi^*(\overset{*}{x}^1, \overset{*}{x}^2 \ldots \overset{*}{x}^n)\,.$$

Hieraus wird sich nun die Linearität von Φ^* bezüglich der Addition ergeben:

$$\Phi^*(y^* + z^*, \overset{*}{x}^2 \ldots \overset{*}{x}^n) = \Phi^*(y^*, \overset{*}{x}^2 \ldots \overset{*}{x}^n) + \Phi^*(z^*, \overset{*}{x}^2 \ldots \overset{*}{x}^n)\,.$$

Wir können die Vektoren $\overset{*}{x}^2 \ldots \overset{*}{x}^n$ linear unabhängig annehmen, denn sonst verschwinden alle drei Glieder. Dann kann man einen Vektor $\overset{*}{x}^1$ so wählen, daß die Vektoren $\overset{*}{x}^1 \ldots \overset{*}{x}^n$ eine Basis bilden. Die Vektoren y^* und z^* sind lineare Kombinationen der $\overset{*}{x}^\nu$,

$$y^* = \sum_\nu \lambda_\nu\overset{*}{x}^\nu\,, \qquad z^* = \sum_\nu \varkappa_\nu\overset{*}{x}^\nu\,,$$

Da sich nun, wie gezeigt, der Funktionswert von Φ^* nicht ändert, wenn man zum ersten Argument eine Linearkombination der anderen addiert, kann man die Koeffizienten λ_ν und $\varkappa_\nu$ von $\nu = 2$ an gleich Null setzen. Dann ist

$$y^* = \lambda_1\overset{*}{x}^1\,, \quad z^* = \varkappa_1\overset{*}{x}^1$$

und somit

$$\Phi^*(y^* + z^*, \overset{*}{x}{}^2 \ldots \overset{*}{x}{}^n) = (\lambda_1 + \varkappa_1)\, \Phi^*(\overset{*}{x}{}^1, \overset{*}{x}{}^2 \ldots \overset{*}{x}{}^n)$$
$$= \Phi^*(y^*, \overset{*}{x}{}^2 \ldots \overset{*}{x}{}^n) + \Phi^*(z^*, \overset{*}{x}{}^2 \ldots \overset{*}{x}{}^n)\,.$$

Damit ist die Linearität von Φ^* bewiesen.

Aufgabe: Es sei φ eine n-fach lineare Abbildung eines n-dimensionalen Raumes A in einen Raum B, d. h. je n Vektoren $x_1 \ldots x_n$ von A sei ein Vektor $\varphi(x_1 \ldots x_n)$ des Raumes B zugeordnet, so daß diese Zuordnung in bezug auf jedes Argument linear ist und außerdem gelte $\varphi(x_1, \ldots, x_n) = 0$, wenn die Vektoren $x_1, \ldots, x_n$ linear abhängig sind. Dann ist die Abbildung φ in der Form

$$\varphi(x_1 \ldots x_n) = b\Delta(x_1 \ldots x_n)$$

darstellbar, wobei Δ eine fest normierte Determinantenfunktion in A und b einen festen Vektor des Raumes B bezeichnen.

§ 2. Determinante einer linearen Selbstabbildung

3.5. Es sei φ eine lineare Selbstabbildung des Raumes A. Wir wählen eine Determinantenfunktion Δ und bilden mit Hilfe der Abbildung φ die Funktion

$$\Delta_1(x_1 \ldots x_n) = \Delta(\varphi x_1 \ldots \varphi x_n)\,.$$

Diese genügt offenbar wieder den beiden Definitionseigenschaften einer Determinantenfunktion, da φ eine lineare Abbildung ist und linear abhängige Vektoren bei einer solchen Abbildung wieder in linear abhängige Vektoren übergehen. Δ_1 kann sich von Δ also nur um einen konstanten Faktor α unterscheiden (vgl. 3.2). Dieser ist von der Normierung der Funktion Δ unabhängig. Ersetzt man nämlich Δ durch die Funktion $\lambda \cdot \Delta$ so multipliziert sich Δ_1 ebenfalls mit λ. Der Faktor α ist somit durch die Selbstabbildung φ eindeutig bestimmt. Er heißt die *Determinante der Abbildung* und soll mit $\det \varphi$ bezeichnet werden. Somit lautet die Definitionsgleichung der Determinante

$$\Delta(\varphi x_1 \ldots \varphi x_n) = \det \varphi \cdot \Delta(x_1 \ldots x_n)\,.$$

Ist die Abbildung φ speziell von der Form

$$\varphi x = \lambda x\,,$$

so wird

$$\Delta(\varphi x_1 \ldots \varphi x_n) = \lambda^n \cdot \Delta(x_1 \ldots x_n)$$

und somit

$$\det \varphi = \lambda^n.$$

Speziell ist also die Determinante der Identität gleich eins und die der Nullabbildung gleich Null.

3.6. Produktsatz. Für das Produkt zweier linearer Selbstabbildungen φ und ψ gilt

$$\det(\psi\,\varphi) = \det\psi \cdot \det\varphi\,. \tag{3.6}$$

Denn es ist

$$\begin{aligned}&\Delta(\psi\,\varphi\,x_1 \ldots \psi\,\varphi\,x_n)\\ &\quad = \det\psi \cdot \Delta(\varphi\,x_1 \ldots \varphi\,x_n) = \det\psi \cdot \det\varphi \cdot \Delta(x_1 \ldots x_n)\end{aligned}$$

und hieraus folgt bereits die Formel (3.6). Aus dem Produktsatz ergibt sich speziell, daß die Abbildungen $\psi\,\varphi$ und $\varphi\,\psi$ (die i. a. verschieden sind) dieselbe Determinante haben.

Ist φ speziell ein Isomorphismus des Raumes A auf sich und φ^{-1} der inverse Isomorphismus,

$$\varphi^{-1}\,\varphi = \iota\,,$$

so folgt aus dem Produktsatz

$$\det(\varphi^{-1}) \cdot \det q = 1\,. \tag{3.7}$$

Zum inversen Isomorphismus gehört somit auch die inverse Determinante. Insbesondere folgt, daß die Determinante einer regulären Selbstabbildung von Null verschieden sein muß.

3.7. Umkehrung. Hiervon gilt auch die Umkehrung; eine lineare Selbstabbildung, deren Determinante nicht verschwindet, ist regulär. Denn aus der Beziehung

$$\Delta(\varphi\,x_1 \ldots \varphi\,x_n) = \det\varphi \cdot \Delta(x_1 \ldots x_n)$$

folgt, wenn die Determinante ungleich Null ist, daß die Bildvektoren $\varphi\,x_\nu$ immer dann linear unabhängig sind, wenn dies für die Vektoren x_ν gilt. Eine Basis des Raumes A geht mittels φ also wieder in eine Basis über und hieraus folgt die Regularität.

Eine lineare Selbstabbildung ist somit genau dann regulär, wenn ihre Determinante von Null verschieden ist.

3.8. Determinante der dualen Abbildung. Es sei jetzt A^* ein zu A dualer Raum. Dann gehört zu jeder linearen Selbstabbildung φ von A eine duale Abbildung φ^* (vgl. 2.30) und zwar ist diese eine lineare Selbstabbildung von A^*. Sie hat somit eine bestimmte Determinante; wir zeigen, daß diese mit der Determinante von φ übereinstimmt. Dabei kann man die Abbildung φ regulär annehmen, denn sonst ist auch φ^* nicht regulär (vgl. 2.8) und beide Abbildungen haben die Determinante Null.

Die Determinanten von φ und φ^* sind durch die Gleichungen

$$\Delta(\varphi\,x_1 \ldots \varphi\,x_n) = \det\varphi \cdot \Delta(x_1 \ldots x_n)$$

und

$$\Delta^*(\varphi^*\overset{*}{y}{}^1 \ldots \varphi^*\overset{*}{y}{}^n) = \det\varphi^* \cdot \Delta^*(\overset{*}{y}{}^1 \ldots \overset{*}{y}{}^n)$$

definiert, welche identisch in x_ν bzw. $\overset{*}{y}{}^\nu (\nu = 1 \ldots n)$ gelten. Aus diesen erhält man

$$\Delta(\varphi x_1 \ldots \varphi x_n)\, \Delta^*(\overset{*}{y}{}^1 \ldots \overset{*}{y}{}^n) - \Delta^*(\varphi^* \overset{*}{y}{}^1 \ldots \varphi^* \overset{*}{y}{}^n)\, \Delta(x_1 \ldots x_n)$$
$$= (\det \varphi - \det \varphi^*)\, \Delta(x_1 \ldots x_n)\, \Delta(\overset{*}{y}{}^1 \ldots \overset{*}{y}{}^n)\,. \qquad (3.8)$$

Nun wählen wir für die x_ν eine Basis von A und für die $\overset{*}{y}{}^\nu$ die zur Basis φx_ν duale Basis, so daß also

$$\{\overset{*}{y}{}^\nu, \varphi x_\mu\} = \delta^\nu_\mu\,. \qquad (3.9)$$

Dann sind auch die Basen $\varphi^* \overset{*}{y}{}^\nu$ und x_ν $(\nu = 1 \ldots n)$ zueinander dual, denn aus (3.9) folgt

$$\{\varphi^* \overset{*}{y}{}^\nu, x_\mu\} = \{\overset{*}{y}{}^\nu, \varphi x_\mu\} = \delta^\nu_\mu\,.$$

Somit sind die beiden Glieder auf der linken Seite von (3.8) einander gleich, denn das Produkt $\Delta^* \cdot \Delta$ nimmt für jedes Paar dualer Basen denselben Wert an, wie in 3.4 gezeigt wurde. Es folgt somit

$$(\det \varphi - \det \varphi^*)\, \Delta(x_1 \ldots x_n)\, \Delta^*(\overset{*}{y}{}^1 \ldots \overset{*}{y}{}^n) = 0\,.$$

Und hieraus, da man durch Δ und Δ^* kürzen darf,

$$\det \varphi^* = \det \varphi\,.$$

Aufgabe: Es sei A ein reeller Raum. Ferner sei F eine eindeutige Funktion auf der Menge aller linearen Selbstabbildungen φ des Raumes A mit den beiden Eigenschaften:

1. $F(\psi \varphi) = F(\varphi) \cdot F(\psi)$.
2. $F(\lambda \iota) = \lambda^n$ (ι Identität).

Man zeige, daß dann $F(\varphi) = \det \varphi$ oder $F(\varphi) = |\det \varphi|$.

Anleitung. Man zeige zunächst, daß für eine Abbildung φ_i, die in einer passend gewählten Basis $e_\nu (\nu = 1 \ldots n)$ von der Form

$$\varphi_i e_i = \lambda e_i, \quad \varphi_i e_\nu = e_\nu \qquad \text{für } i \neq \nu$$

ist,

$$F(\varphi_i) = \lambda \qquad (i = 1 \ldots n)$$

gilt. Dann betrachte man eine Abbildung ψ_{ik}, $i \neq k$ der Form

$$\psi_{ik} e_i = e_i + \lambda e_k\,, \qquad \psi_{ik} e_j = e_j \text{ für } j \neq i$$

und schließe hieraus, daß

$$F(\psi_{ik}) = 1\,.$$

§ 3. Determinante einer Matrix

3.9. Wählt man im Raume A eine Basis e_ν $(\nu = 1 \ldots n)$, so entspricht der Abbildung φ eine n-reihige quadratische Matrix α^μ_ν gemäß der Darstellung

$$\varphi e_\nu = \sum_\mu \alpha^\mu_\nu e_\mu\,, \quad \alpha^\mu_\nu \in \Lambda\,.$$

Um die Determinante von φ durch die Elemente dieser Matrix auszudrücken, gehen wir von der Gleichung

$$\Delta(\varphi e_1 \ldots \varphi e_n) = \det \varphi \cdot \Delta(e_1 \ldots e_n)$$

aus. Setzt man hier für die Bildvektoren φe_ν die angegebenen Ausdrücke ein, so folgt auf Grund der Multilinearität von Δ

$$\sum_{(\lambda)} \alpha_1^{\lambda_1} \ldots \alpha_n^{\lambda_n} \Delta(e_{\lambda_1} \ldots e_{\lambda_n}) = \det \varphi \cdot \Delta(e_1 \ldots e_n),$$

wobei zunächst über die Indizes $\lambda_1 \ldots \lambda_n$ unabhängig voneinander von 1 bis n zu summieren ist. Wegen der zweiten Determinanteneigenschaft (vgl. 3.1) braucht man jedoch nur die Permutationen von $(1 \ldots n)$ zu berücksichtigen und erhält

$$\sum_\sigma \alpha_1^{\sigma(1)} \ldots \alpha_n^{\sigma(n)} \Delta(e_{\sigma(1)} \ldots e_{\sigma(n)}) = \det \varphi \cdot \Delta(e_1 \ldots e_n). \quad (3.10)$$

Nun ist für jede Permutation

$$\Delta(e_{\sigma(1)} \ldots e_{\sigma(n)}) = \varepsilon_\sigma \cdot \Delta(e_1 \ldots e_n)$$

und somit folgt aus (3.10), wenn man noch den Faktor Δ wegläßt,

$$\det \varphi = \sum_\sigma \varepsilon_\sigma \alpha_1^{\sigma(1)} \ldots \alpha_n^{\sigma(n)}.$$

Mittels dieser Formel kann man somit die Determinante von φ aus der Matrix (α_ν^μ) berechnen. Man nennt die so aus der Matrix (α_ν^μ) berechnete Zahl auch die *Determinante der Matrix* (α_ν^μ). Bei ihrer Bildung ist also definitionsgemäß über die Permutationen der Spaltenindizes zu summieren,

$$\det(\alpha_\nu^\mu) = \sum_\sigma \varepsilon_\sigma \alpha_1^{\sigma(1)} \ldots \alpha_n^{\sigma(n)}. \quad (3.11)$$

Schreibt man die Matrix ausführlich als quadratisches Schema, so pflegt man den Übergang der Determinante durch Absolutstriche anzudeuten. In dieser Bezeichnungsweise lautet die Definitionsgleichung (3.11)

$$\begin{vmatrix} \alpha_1^1 & \ldots & \alpha_1^n \\ \cdot & & \cdot \\ \cdot & & \cdot \\ \cdot & & \cdot \\ \alpha_n^1 & \ldots & \alpha_n^n \end{vmatrix} = \sum_\sigma \varepsilon_\sigma \alpha_1^{\sigma(1)} \ldots \alpha_n^{\sigma(n)}.$$

Speziell erhält man also für $n = 2$ bzw. $n = 3$

$$\begin{vmatrix} \alpha_1^1 & \alpha_1^2 \\ \alpha_2^1 & \alpha_2^2 \end{vmatrix} = \sum_\sigma \varepsilon_\sigma \alpha_1^{\sigma(1)} \alpha_2^{\sigma(2)} = \alpha_1^1 \alpha_2^2 - \alpha_1^2 \alpha_2^1,$$

$$\begin{vmatrix} \alpha_1^1 & \alpha_1^2 & \alpha_1^3 \\ \alpha_2^1 & \alpha_2^2 & \alpha_2^3 \\ \alpha_3^1 & \alpha_3^2 & \alpha_3^3 \end{vmatrix} = \sum_\sigma \varepsilon_\sigma \alpha_1^{\sigma(1)} \alpha_2^{\sigma(2)} \alpha_3^{\sigma(3)} = \alpha_1^1 \alpha_2^2 \alpha_3^3 - \alpha_1^1 \alpha_2^3 \alpha_3^2 - \alpha_1^2 \alpha_2^1 \alpha_3^3 + \\ + \alpha_1^2 \alpha_2^3 \alpha_3^1 + \alpha_1^3 \alpha_2^1 \alpha_3^2 - \alpha_1^3 \alpha_2^2 \alpha_3^1.$$

3.10. Determinante der Produktmatrix. Die in § 2 für die Determinante einer Abbildung erhaltenen Sätze lassen sich nun unmittelbar auf die Determinate einer Matrix übertragen. Zunächst folgt aus dem Produktsatz 3.6, daß die Determinante der Matrix

$$\gamma_\nu^\lambda = \sum_\mu \alpha_\nu^\mu \, \beta_\mu^\lambda$$

gleich dem Produkt der Determinanten von (α_ν^μ) und (β_μ^λ) ist,

$$\det\left(\sum_\mu \alpha_\nu^\mu \, \beta_\mu^\lambda\right) = \det(\alpha_\nu^\mu) \cdot \det(\beta_\mu^\lambda) \, .$$

Geht man nämlich von den Matrizen α_ν^μ und β_μ^λ zu den entsprechenden Abbildungen über, so gehört zur Matrix γ_ν^λ die Produktabbildung (vgl. 2.22).

Sind speziell die Matrizen α_ν^μ und β_μ^λ zueinander invers,

$$\sum_\mu \alpha_\nu^\mu \, \beta_\mu^\lambda = \delta_\nu^\lambda \, ,$$

so folgt durch Übergang zur Determinante

$$\det(\alpha_\nu^\mu) \cdot \det(\beta_\mu^\lambda) = 1 \, .$$

Inverse Matrizen haben also auch inverse Determinanten.

Aus 3.7 folgt schließlich, daß eine Matrix genau dann regulär ist, wenn ihre Determinante nicht verschwindet.

3.11. Determinante der transponierten Matrix. Wie in 3.8 gezeigt wurde, stimmen die Determinanten dualer Abbildungen überein. Legt man duale Basen zugrunde, so entsprechen diesen Abbildungen zueinander transponierte Matrizen. Hieraus ergibt sich, daß transponierte Matrizen dieselbe Determinante haben. Anders ausgedrückt: Man kann bei der Berechnung der Determinante anstatt über die Permutationen der Spalten- über die der Zeilenindizes summieren,

$$\det(\alpha_\nu^\mu) = \sum_\sigma \varepsilon_\sigma \, \alpha_{\sigma(1)}^1 \ldots \alpha_{\sigma(n)}^n \, .$$

3.12. Die Determinante als Funktion der Zeilen. Man kann der Determinante einer Matrix auch noch eine andere Deutung geben, indem man die Zeilen als Vektoren des arithmetischen Vektorraumes Λ^n auffaßt. Wählt man in diesem Raume die Vektoren

$$e_\nu = (0 \ldots 1 \ldots 0) \qquad (\nu = 1 \ldots n)$$

als Basis, so schreibt sich der i-te Zeilenvektor

$$a_i = (\alpha_i^1 \ldots \alpha_i^n)$$

in der Form

$$a_i = \sum_\lambda \alpha_i^\lambda \, e_\lambda \, .$$

Nun bezeichne Δ diejenige Determinantenfunktion im Raume Λ^n, die durch die Bedingung

$$\Delta(e_1 \ldots e_n) = 1$$

normiert ist. Dann wird

$$\Delta(a_1 \ldots a_n)$$
$$= \sum_{(\lambda)} \alpha_1^{\lambda_1} \ldots \alpha_n^{\lambda_n} \Delta(e_{\lambda_1} \ldots e_{\lambda n}) = \sum_{\sigma} \varepsilon_\sigma \alpha_1^{\sigma(1)} \ldots \alpha_n^{\sigma(n)} = \det(\alpha_\nu^\mu) .$$

Die Determinante der Matrix α_ν^μ ist also gleich dem Wert dieser Funktion auf den Zeilenvektoren, kurz auf den Zeilen. Das Analoge gilt auch für die Spalten. Auf Grund dieser Beziehung kann man die Eigenschaften der Funktion Δ direkt auf die Determinante übertragen. Die Definitionseigenschaften gehen jetzt über in:

1. Die Determinante einer Matrix ist in bezug auf die Zeilen bzw. Spalten linear.

2. Die Determinante einer Matrix ist genau dann gleich 0, wenn die Zeilen bzw. Spalten linear abhängig sind.

Als Folgerungen oder Spezialfälle hiervon besitzt die Determinante ferner die Eigenschaften:

3. Die Determinante multipliziert sich mit λ, wenn man eine Zeile oder Spalte mit λ multipliziert.

4. Die Determinante ändert sich nicht, wenn man zu einer Zeile bzw. Spalte eine beliebige Linearkombination der anderen Zeilen bzw. Spalten addiert. Die Determinante ist folglich gleich 0, wenn zwei Zeilen oder Spalten übereinstimmen.

5. Die Determinante multipliziert sich mit dem Element $-1 \in \Lambda$, falls zwei Zeilen oder Spalten vertauscht werden.

3.13. Eine Beziehung zwischen den Funktionen Δ und Δ^*. Als Anwendung der oben angeführten Zeilen- und Spalteneigenschaften einer Determinante beweisen wir jetzt eine Beziehung zwischen zwei Determinantenfunktionen in dualen Räumen, welche das in 3.4 erhaltene Ergebnis als Spezialfall enthält. Es seien also A^* und A zwei duale Räume und $\{x^*, x\}$ das skalare Produkt (vgl. Kap. II, § 5). Aus je n Vektoren der Räume A^* und A kann man dann die Matrix

$$\{\overset{*}{x}{}^\mu, x_\nu\} \quad (\mu, \nu = 1 \ldots n)$$

bilden. Ihre Determinante ist eine Funktion der $\overset{*}{x}{}^\mu$ und x_ν,

$$\Phi(\overset{*}{x}{}^1, \ldots \overset{*}{x}{}^n; x_1 \ldots x_n) = \det\{\overset{*}{x}{}^\mu, x_\nu\}, \tag{3.12}$$

und zwar ist diese Funktion in bezug auf jedes Argument linear und hat den Wert 0, wenn $\overset{*}{x}{}^1, \ldots, \overset{*}{x}{}^n$ oder $x_1, \ldots, x_n$ linear abhängig sind. Wir denken uns jetzt die Vektoren $\overset{*}{x}{}^1, \ldots, \overset{*}{x}{}^n$ fixiert; dann ist Φ entweder identisch Null oder eine nichttrivale Determinantenfunktion von

$x_1, \ldots, x_n$. Wählt man daher im Raume A eine Determinantenfunktion Δ, so gilt

$$\Phi(\overset{*}{x}{}^1, \ldots \overset{*}{x}{}^n; x_1 \ldots x_n) = \varkappa \cdot \Delta(x_1 \ldots x_n), \tag{3.13}$$

wobei der Faktor $\varkappa$ nur noch von den fest gewählten Vektoren $\overset{*}{x}{}^1, \ldots \overset{*}{x}{}^n$ abhängt,

$$\varkappa = \varkappa(\overset{*}{x}{}^1 \ldots \overset{*}{x}{}^n).$$

Somit kann man die Gleichung (3.13) in der Form

$$\Phi(\overset{*}{x}{}^1 \ldots \overset{*}{x}{}^n; x_1 \ldots x_n) = \varkappa(\overset{*}{x}{}^1 \ldots \overset{*}{x}{}^n) \cdot \Delta(x_1 \ldots x_n)$$

schreiben. Hält man hier umgekehrt die x_ν fest und variiert die $\overset{*}{x}{}^\mu$, so erkennt man, daß $\varkappa$ in bezug auf die $\overset{*}{x}{}^\mu$ eine Determinantenfunktion ist. Somit gilt

$$\varkappa(\overset{*}{x}{}^1 \ldots \overset{*}{x}{}^n) = \lambda \cdot \Delta^*(\overset{*}{x}{}^1 \ldots \overset{*}{x}{}^n),$$

wobei Δ^* eine Determinantenfunktion im Raume A^* bezeichnet und λ eine Konstante aus Λ. Setzt man dies in (3.13) ein, so folgt

$$\Phi(\overset{*}{x}{}^1 \ldots \overset{*}{x}{}^n; x_1 \ldots x_n) = \lambda\, \Delta^*(\overset{*}{x}{}^1 \ldots \overset{*}{x}{}^n)\, \Delta(x_1 \ldots x_n)$$

und wenn man hier Φ wieder durch die Determinante (3.12) ersetzt,

$$\det\{\overset{*}{x}{}^\mu, x_\nu\} = \lambda \cdot \Delta^*(\overset{*}{x}{}^1 \ldots \overset{*}{x}{}^n)\, \Delta(x_1 \ldots x_n). \tag{3.14}$$

Diese Beziehung besagt, daß das Produkt der Determinantenfunktionen Δ^* und Δ bis auf einen konstanten Faktor gleich der Determinante der Matrix $\{\overset{*}{x}{}^\mu, x_\nu\}$ ist. Setzt man für die Vektoren $\overset{*}{x}{}^\mu$ und x_ν speziell zwei duale Basen ein, so wird

$$\{\overset{*}{x}{}^\mu, x_\nu\} = \delta^\mu_\nu,$$

also

$$\det\{\overset{*}{x}{}^\mu, x_\nu\} = 1$$

und es folgt

$$\Delta^*(\overset{*}{x}{}^1 \ldots \overset{*}{x}{}^n) \cdot \Delta(x_1 \ldots x_n) = \frac{1}{\lambda}.$$

Dies ist aber das Ergebnis von 3.4, wonach das Produkt $\Delta^*\Delta$ auf jedem Paar dualer Basen denselben Wert annimmt.

Aufgaben: Man beweise den Multiplikationssatz für Determinanten direkt mit Hilfe der Formel (3.11), also ohne auf die zugehörigen Abbildungen zurückzugehen.

2. Es sei α^μ_ν eine Matrix, die unterhalb der Hauptdiagonale lauter Nullen enthält,

$$\alpha^\mu_\nu = 0 \text{ für } \nu > \mu.$$

Dann gilt

$$\det(\alpha^\mu_\nu) = \alpha^1_1 \ldots \alpha^n_n.$$

Man zeige, daß für die *Vandermondesche Determinante* die Formel

$$\begin{vmatrix} 1 & \dots & 1 \\ \lambda_1 & \dots & \lambda_n \\ \lambda_1^2 & \dots & \lambda_n^2 \\ \cdot & & \\ \lambda_1^{n-1} & \dots & \lambda_n^{n-1} \end{vmatrix} = \prod_{i>k} (\lambda_i - \lambda_k)$$

gilt.

3. Man beweise, daß die Determinanten transponierter Matrizen übereinstimmen, ohne auf die entsprechenden Selbstabbildungen zurückzugehen.

§ 4. Unterdeterminanten

3.14. In einer quadratischen Matrix (α_ν^μ) *) werde ein festes Element α_j^k ausgewählt. Ersetzt man dieses durch das Einselelement und alle anderen Elemente der j-ten Zeile und der k-ten Spalte durch Null, so erhält man die Matrix

$$\begin{matrix} \alpha_1^1 & \dots & \alpha_1^{k-1} & 0 & \alpha_1^{k+1} & \dots & \alpha_1^n \\ \cdot & & & & & & \\ \cdot & & & & & & \\ \cdot & & & & & & \\ \alpha_{j-1}^1 & \dots & \alpha_{j-1}^{k-1} & 0 & \alpha_{j-1}^{k+1} & \dots & \alpha_{j-1}^n \\ 0 & \dots & 0 & 1 & 0 & \dots & 0 \\ \alpha_{j+1}^1 & \dots & \alpha_{j+1}^{k-1} & 0 & \alpha_{j+1}^{k+1} & \dots & \alpha_{j+1}^n \\ \cdot & & & & & & \\ \cdot & & & & & & \\ \cdot & & & & & & \\ \alpha_n^1 & \dots & \alpha_n^{k-1} & 0 & \alpha_n^{k+1} & \dots & \alpha_n^n \end{matrix}$$

Ihre Determinante, die wir mit A_j^k bezeichnen, heißt die zu α_j^k gehörige *Unterdeterminante* der Matrix (α_ν^μ).

Bezeichnet man die Zeilen der Matrix — als Vektoren des Raumes Λ^n betrachtet — mit a_i $(i = 1 \dots n)$ und die Basisvektoren $(0 \dots 0, 1, 0 \dots 0)$ des Raumes Λ^n mit e_ν $(\nu = 1 \dots n)$, so kann man die Unterdeterminante A_j^k auch in der Form

$$A_j^k = \Delta (a_1, \dots a_{j-1}, e_k, a_{j+1}, \dots a_n) \tag{3.15}$$

schreiben. Dabei ist die Determinantenfunktion Δ so zu normieren, daß

$$\Delta (e_1, \dots e_n) = 1 .$$

Wir wählen jetzt einen Zeilenvektor

$$a_i = (\alpha_i^1, \dots \alpha_i^n)$$

und bilden die Summe

$$\sum_k \alpha_i^k A_j^k .$$

*) In diesem Paragraphen bezeichnet der untere Index immer die Zeile.

Setzt man hier für die Unterdeterminanten nach (3.15) ein, so ergibt sich

$$\sum_k \alpha_i^k A_j^k = \Delta\,(a_1, \ldots a_{j-1}, \sum_k \alpha_i^k e_k, a_{j+1}, \ldots a_n)$$

$$= \Delta\,(a_1, \ldots a_{j-1}, a_i, a_{j+1}, \ldots a_n)\,.$$

Ist hier $i \neq j$, so treten unter den Argumenten von Δ zwei gleiche auf und der Funktionswert wird Null. Dagegen erhält man für $i = j$ gerade die Determinante der Matrix (α_ν^μ), die wir zur Abkürzung mit A bezeichnen. Somit hat man

$$\sum_k \alpha_i^k A_j^k = \begin{cases} 0 & \text{für } i \neq j \\ A & \text{für } i = j\,, \end{cases}$$

was man in die Gleichung

$$\sum_k \alpha_i^k A_j^k = A\,\delta_{ij} \tag{3.16}$$

zusammenfassen kann.

Geht man anstatt von den Zeilen von den Spaltenvektoren aus, so erhält man entsprechend

$$\sum_k \alpha_k^i A_k^j = A\,\delta^{ij}\,. \tag{3.17}$$

3.15. Inverse Matrix. Ist die Determinante A von Null verschieden, so kann man eine Matrix β_k^j durch die Gleichung

$$\beta_k^j = \frac{1}{A} A_j^k \tag{3.18}$$

definieren. Dann lautet die Beziehung (3.16)

$$\sum_k \alpha_i^k \beta_k^j = \delta_i^j\,;$$

sie besagt also, daß (β_k^j) die zu (α_i^k) inverse Matrix ist. Mittels der Unterdeterminanten kann man somit die inverse Matrix nach der Formel (3.18) berechnen.

Die Gleichung (3.16) kann aber auch dazu verwendet werden, die Berechnung der Determinante A auf die Berechnung einfacherer Determinanten zurückzuführen. Setzt man nämlich dort speziell $i = j$, so folgt

$$A = \sum_k \alpha_i^k A_i^k\,.$$

Hier erscheint die Determinante als Linearform der Elemente einer festen Zeile mit den entsprechenden Unterdeterminanten als Koeffizienten. Diese Gleichung stellt die *Entwicklung der Determinante nach der i-ten Zeile dar.* Entsprechend erhält man aus (3.17), wenn man $i = j$ setzt, die Entwicklung nach der i-ten Spalte.

3.16. Streichungsdeterminanten. Wir zeigen weiter, daß jede Unterdeterminante A_j^k bis auf einen Vorzeichenfaktor gleich der Determinante einer $(n-1)$-reihigen Matrix ist, nämlich derjenigen, die aus der gegebenen durch Weglassen der j-ten Zeile und der k-ten Spalte entsteht. Die Determinante der so bestimmten $(n-1)$-reihigen Matrix heißt die *Streichungsdeterminante* des Elementes α_j^k.

3.17. Der Zusammenhang zwischen Unter- und Streichungsdeterminante wird durch die Gleichung

$$A_j^k = (-1)^{j+k} S_j^k \tag{3.19}$$

gegeben. Es genügt, den Beweis für $j = 1$, $k = 1$ zu führen; vertauscht man nämlich in der Determinante A_j^k die j-te Zeile der Reihe nach mit den vorherigen und ebenso die k-te Spalte, so multipliziert sich die Determinante mit dem Faktor $(-1)^{j+k}$. Daher gilt die Beziehung

$$A_j^k = (-1)^{j+k} \begin{vmatrix} 1 & 0 & \cdots & 0 \\ 0 & & & \\ \vdots & & S_j^k & \\ 0 & & & \end{vmatrix}, \tag{3.20}$$

wobei im nichtausgefüllten Quadrat die Matrix der Streichungsdeterminante S_j^k steht. Hat man nun die Beziehung (3.19) für $j = 1$, $k = 1$ bewiesen, so ist die Determinante rechts in (3.20) gleich S_j^k und es folgt die Beziehung (3.19) für beliebiges j und k.

Es bleibt also nur noch die Gleichung $A_1^1 = S_1^1$ zu beweisen und diese ergibt sich, wenn man die Determinante A_1^1 nach der Formel (3.11) entwickelt. Danach wird

$$A_1^1 = \sum_\sigma \varepsilon_\sigma \, \delta_1^{\sigma(1)} \alpha_2^{\sigma(2)} \dots \alpha_n^{\sigma(n)},$$

wobei σ alle Permutationen der Zahlen $(1 \dots n)$ durchläuft. Hier ist der erste Faktor nur für diejenigen Permutationen von Null verschieden, für die $\sigma(1) = 1$ ist, so daß man sich also auf diese Permutationen beschränken kann. Damit wird

$$A_1^1 = \sum_\tau \varepsilon_\tau \, \alpha_2^{\tau(2)} \dots \alpha_n^{\tau(n)},$$

wobei τ alle Permutationen von $(2 \dots n)$ durchläuft, und diese Summe ist aber gerade die Determinante S_1^1. Also hat man

$$A_1^1 = S_1^1,$$

womit die Beziehung (3.19) bewiesen ist.

Ersetzt man in der Entwicklungsformel die Unterdeterminanten durch die entsprechenden Streichungsdeterminanten, so lautet diese

$$A = \sum_k (-1)^{i+k} \alpha_i^k S_i^k.$$

Damit ist die Berechnung einer n-reihigen Determinante auf die Berechnung von n $(n-1)$-reihigen Determinanten zurückgeführt.

Will man z. B. eine dreireihige Determinante nach der ersten Zeile entwickeln, so hat man die drei zweireihigen Determinanten S_1^1, S_1^2, S_1^3 zu berechnen. Für diese erhält man

$$S_1^1 = \begin{vmatrix} \alpha_2^2 & \alpha_2^3 \\ \alpha_3^2 & \alpha_3^3 \end{vmatrix} \qquad S_1^2 = \begin{vmatrix} \alpha_2^1 & \alpha_2^3 \\ \alpha_3^1 & \alpha_3^3 \end{vmatrix} \qquad S_1^3 = \begin{vmatrix} \alpha_2^1 & \alpha_2^2 \\ \alpha_3^1 & \alpha_3^2 \end{vmatrix}$$

und damit wird

$$\begin{vmatrix} \alpha_1^1 & \alpha_1^2 & \alpha_1^3 \\ \alpha_2^1 & \alpha_2^2 & \alpha_2^3 \\ \alpha_3^1 & \alpha_3^2 & \alpha_3^3 \end{vmatrix} = \alpha_1^1 \begin{vmatrix} \alpha_2^2 & \alpha_2^3 \\ \alpha_3^2 & \alpha_3^3 \end{vmatrix} - \alpha_1^2 \begin{vmatrix} \alpha_2^1 & \alpha_2^3 \\ \alpha_3^1 & \alpha_3^3 \end{vmatrix} + \alpha_1^3 \begin{vmatrix} \alpha_2^1 & \alpha_2^2 \\ \alpha_3^1 & \alpha_3^2 \end{vmatrix}.$$

Rechnet man hier die zweireihigen Determinanten aus, so erhält man denselben Ausdruck wie in 3.9.

Man kann die numerische Berechnung einer Determinante weitgehend dadurch vereinfachen, daß man auf die zugehörige Matrix zuerst elementare Zeilen- oder Spaltenumformungen anwendet (vgl. 2.17). Nehmen wir etwa an, eine n-reihige Determinante sei nach der ersten Zeile zu entwickeln, also nach der Formel

$$A = \sum_k (-1)^{k+1} \alpha_1^k S_1^k$$

und es sei $\alpha_1^1 \neq 0$. Dann kann man geeignete Vielfache der ersten Spalte zu den anderen Spalten addieren und so die Glieder $\alpha_1^2, \ldots \alpha_1^n$ zum Verschwinden bringen. Hierbei ändert sich die Determinante nach 3.12 nicht. Entwickelt man nun die Determinante nach der ersten Zeile, so bleibt in der Summe nur das erste Glied übrig und man hat anstatt n nur eine einzige $(n-1)$-reihige Determinante zu berechnen.

Zum Beispiel erhält man auf diese Art

$$\begin{vmatrix} 1 & 3 & -1 \\ 2 & 4 & 6 \\ 7 & 0 & 5 \end{vmatrix} = \begin{vmatrix} 1 & 0 & 0 \\ 2 & -2 & 8 \\ 7 & -21 & 12 \end{vmatrix} = 1 \cdot \begin{vmatrix} -2 & 8 \\ -21 & 12 \end{vmatrix} = 144.$$

§ 5. Anwendung auf lineare Gleichungssysteme

In Kap. II, § 3 wurde beschrieben, wie man ein lineares Gleichungssystem durch successive Elimination löst. Dieses Verfahren kommt vor allem dann zur Anwendung, wenn die Koeffizientenmatrix des Systems numerisch gegeben ist. Wenn es sich jedoch um allgemeine Elemente handelt, erhält man bereits nach den ersten Schritten komplizierte Ausdrücke. Mit Hilfe der Determinanten hat man nun die Möglichkeit, die Elimination der Unbekannten nicht successiv, sondern simultan durchzuführen; die so erhaltene Lösungsformel gibt auch einen Einblick in die Art der Abhängigkeit der Lösungen von den Elementen der Koeffizientenmatrix.

3.18. n Gleichungen mit n Unbekannten. Wir betrachten zunächst den Fall, daß die Anzahl der Gleichungen mit der der Unbekannten übereinstimmt, also ein System der Form

$$\sum_{i=1}^{n} \alpha_i^k \xi^i = \beta^k \qquad (k = 1 \ldots n) \qquad (3.21)$$

Multipliziert man die k-te Gleichung mit der Unterdeterminante A_j^k und summiert über k, so erhält man auf Grund der Beziehungen (3.17)

$$A \cdot \sum_i \delta_{ij} \xi^i = \sum_k A_j^k \beta^k ,$$

also

$$A \cdot \xi^j = \sum_k A_j^k \beta^k . \qquad (3.22)$$

Ist nun die Determinante A von Null verschieden, so kann man durch A dividieren und erhält die *Cramersche Auflösungsformel*

$$\xi^j = \frac{1}{A} \sum_k A_j^k \beta^k.$$

Diese liefert zu jedem vorgegebenen Zahlen n-tupel $(\beta^1 \ldots \beta^n)$ die zugehörige eindeutig bestimmte Lösung $(\xi^1 \ldots \xi^n)$. Speziell erhält man für das homogene System $(\beta^k = 0, k = 1 \ldots n)$ die triviale Lösung $\xi^j = 0$ $(j = 1 \ldots n)$.

Im Falle $A = 0$ kann man die Gleichung (3.22) nicht nach ξ^j auflösen. Jetzt kann man auch nicht erwarten, daß das System für jedes n-tupel β^k lösbar ist; ordnet man nämlich der Koeffizientenmatrix (α_i^k) eine lineare Selbstabbildung eines n-dimensionalen Raumes A zu, so ist diese nicht regulär, und der Bildraum besteht nicht aus ganz A. Man kann aber das System, falls es überhaupt lösbar ist, auf eines mit von Null verschiedenen Determinanten zurückführen, wie in der nächsten Nummer gezeigt werden soll.

3.19. m Gleichungen mit n Unbekannten. Wir gehen dazu gleich von dem allgemeineren Fall eines Systems von m Gleichungen mit n Unbekannten aus,

$$\sum_{i=1}^{n} \alpha_i^k \xi^i = \beta^k \qquad (k = 1 \ldots m) . \qquad (3.23)$$

Von diesem wird vorausgesetzt, daß es überhaupt eine Lösung gibt, daß sich also die Gleichungen nicht widersprechen.

Es bezeichne r den Rang der Koeffizientenmatrix (α_i^k). Dann hat diese r linear unabhängige Zeilen, während je $(r + 1)$ linear abhängig sind. Die Gleichungen denken wir uns so numeriert, daß es die ersten r Zeilen sind. Jede weitere Zeile ist dann eine lineare Kombination der ersten r und da das System lösbar vorausgesetzt wird, muß die entsprechende rechte Seite dieselbe Linearkombination der $\beta^k (k = 1 \ldots r)$ sein. Somit sind alle weiteren Gleichungen mit den ersten r Gleichungen erfüllt und können weggelassen werden. Damit hat man das System (3.23) durch das System

$$\sum_{i=1}^{n} \alpha_i^k \xi^i = \beta^k \qquad (k = 1 \ldots r) \qquad (3.24)$$

von r Gleichungen ersetzt.

Die Koeffizientenmatrix dieses Systems hat wieder den Rang r. Somit muß sie r linear unabhängige Spalten haben und wir können die Unbekannten ξ^i so numerieren, daß dies die ersten r sind. Schneidet man dann von der Matrix (α_i^k) die letzten $(n - r)$-Spalten ab, so erhält man eine r-reihige quadratische Matrix; und zwar ist die Determinante dieser Matrix ungleich Null, da sie r linear unabhängige Spalten hat. Somit kann man das System

$$\sum_{i=1}^{r} \alpha_i^k \xi^i = \beta^k - \sum_{j=r+1}^{n} \alpha_j^k \xi^j$$

nach der Cramerschen Regel lösen, und zwar für jede Wahl der rechten Seite, also für jede Wahl von $\xi^{r+1} \ldots \xi^n$. Man erhält, wenn A die Determinante der Matrix (α_i^k) $(i, k = 1 \ldots r)$ bezeichnet,

$$\xi^i = \frac{1}{A} \sum_k A_i^k \left(\beta^k - \sum_{j=r+1}^{n} \alpha_j^k \xi^j \right) \qquad (i = 1 \ldots r).$$

In dieser Lösung treten die Unbekannten $\xi^{r+1} \ldots \xi^n$ als willkürlich wählbare Parameter auf.

§ 6. Das charakteristische Polynom

3.20. Eigenvektoren. Es sei φ eine lineare Selbstabbildung des Raumes A über Λ. Ein Vektor a $(a \neq 0)$ heißt *Eigenvektor* der Abbildung φ, wenn er nur eine Multiplikation mit einem Faktor aus dem Koeffizientenkörper Λ erfährt,

$$\varphi a = \lambda a .$$

Der Faktor λ heißt der zugehörige *Eigenwert*. Zum Beispiel sind also die von Null verschiedenen Vektoren des Kerns von φ (falls es solche gibt) Eigenvektoren, und zwar zum Eigenwert $\lambda = 0$. Zu einer linearen Selbstabbildung braucht es nicht immer Eigenvektoren zu geben. Ist z. B. A ein reeller zweidimensionaler linearer Raum und x_1, x_2 eine Basis, so besitzt die Abbildung, die durch die Zuordnungen

$$\varphi x_1 = x_2 , \quad \varphi x_2 = - x_1$$

bestimmt ist, offenbar keinen Eigenvektor.

3.21. Charakteristisches Polynom. Wir nehmen an, a sei ein Eigenvektor von φ und λ der zugehörige Eigenwert. Dann gilt

$$\varphi a = \lambda a$$

oder, wenn man die Abbildung φ_λ durch die Gleichung

$$\varphi_\lambda = \varphi - \lambda\iota \qquad (\iota \text{ identische Abbildung})$$

definiert,

$$\varphi_\lambda a = 0\,.$$

Die Abbildung φ_λ ist somit nicht regulär und ihre Determinante muß verschwinden,

$$\det \varphi_\lambda = 0\,.$$

Erklärt man die Funktion χ der Veränderlichen λ gemäß

$$\chi(\lambda) = \det \varphi_\lambda\,,$$

so muß also jeder Eigenwert Nullstelle von χ sein und umgekehrt ist jede Nullstelle von χ ein Eigenwert; denn $\chi(\lambda) = 0$ besagt, daß die Abbildung φ_λ nicht regulär ist, es muß somit einen Vektor a $(a \neq 0)$ geben, für den $\varphi_\lambda a = 0$, also $\varphi a = \lambda a$.

3.22. Wir zeigen jetzt, daß die Funktion $\chi(\lambda)$ ein Polynom n-ten Grades in λ ist, wobei n die Dimension des Raumes A bezeichnet. Wählt man in A eine Determinantenfunktion Δ, so gilt nach Definition von χ

$$\Delta\,(\varphi x_1 - \lambda x_1, \ldots \varphi x_n - \lambda x_n) = \chi(\lambda)\,\Delta\,(x_1 \ldots x_n)\,. \tag{3.25}$$

Hier kann man auf Grund der Multilinearität von Δ die linke Seite nach Potenzen von λ entwickeln und erhält eine Gleichung der Form

$$\sum_{\nu=0}^{n} \Phi_\nu\,(x_1 \ldots x_n)\,\lambda^\nu = \chi(\lambda)\,\Delta\,(x_1, \ldots, x_n)\,, \tag{3.26}$$

wobei die Φ_ν bestimmte Funktionen von $x_1 \ldots x_n$ sind. Wie man unmittelbar aus (3.25) entnimmt, hat man insbesondere für $\nu = 0$

$$\Phi_0\,(x_1 \ldots x_n) = \Delta\,(\varphi x_1, \ldots \varphi x_n) \tag{3.27}$$

und für $\nu = n$

$$\Phi_n\,(x_1 \ldots x_n) = (-1)^n \cdot \Delta\,(x_1 \ldots x_n)\,. \tag{3.28}$$

Die Funktionen Φ_0 und Φ_n sind also Determinantenfunktionen. Wir wollen jetzt feststellen, daß auch die anderen Koeffizienten Φ_ν Determinantenfunktionen sind. Wir behaupten, daß Φ_ν abgesehen von dem Faktor $(-1)^\nu$ gleich der Summe über alle $\Delta\,(z_1, \ldots, z_n)$ ist, wobei $z_i = x_i$ oder $z_i = \varphi x_i$ ist und die zweite dieser Gleichungen für genau $n - \nu$ der Indizes $i = 1, \ldots, n$ gilt:

$$\Phi_\nu\,(x_1, \ldots, x_n) = (-1)^\nu \sum_{z_1, \ldots, z_n} \Delta\,(z_1, \ldots, z_n)\,,$$

$$z_i = \begin{cases} x_i \text{ für } \nu \text{ Indizes } i \\ \varphi x_i \text{ für } n - \nu \text{ Indizes } i\,. \end{cases} \tag{3.29}$$

Dies folgt aus der allgemeineren Tatsache, daß für eine beliebige multilineare Funktion $\Gamma(x_1, \ldots, x_n)$ der Ausdruck $\Gamma(x_1+y_1, \ldots, x_n+y_n)$ gleich der Summe aller Ausdrücke $\Gamma(z_1, \ldots, z_n)$ ist, wobei über alle verschiedenen n-tupel $z_1, \ldots, z_n$, bei denen jedes der z_i entweder gleich x_i oder gleich y_i ist, summiert wird. Dies läßt sich sofort durch Induktion beweisen. Wegen $\Gamma(x_1 + y_1) = \Gamma(x_1) + \Gamma(y_1)$ ist der Induktionsbeginn erfüllt. Die Behauptung sei richtig für alle multilinearen Funktionen mit $m \leqq n-1$ Argumenten. Wegen

$$\Gamma(x_1 + y_1, \ldots, x_{n-1} + y_{n-1}, x_n + y_n)$$
$$= \Gamma(x_1 + y_1, \ldots, x_{n-1} + y_{n-1}, x_n) + \Gamma(x_1 + y_1, \ldots, x_{n-1} + y_{n-1}, y_n)$$

folgt dann unmittelbar die Behauptung, indem man die Induktionsannahme auf die $n-1$ ersten Argumente anwendet. Das ist zulässig, da Γ bei festem n-ten Argument eine multilineare Funktion der $n-1$ ersten Argumente ist.

Aus der Darstellung (3.29) von Φ_ν folgt nun wegen der Linearität von Δ und der Tatsache, daß φ eine lineare Abbildung ist, die Linearität von Φ_ν für jedes Argument.

Aus (3.29) folgt aber auch, daß Φ_ν für alle n-tupel linear abhängiger Vektoren verschwindet. Wegen der Linearität von Φ_ν genügt es dazu zu zeigen, daß $\Phi_\nu(x_1, \ldots, x_n)$ gleich Null ist, wenn zwei der x_i übereinstimmen. Da sich Δ und damit auch Φ_ν bei Vertauschung zweier Argumente nur mit dem Faktor (-1) multipliziert, können wir annehmen $x_1 = x_2$. Zunächst verschwinden alle $\Delta(z_1, \ldots z_n)$ mit $z_1 = z_2$, weil Δ eine Determinantenfunktion ist. Betrachten wir nun einen Ausdruck $\Delta(z_1, \ldots z_n)$ mit $z_1 \neq z_2$; dann muß entweder $z_1 = \varphi z_1$ und $z_2 = x_1$ oder $z_1 = x_1$ und $z_2 = \varphi x_1$ gelten. Wir greifen einen dieser Ausdrücke heraus, etwa $\Delta(\varphi x_1, x_1, \ldots)$; dann gibt es dazu auch den Ausdruck $\Delta(x_1, \varphi x_1, \ldots)$; da Δ als Determinantenfunktion schiefsymmetrisch ist, ist die Summe der beiden Ausdrücke gleich Null. Also ist $\Phi_\nu(x_1, \ldots, x_n) = 0$, womit für Φ_ν auch die zweite Bedingung für eine Determinantenfunktion erfüllt ist.

Jede Funktion Φ_ν muß also ein Vielfaches der Determinantenfunktion Δ sein,

$$\Phi_\nu(x_1, \ldots x_n) = \alpha_\nu \Delta(x_1, \ldots x_n) .$$

Dabei sind die Koeffizienten α_ν wegen (3.26) von der Normierung der Determinantenfunktion unabhängig und somit durch die Abbildung φ eindeutig bestimmt. Speziell gilt nach (3.27) und (3.28)

$$\alpha_0 = \det \varphi \quad \text{und} \quad \alpha_n = (-1)^n .$$

Setzt man die obige Darstellung der Funktionen Φ_ν in (3.26) ein und läßt den Faktor Δ weg, so erhält man für χ das Polynom

$$\chi(\lambda) = \sum_\nu \alpha_\nu \lambda^\nu .$$

Es heißt das *charakteristische Polynom* der Abbildung φ. Die Eigenwerte von φ sind somit die Nullstellen des charakteristischen Polynoms.

3.23. Existenz von Eigenwerten. Wie schon eingangs erwähnt, braucht eine lineare Selbstabbildung φ nicht immer Eigenwerte zu besitzen.

Legt man jedoch einen *komplexen* linearen Raum zugrunde, so hat das charakteristische Polynom nach dem Fundamentalsatz der Algebra mindestens eine Nullstelle und somit muß es zu einer linearen Selbstabbildung eines komplexen Raumes immer einen (im allgemeinen komplexen) Eigenwert geben. Für einen reellen Raum ist dieser Schluß nicht anwendbar, da ein Polynom mit reellen Koeffizienten keine reelle Nullstelle zu haben braucht. Setzt man aber die Dimension als ungerade voraus, so ist $\chi(\lambda)$ für große positive λ positiv und für große negative λ negativ und muß als stetige Funktion somit eine Nullstelle haben. Dies bedeutet, *daß es zu einer linearen Abbildung eines reellen Vektorraumes von ungerader Dimension immer einen Eigenwert gibt.*

3.24. Berechnung des charakteristischen Polynoms aus der Matrix. Es sei jetzt eine Basis e_ν $(\nu = 1 \ldots n)$ des Raumes gegeben und (α_ν^μ) die zugehörige Matrix der Abbildung φ,

$$\varphi\, e_\nu = \sum_\mu \alpha_\nu^\mu\, e_\mu .$$

Dann wird

$$\varphi_\lambda\, e_\nu = \sum_\mu (\alpha_\nu^\mu - \lambda\, \delta_\nu^\mu)\, e_\mu ,$$

d. h. zur Abbildung φ_λ gehört die Matrix

$$(\alpha_\nu^\mu - \lambda\delta_\nu^\mu) .$$

Damit erhält man für das charakteristische Polynom den Ausdruck

$$\chi(\lambda) = \det\,(\alpha_\nu^\mu - \lambda\delta_\nu^\mu) , \tag{3.30}$$

der nach der Formel (3.11) entwickelt werden kann. Das Polynom (3.30) heißt das *charakteristische Polynom der Matrix* (α_ν^μ).

3.25. Spur einer linearen Selbstabbildung. Neben dem konstanten Glied im charakteristischen Polynom, das gleich der Determinante von φ ist, ist noch der Koeffizient des zweithöchsten Gliedes von besonderem Interesse. Dieser ist durch die Gleichung

$$\Phi_{n-1}(x_1 \ldots x_n) = \alpha_{n-1}\Delta(x_1, \ldots x_n)$$

bestimmt; dabei erhält man für Φ_{n-1} aus (3.29)

$$\Phi_{n-1}(x_1, \ldots x_n) = (-1)^{n-1} \sum_{i=1}^{n} \Delta(x_1 \ldots x_{i-1}, \varphi x_i, x_{i+1} \ldots x_n) .$$

Die Zahl $(-1)^{n-1}\alpha_{n-1}$ heißt die *Spur* der Abbildung φ und soll mit $\mathrm{Sp}\,\varphi$ bezeichnet werden. Damit hat man die Definitionsgleichung

$$\sum_i \Delta(x_1 \ldots x_{i-1}, \varphi x_i, x_{i+1} \ldots x_n) = \mathrm{Sp}\,\varphi \cdot \Delta(x_1 \ldots x_n) . \tag{3.31}$$

Hieraus ersieht man, daß die Spur linear von der Abbildung φ abhängt,

$$\operatorname{Sp}(\alpha\, \varphi_1 + \beta\, \varphi_2) = \alpha \operatorname{Sp} \varphi_1 + \beta \operatorname{Sp} \varphi_2 .$$

Setzt man in (3.31) für die Vektoren x_ν eine Basis e_ν des Raumes ein und bezeichnet die Matrix der Abbildung φ in dieser Basis mit (α_ν^μ), so folgt

$$\sum_{\nu, i} \alpha_i^\nu\, \Delta\,(e_1 \ldots e_{i-1}, e_\nu, e_{i+1} \ldots e_n) = \operatorname{Sp} \varphi \cdot \Delta\,(e_1 \ldots e_n) .$$

Hier bleiben auf der linken Seite nur die Glieder für $\nu = i$ übrig und man erhält, wenn man durch die Determinantenfunktion Δ kürzt,

$$\operatorname{Sp} \varphi = \sum_i \alpha_i^i .$$

Aufgaben: 1. Man zeige, daß die duale Abbildung φ^* dasselbe charakteristische Polynom hat wie φ.

2. Es seien φ und ψ zwei lineare Selbstabbildungen. Dann stimmen die charakteristischen Polynome von $\psi\,\varphi$ und $\varphi\,\psi$ überein. Beweis!

3. Es bezeichne a den Koeffizienten von λ^{n-2} im charakteristischen Polynom. Man beweise die Beziehung $a = (\operatorname{Sp} \varphi)^2 - \operatorname{Sp}(\varphi^2)$.

4. Man berechne das charakteristische Polynom der Matrix

$$\alpha_\nu^\mu = 1 - \delta_\nu^\mu .$$

5. Man zeige, daß für drei lineare Selbstabbildungen φ, ψ, χ die Spuren $\operatorname{Sp}(\chi\,\psi\,\varphi)$ und $\operatorname{Sp}(\chi\,\varphi\,\psi)$ im allgemeinen verschieden sind.

6. Man zeige, daß jede lineare Funktion $F(\varphi)$ im Raume der linearen Selbstabbildungen in der Form

$$F(\varphi) = \operatorname{Sp}(\alpha\, \varphi)$$

geschrieben werden kann, wobei α eine feste Selbstabbildung bezeichnet. Dabei ist α durch F eindeutig bestimmt.

7. Man zeige, daß die Spur bis auf einen konstanten Faktor die einzige lineare Funktion im Raume der Selbstabbildungen ist, welche der Beziehung

$$F(\psi\, \varphi) = F(\varphi\, \psi)$$

genügt.

8. Es seien A_1 und A_2 zwei Unterräume von A, so daß

$$A = A_1 \oplus A_2 .$$

Dann gehören zu jedem Vektor x und A zwei eindeutig bestimmte Vektoren x_j von A_j $(j = 1, 2)$, so daß $x = x_1 + x_2$ und durch die Zuordnung $x \to x_1$ ist eine lineare Selbstabbildung von A definiert. Man zeige:

$$\text{Spur}\ \varphi = n_1 \cdot 1 .$$

mit $n_1 = \operatorname{Dim} A_1$.

Viertes Kapitel

Orientierte lineare Räume

§ 1. Orientierung mittels einer Determinantenfunktion

4.1. Die Betrachtungen dieses Kapitels beziehen sich auf einen *reellen* linearen Raum A, der überdies mindestens eindimensional sein soll. In einen solchen Raum kann man eine *Orientierung* einführen; das soll folgendes bedeuten: Wir betrachten die Gesamtheit aller nichttrivialen Determinantenfunktionen Δ in A (vgl. 3.1). Je zwei solche Funktionen unterscheiden sich um einen reellen, von Null verschiedenen Faktor λ. Man kann sie daher so in zwei Klassen einteilen, daß sich zwei Funktionen derselben Klasse um einen positiven Faktor unterscheiden. Wird eine dieser beiden Klassen ausgezeichnet, so sagt man, im Raume A ist eine *Orientierung* bestimmt. Der Raum A kann demnach auf zwei verschiedene Arten orientiert werden. Von jeder Determinantenfunktion der ausgezeichneten Klasse sagt man, daß sie die Orientierung *repräsentiert.*

Ist e_ν $(\nu = 1 \ldots n)$ eine Basis des Raumes A, so hat der Funktionswert $\Delta\,(e_1, \ldots e_n)$ für alle repräsentierenden Determinantenfunktionen Δ dasselbe Vorzeichen. Ist dieses positiv, so sagt man ebenfalls, die Basis e_ν $(\nu = 1 \ldots n)$ repräsentiert die gegebene Orientierung.

4.2. Orientierungserhaltende Selbstabbildungen. Es sei jetzt φ eine reguläre Selbstabbildung des orientierten Raumes A. Wählt man dann eine repräsentierende Determinantenfunktion Δ, so ist durch die Gleichung

$$\Delta_1(x_1, \ldots x_n) = \Delta\,(\varphi\, x_1, \ldots \varphi\, x_n) \tag{4.1}$$

wieder eine Determinantenfunktion definiert. Dabei hängt die Klasse von Δ_1 nur von der Klasse von Δ und nicht von der Auswahl der Funktion Δ aus dieser Klasse ab. Wenn Δ_1 dieselbe Orientierung bestimmt wie Δ, sagt man, die Abbildung φ *erhält die Orientierung*, andernfalls, die Abbildung φ *kehrt die Orientierung um.*

Schreibt man die Gleichung (4.1) in der Form

$$\Delta_1(x_1, \ldots x_n) = \det \varphi \cdot \Delta\,(x_1, \ldots x_n)\,,$$

so sieht man, daß die Abbildung φ genau dann die Orientierung erhält, wenn ihre Determinante positiv ist.

Ist φ speziell die Spiegelung am Nullpunkt, d. h.

$$\varphi\, x = -x\,,$$

so ist

$$\det \varphi = (-1)^n.$$

Diese Abbildung erhält somit für gerade Dimensionszahl die Orientierung und kehrt für ungerades n die Orientierung um.

In 3.23 wurde gezeigt, daß eine lineare Selbstabbildung eines Raumes ungerader Dimension mindestens einen Eigenwert hat. Ist φ speziell eine orientierungserhaltende Abbildung, so kann man sogar behaupten, daß es einen positiven Eigenwert geben muß; bezeichnet nämlich $\chi(\lambda)$ das charakteristische Polynom von φ, so ist

$$\chi(0) = \det(\varphi) > 0$$

während $\chi(\lambda)$ für $\lambda \to \infty$ nach $-\infty$ strebt, also sicher negativ ist. Somit muß es eine positive Nullstelle geben. Ebenso folgt, daß eine *orientierungsumkehrende* Abbildung eines Raumes ungerader Dimension mindestens einen negativen Eigenwert besitzt.

4.3. Induzierte Orientierung. Ist A_1 ein $(n-1)$-dimensionaler Unterraum von A, so wird durch eine Orientierung von A nicht ohne weiteres auch in A_1 eine Orientierung bestimmt. Man muß dazu noch einen der beiden „Halbräume" auszeichnen, in die A durch den Unterraum A_1 zerlegt wird. Dazu haben wir zunächst zu erklären, was unter diesen „Halbräumen" zu verstehen ist. Dazu betrachten wir die Menge aller Vektoren, die nicht im Unterraum A_1 liegen. In dieser kann man folgendermaßen eine Äquivalenzrelation einführen: zwei Vektoren x_1 und y_1 seien äquivalent, wenn die „Verbindungsstrecke"

$$x(\tau) = (1-\tau)\, x_1 + \tau\, y_1 \qquad (0 \leqq \tau \leqq 1)$$

keinen Vektor mit A_1 gemeinsam hat. Daß diese Relation reflexiv und kommutativ ist, folgt unmittelbar. Die Transitivität ergibt sich aus folgender Überlegung: Da der Unterraum A_1 $(n-1)$-dimensional ist, kann man eine lineare Funktion $f(x)$ in A angeben, die genau für die Vektoren von A_1 verschwindet. Sind dann die Vektoren x_1 und y_1 äquivalent, so ist die Funktion

$$F(\tau) = (1-\tau)\, f(x_1) + \tau\, f(y_1)$$

für $0 \leqq \tau \leqq 1$ von Null verschieden und daher muß $F(0)$ und $F(1)$ dasselbe Vorzeichen haben, d. h. $f(x_1)$ und $f(y_1)$.

Aber auch das Umgekehrte gilt; hat f in x_1 und y_1 dasselbe Vorzeichen, etwa $f(x_1) > 0$ und $f(y_1) > 0$, so folgt für $0 \leqq \tau \leqq 1$

$$f(x(\tau)) = (1-\tau)\, f(x_1) + \tau\, f(y_1) > 0$$

und somit kann keiner der Vektoren $x(\tau)$ $(0 \leqq \tau \leqq 1)$ in A_1 liegen. Zwei Vektoren x_1 und y_1 sind also genau dann äquivalent, wenn die Funktion f für x_1 und y_1 dasselbe Vorzeichen hat und diese Eigenschaft ist daher transitiv.

Somit zerfallen alle nicht in A_1 liegenden Vektoren in zwei Klassen, die beiden durch A_1 bestimmten *Halbräume*.

4.4. Es werde nun einer dieser Halbräume H ausgezeichnet. Um dann die Orientierung des Raumes A auf A_1 zu übertragen, wählen wir eine repräsentierende Determinantenfunktion Δ und einen festen Vektor h des ausgezeichneten Halbraumes. Dann ist offenbar durch

$$\Delta_1 (x_1 \ldots x_{n-1}) = \Delta (x_1 \ldots x_{n-1}, h),$$

wobei x_ν ($\nu = 1 \ldots n-1$) variable Vektoren von A_1 sind, eine Determinantenfunktion in A_1 gegeben. Wählt man einen anderen Vektor h' in H, so erhält man eine andere Determinantenfunktion Δ_1' in A_1, und zwar unterscheidet sich diese von Δ_1 um einen *positiven* Faktor; da die Vektoren h und h' beide in H liegen, hat die „Verbindungsstrecke"

$$x(\tau) = (1-\tau)\, h + \tau h' \qquad (0 \leqq \tau \leqq 1)$$

keinen Vektor mit A_1 gemeinsam. Wählt man nun in A_1 eine Basis a_ν ($\nu = 1 \ldots n-1$), so sind also die Vektoren

$$a_1, \ldots a_{n-1}, x(\tau) \qquad (0 \leqq \tau \leqq 1)$$

linear unabhängig und somit ist

$$\Delta (a_1 \ldots a_{n-1}, x(\tau)) \neq 0 . \qquad (0 \leqq \tau \leqq 1)$$

Somit müssen die Funktionswerte

$$\Delta (a_1 \ldots a_{n-1}, x(0)) = \Delta (a_1 \ldots a_{n-1}, h) = \Delta_1 (a_1 \ldots a_{n-1})$$

und

$$\Delta (a_1 \ldots a_{n-1}, x(1)) = \Delta (a_1 \ldots a_{n-1}, h') = \Delta_1' (a_1 \ldots a_{n-1})$$

dasselbe Vorzeichen haben und daraus folgt, daß sich Δ_1 und Δ_1' um einen positiven Faktor unterscheiden.

Die von Δ_1 im Unterraum A_1 bestimmte Orientierung hängt somit nicht von der Auswahl des Vektors h aus dem Halbraum ab. Es hat daher einen Sinn zu sagen, daß dieser Halbraum in A_1 eine Orientierung induziert. Vom zweiten Halbraum wird in A_1 offenbar die entgegengesetzte Orientierung induziert.

Aufgaben: 1. Man zeige, daß eine orientierungsumkehrende Selbstabbildung eines Raumes von gerader Dimension sowohl einen positiven als auch einen negativen Eigenwert hat. Andererseits gebe man ein Beispiel für eine orientierungserhaltende Selbstabbildung eines Raumes von gerader Dimension an, zu dem es keine Eigenwerte gibt.

2. Es sei φ eine nicht identisch verschwindende n-fach lineare Abbildung des Raumes A in sich, die für alle linear abhängigen n-tupel $x_1, \ldots, x_n$ den Wert Null annimmt. Diese ist in der Form

$$\varphi (x_1 \ldots x_n) = a \cdot \Delta (x_1 \ldots x_n)$$

darstellbar (vgl. Aufgabe zu Kap. III § 1). Dabei ist der Vektor a durch die Determinantenfunktion Δ eindeutig bestimmt. Man zeige, daß hierdurch jeder Orientierung des Raumes A eine Orientierung der von a erzeugten Geraden zugeordnet ist.

§ 2. Topologie in linearen Räumen

Die beiden Orientierungen eines reellen linearen Raumes lassen sich noch auf eine andere Art charakterisieren, nämlich mit Hilfe der stetigen Deformation einer Basis. Dieser Begriff erhält erst dann einen Inhalt, wenn man den Raum A mit einer topologischen Struktur versehen hat. Wie dies in natürlicher Weise geschieht, soll zunächst ausgeführt werden.

4.5. Umgebungen. Unter einer *Umgebung* des Vektors a verstehen wir jede Teilmenge U des Raumes A, die alle Vektoren der Form

$$x = a + \sum_\nu \lambda^\nu e_\nu, \quad |\lambda^\nu| < \delta$$

enthält, wobei e_ν $(\nu = 1 \ldots n)$ eine beliebige, aber fest gewählte Basis des Raumes ist und δ eine hinreichend kleine positive Zahl bezeichnet.

Ist A ein eindimensionaler linearer Raum, so besagt diese Bedingung, daß eine Umgebung des Vektors a ein ganzes Intervall um diesen Vektor enthält und im Falle der Dimension zwei, daß sie alle inneren Punkte eines Parallelogrammes mit dem Mittelpunkt a enthält.

Mittels dieses Umgebungsbegriffes ist der Raum A zu einem *topologischen Raum* geworden und es hat jetzt einen Sinn, für jede in A definierte (reell- oder komplexwertige) Funktion den Begriff der Stetigkeit zu definieren. Die Funktion $f(x)$ heißt *stetig* an der Stelle $x = a$, wenn es zu jedem positiven ε eine Umgebung U von a gibt, so daß

$$|f(x) - f(a)| < \varepsilon$$

für alle Vektoren x aus U.

Eine lineare Funktion ist überall stetig; ist nämlich a ein gegebener Vektor, so wähle man eine Basis e_ν $(\nu = 1 \ldots n)$ und setze

$$a = \sum_\nu \alpha^\nu e_\nu \quad \text{bzw.} \quad x = \sum_\nu \xi^\nu e_\nu .$$

Dann wird

$$|f(x) - f(a)| = |\sum_\nu (\xi^\nu - \alpha^\nu) \; f(e_\nu)| \leq \sum_\nu |\xi^\nu - \alpha^\nu| \; |f(e_\nu)| .$$

Wählt man nun δ so klein, daß

$$\delta \cdot |\sum_\nu f(e_\nu)| < \varepsilon ,$$

so gilt für $|\xi^\nu - \alpha^\nu| < \delta$

$$|f(x) - f(a)| < \varepsilon ,$$

womit die Stetigkeit von $f(x)$ bewiesen ist.

Entsprechend definiert man die Stetigkeit einer Funktion $\Phi(x_1 \ldots x_p)$ von mehreren Vektoren. Die Funktion Φ heißt *stetig* an der Stelle $x_\lambda = a_\lambda$ $(\lambda = 1 \ldots p)$, wenn es zu jedem $\varepsilon > 0$ Umgebungen U_λ von a_λ $(\lambda = 1 \ldots p)$ gibt, so daß

$$|\Phi(x_1 \ldots x_p) - \Phi(a_1 \ldots a_p)| < \varepsilon$$

für alle Vektoren x_λ aus U_λ $(\lambda = 1 \ldots p)$.

Ist die Funktion Φ in bezug auf jedes Argument linear, so folgt wieder die Stetigkeit. Der Beweis ergibt sich am einfachsten durch vollständige Induktion nach der Anzahl der Argumente und soll dem Leser überlassen werden.

4.6. Deformation eines Vektors. Unter einer *Deformation* eines Vektors x in einen Vektor y versteht man eine stetige Abbildung $x(\tau)$ eines abgeschlossenen Intervalles $\tau_0 \leqq \tau \leqq \tau_1$ der τ-Achse in den Raum A, so daß $x(\tau_0) = x$ und $x(\tau_1) = y$. Dabei ist die Stetigkeit wieder hinsichtlich der in A definierten Umgebungen zu verstehen. Ist τ^* ein fester Punkt des Intervalles, so soll es zu jeder Umgebung U des Bildvektors $x(\tau^*)$ eine Zahl $\delta > 0$ geben, so daß der Vektor $x(\tau)$ in U liegt, falls $|\tau - \tau^*| < \delta$.

Zum Beispiel ist durch die Gleichung

$$x(\tau) = (1 - \tau)\, x + \tau\, y \qquad (0 \leqq \tau \leqq 1)$$

eine stetige Deformation von x in y gegeben.

Es seien jetzt zwei Basen x_ν und y_ν $(\nu = 1 \ldots n)$ des Raumes A gegeben. Diese heißen *ineinander deformierbar*, wenn man die Vektoren x_ν so in die Vektoren y_ν deformieren kann, daß die Vektoren $x_\nu(\tau)$ $(\nu = 1 \ldots n)$ für jedes τ linear unabhängig bleiben.

Zwei Basen brauchen sich nicht ineinander deformieren lassen. Dies sieht man bereits am Beispiel eines eindimensionalen Raumes A, wenn man die Basen e und $-e$ $(e \neq 0)$ betrachtet. Offenbar ist es nicht möglich, den Vektor e stetig in den Vektor $-e$ überzuführen, ohne dabei den Nullvektor zu passieren. Andererseits ist jede andere Basis a $(a \neq 0)$ des eindimensionalen Raumes A entweder in die Basis e oder in die Basis $-e$ deformierbar. Im folgenden soll gezeigt werden, daß es auch in einem n-dimensionalen Raum genau zwei Klassen ineinander deformierbarer Basen gibt.

4.7. Die Klassen deformierbarer Basen. Zunächst stellen wir fest, daß die Deformierbarkeit zweier Basen eine Äquivalenzrelation ist. Die Reflexivität und Kommutativität ist unmittelbar klar. Die Transitivität ergibt sich daraus, daß man aus einer Deformation der Basis x_ν in die Basis y_ν und einer Deformation von y_ν in eine Basis z_ν $(\nu = 1 \ldots n)$ eine Deformation von x_ν in z_ν zusammensetzen kann.

Damit zerfällt die Gesamtheit aller Basen des Raumes A in elementfremde Klassen. Zwei Basen gehören genau dann derselben Klasse an, wenn sie ineinander deformierbar sind.

Daß dies genau *zwei* Klassen sind, ergibt sich aus folgendem Satz: *Zwei Basen x_ν und y_ν sind genau dann ineinander deformierbar, wenn die lineare Selbstabbildung φ, die durch die Zuordnungen*

$$\varphi : x_\nu \to y_\nu \qquad (\nu = 1 \ldots n)$$

bestimmt ist, positive Determinante hat.

Als erstes nehmen wir an, die Basen seien ineinander deformierbar und zeigen, daß die Determinante von φ positiv ist. Nach Voraussetzung kann man die Vektoren x_ν so in die Vektoren y_ν deformieren, daß die Vektoren $x_\nu(\tau)$ $(0 \leqq \tau \leqq 1)$ für jedes τ linear unabhängig sind. Wählt man nun in A eine Determinantenfunktion Δ und setzt

$$F(\tau) = \Delta(x_1(\tau), \ldots x_n(\tau)),$$

so ist die Funktion F im Intervall $0 \leqq \tau \leqq 1$ von Null verschieden. Ferner ist die Funktion F stetig, denn Δ ist als multilineare Funktion in bezug auf alle Argumente stetig und diese hängen ihrerseits stetig von τ ab. Somit muß die Funktion F nach dem Satz von BOLZANO-WEIERSTRASS für $\tau = 0$ und $\tau = 1$ dasselbe Vorzeichen haben. Es ist aber

$$F(0) = \Delta(x_1 \ldots x_n), \quad F(1) = \Delta(y_1 \ldots y_n) = \det \varphi \cdot \Delta(x_1 \ldots x_n)$$

und hieraus folgt, daß die Determinante von φ positiv sein muß.

4.8. Es bleibt jetzt umgekehrt zu zeigen, daß die Basen x_ν und y_ν ineinander deformierbar sind, falls die Determinante von φ positiv ist. Dazu nehmen wir zunächst an, daß außer den Vektoren x_ν und y_ν auch jedes der Vektor n-tupel

$$(x_1 \ldots x_{i-1}, y_i \ldots y_n) \quad (i = 2 \ldots n) \tag{4.1}$$

linear unabhängig ist.

Dann kann man die Deformation von x_ν in y_ν $(\nu = 1 \ldots n)$ schrittweise über diese Basen ausführen.

Um eine erste Deformation zu erhalten, betrachten wir den $(n-1)$-dimensionalen Unterraum A_n, der von den Vektoren $(x_1 \ldots x_{n-1})$ erzeugt wird. Dieser enthält weder x_n noch y_n; somit müssen die Vektoren x_n und y_n je in einem der Halbräume liegen, in die A durch den Unterraum A_n zerfällt. Man kann daher den Faktor ε_n $(\varepsilon_n = \pm 1)$ so bestimmen, daß der Vektor $\varepsilon_n y_n$ in demselben Halbraum liegt wie x_n. Dann ist durch die Gleichungen

$$\left.\begin{aligned} x_\nu(\tau) &= x_\nu \; (\nu = 1 \ldots n-1) \\ x_n(\tau) &= (1-\tau)\, x_n + \tau\, \varepsilon_n y_n \end{aligned}\right\} (0 \leqq \tau \leqq 1)$$

eine Deformation der Basis x_ν in die Basis $(x_1 \ldots x_{n-1}, \varepsilon_n y_n)$ bestimmt. Die Vektoren $x_\nu(\tau)$ sind tatsächlich immer linear unabhängig, denn $x_n(\tau)$ liegt stets in demselben Halbraum wie zu Beginn und die $(n-1)$ anderen Vektoren bleiben im Unterraum A_n fest.

Um nun die Basis $(x_1 \ldots x_{n-1}, \varepsilon_n y_n)$ weiter zu deformieren, bezeichne A_{n-1} den von $x_1 \ldots x_{n-2}, y_n$ erzeugten Unterraum. Die Vektoren x_{n-1} und y_{n-1} sind nicht in A_{n-1} enthalten und daher kann man den Faktor ε_{n-1} $(\varepsilon_{n-1} = \pm 1)$ wieder so wählen, daß der Vektor $\varepsilon_{n-1} y_{n-1}$ in demselben Halbraum liegt wie x_{n-1}. Dann definieren die Gleichungen

$$\left.\begin{aligned} x_\nu(\tau) &= x_\nu \quad (\nu = 1 \ldots n-2) \\ x_{n-1}(\tau) &= (1-\tau)\, x_{n-1} + \tau \varepsilon_{n-1} y_{n-1} \\ x_n(\tau) &= y_n \end{aligned}\right\} 0 \leqq \tau \leqq 1$$

eine Deformation der Basis $(x_1 \ldots x_{n-2}, x_{n-1}, \varepsilon_n y_n)$ in die Basis

$$(x_1 \ldots x_{n-2}, \varepsilon_{n-1} y_{n-1}, \varepsilon_n y_n).$$

So kommt man nach n Schritten schließlich zur Basis $(\varepsilon_1 y_1, \ldots \varepsilon_n y_n)$, wobei $\varepsilon_\nu = \pm 1$.

4.9. Es bleibt jetzt noch die Basis $\varepsilon_\nu y_\nu$ in die Basis y_ν $(\nu = 1 \ldots n)$ zu deformieren. Dabei wird die (bisher nicht ausgenützte) Voraussetzung, daß die Abbildung $\varphi: x_\nu \to y_\nu$ positive Determinante hat, zur Anwendung kommen.

Wir normieren eine Determinantenfunktion Δ so, daß

$$\Delta(x_1 \ldots x_n) > 0.$$

Dann ist nach Voraussetzung auch

$$\Delta(y_1 \ldots y_n) > 0$$

und andererseits, da die Basis x_ν in die Basis $\varepsilon_\nu y_\nu$ deformierbar ist,

$$\Delta(\varepsilon_1 y_1 \ldots \varepsilon_n y_n) > 0.$$

Nun ist aber

$$\Delta(\varepsilon_1 y_1 \ldots \varepsilon_n y_n) = \varepsilon_1 \ldots \varepsilon_n \Delta(y_1 \ldots y_n)$$

und somit folgt, daß das Produkt $\varepsilon_1 \ldots \varepsilon_n$ positiv, also gleich $+1$ sein muß,

$$\varepsilon_1 \ldots \varepsilon_n = +1.$$

Die Anzahl der negativen ε_ν ist also gerade und man kann daher die Vektoren y_ν so numerieren, daß

$$\varepsilon_\nu = \begin{cases} -1 \text{ für } \nu = 1 \ldots 2l \\ +1 \text{ für } \nu = 2l+1 \ldots n. \end{cases}$$

Jetzt kann man jedes Vektorpaar $-y_\lambda, -y_{\lambda+1}$ $(\lambda = 1 \ldots 2l-1)$ mittels der Gleichungen

$$\left.\begin{aligned} y_\lambda(\tau) &= -y_\lambda \cos\tau + y_{\lambda+1}\sin\tau \\ y_{\lambda+1}(\tau) &= -y_\lambda \sin\tau - y_{\lambda+1}\cos\tau \end{aligned}\right\} (0 \leqq \tau \leqq \pi) \tag{4.2}$$

in das Vektorpaar $y_\lambda, y_{\lambda+1}$ deformieren. Setzt man noch

$$y_\nu(\tau) = y_\nu \ (\nu = 2l + 1 \ldots n)\,, \tag{4.3}$$

so stellen die Gleichungen (4.2) und (4.3) zusammen eine Deformation der Basis $\varepsilon_\nu y_\nu$ in die Basis y_ν $(\nu = 1 \ldots n)$ dar.

Wir haben uns jetzt noch von der eingangs gemachten Voraussetzung zu befreien, daß die Vektor n-tupel (4.1) alle linear unabhängig sind.

Dies kann man, falls es nicht schon von vornherein erfüllt ist, dadurch erreichen, daß man die Vektoren x_ν um beliebig wenig verschiebt. Um dies zu präzisieren, sei Δ eine Determinantenfunktion in A. Dann ist jedenfalls

$$\Delta(x_1 \ldots x_n) \neq 0\,.$$

Wegen der Stetigkeit von Δ kann man daher Umgebungen U_ν von x_ν angegeben, so daß auch

$$\Delta(z_1 \ldots z_n) \neq 0$$

falls z_ν in U_ν liegt. Nun wählen wir in jeder Umgebung U_ν einen Vektor x'_ν, so daß die Vektor-tupel

$$(x'_1 \ldots x'_{i-1}, y_i \ldots y_n) \qquad (i = 2 \ldots n)$$

alle linear unabhängig sind. Dann ist, wie oben bewiesen, die Basis x'_ν in die Basis y_ν deformierbar. Andererseits kann man die Vektoren x_ν innerhalb der Umgebungen U_ν in die Vektoren x'_ν deformieren und hat so insgesamt eine Deformation der Basis x_ν in die Basis y_ν. Damit ist der Satz bewiesen.

4.10. Beziehung zur Orientierung. Auf Grund des Satzes 4.7 besteht eine umkehrbare eindeutige Beziehung zwischen den beiden Orientierungen des Raumes A und den Klassen ineinander deformierbarer Basen. Hat man nämlich den Raum A mittels einer Determinantenfunktion Δ orientiert, so ist eine repräsentierende Basis definitionsgemäß dadurch charakterisiert, daß Δ auf dieser Basis positiv ist. Je zwei repräsentierende Basen sind somit nach dem Satz von 4.7 ineinander deformierbar und umgekehrt repräsentieren ineinander deformierbare Basen dieselbe Orientierung.

Aufgabe: Man zeige, daß je zwei Basen eines komplexen linearen Raumes ineinander deformierbar sind.

Fünftes Kapitel

Multilineare Algebra

Voraussetzung: In diesem Kapitel setzen wir voraus, daß der zugrunde gelegte Koeffizientenkörper Λ die Charakteristik Null hat*).

§ 1. Multilineare Abbildungen

5.1. Bilineare Abbildungen. Es seien drei lineare Räume A, B, C mit demselben Koeffizientenkörper Λ gegeben. Jedem Vektorpaar x, y aus den Räumen A bzw. B sei ein Vektor

$$z = \varphi(x, y)$$

des Raumes C zugeordnet, so daß die beiden Bedingungen

$$\varphi(\lambda x_1 + \mu x_2, y) = \lambda\, \varphi(x_1, y) + \mu\, \varphi(x_2, y)$$

$$\varphi(x, \lambda y_1 + \mu y_2) = \lambda\, \varphi(x, y_1) + \mu\, \varphi(x, y_2)$$

erfüllt sind. Dann heißt φ ein *bilineare Abbildung* der Räume A und B in den Raum C.

Ist der Raum C speziell der gemeinsame Koeffizientenkörper von A und B, so spricht man von einer *bilinearen Funktion.*

Wählt man in den Räumen A, B, C je eine Basis a_ν $(\nu = 1 \ldots n)$, b_μ $(\mu = 1 \ldots m)$ und c_λ $(\lambda = 1 \ldots l)$, so muß jeder Bildvektor $\varphi(a_\nu, b_\mu)$ eine Linearkombination der Vektoren c_λ sein,

$$\varphi(a_\nu, b_\mu) = \sum_\lambda \gamma^\lambda_{\nu\mu}\, c_\lambda\,.$$

Das System $\gamma^\lambda_{\nu\mu}$ beschreibt die bilineare Abbildung φ vollständig; sind nämlich

$$x = \sum_\nu \xi^\nu a_\nu \quad \text{und} \quad y = \sum_\mu \eta^\mu b_\mu$$

zwei beliebige Vektoren, so folgt wegen der Bilinearität

$$\varphi(x, y) = \sum_{\nu,\mu} \xi^\nu \eta^\mu \varphi(a_\nu, b_\mu) = \sum_{\nu,\mu,\lambda} \gamma^\lambda_{\nu\mu}\, \xi^\nu \eta^\mu c_\lambda\,,$$

womit der Bildvektor durch die Elemente $\gamma^\lambda_{\nu\mu}$ ausgedrückt ist.

5.2. Bildraum. Die Gesamtheit der Bildvektoren $\varphi(x, y)$ ist im allgemeinen *kein* linearer Unterraum von C. Wählt man z. B. für A und B je denselben zweidimensionalen Raum mit der Basis a_1, a_2 und für C einen vierdimensionalen Raum mit der Basis c_λ $(\lambda = 1 \ldots 4)$ und erklärt die Abbildung φ durch die Zuordnungen

$$\varphi(a_1, a_1) = c_1\,, \quad \varphi(a_1, a_2) = c_2\,, \quad \varphi(a_2, a_1) = c_3\,, \quad \varphi(a_2, a_2) = c_4\,,$$

*) Vgl. 1.3 (S. 4).

so ist ein Vektor

$$z = \sum_{\lambda} \zeta^{\lambda} c_{\lambda}$$

des Raumes C genau dann Bildvektor, wenn seine Komponenten der Relation

$$\zeta^1 \zeta^4 - \zeta^2 \zeta^3 = 0$$

genügen.

Es bezeichne jetzt C_1 die lineare Hülle der Bildmenge. Diese besteht aus allen endlichen Linearkombinationen der Form

$$\sum_{\alpha, \beta} \lambda^{\alpha\beta} \varphi(x_{\alpha}, y_{\beta}),$$

wobei die x_{α} bzw. y_{β} irgendwelche Vektoren aus A bzw. B bezeichnen. Wählt man in den Räumen A und B je eine Basis a_{ν} $(\nu = 1 \ldots n)$ und b_{μ} $(\mu = 1 \ldots m)$, so kann man die Vektoren x_{α} und y_{β} als Linearkombinationen der a_{ν} bzw. b_{μ} darstellen. Somit wird der Raum C_1 von den $n\,m$ Vektoren $\varphi(a_{\nu}, b_{\mu})$ erzeugt und hat daher höchstens die Dimension $n\,m$.

5.3. Raum der bilinearen Abbildungen. Unter der *Summe* zweier bilinearer Abbildungen φ_1 und φ_2 versteht man die bilineare Abbildung

$$\varphi(x, y) = \varphi_1(x, y) + \varphi_2(x, y)$$

und unter dem λ-fachen von φ die bilineare Abbildung

$$(\lambda\,\varphi)(x, y) = \lambda \cdot \varphi(x, y).$$

Offenbar wird die Gesamtheit aller bilinearer Abbildung der Räume A und B in den Raum C mittels dieser beiden Verknüpfungen selbst zu einem linearen Raum.

Bezeichnet der Reihe nach n, m, l die Dimension von A, B, C, so hat dieser Raum die Dimension $n\,m\,l$. Dies zeigt man, indem man je eine Basis a_{ν}, b_{μ} bzw. c_{λ} in diesen Räumen wählt und die bilinearen Abbildungen $\varphi_{\lambda}^{\nu\mu}$ mittels der Zuordnungen

$$\varphi_{\lambda}^{\nu\mu}(a_{\alpha}, b_{\beta}) = \delta_{\alpha}^{\nu}\, \delta_{\beta}^{\mu}\, c_{\lambda}$$

erklärt. Diese bilden dann eine Basis, was der Leser selbst beweisen möge.

5.4. Zusammenhang zwischen linearen und bilinearen Abbildungen. Es sei φ eine feste bilineare Abbildung von A, B in den Raum C. Dabei nehmen wir an, daß die lineare Hülle der Bildvektoren mit dem ganzen Raum C zusammenfällt. Neben diesen drei Räumen betrachten wir jetzt einen vierten linearen Raum U und dazu eine lineare Abbildung F von C in U.

Wendet man dann auf die Räume A, B zuerst die Abbildung φ an und fügt dann die Abbildung F hinzu, so erhält man eine bilineare

Abbildung von A, B in den Raum U, die ψ genannt werde.

$$\begin{array}{ll} A, B & \\ \downarrow \varphi & \\ C & F\varphi = \psi \\ \downarrow F & \\ U & \end{array}$$

Es fragt sich, ob man auch umgekehrt bei gegebenem φ jede andere bilineare Abbildung ψ von A, B in den Raum U in der Form

$$\psi(x, y) = F\,\varphi(x, y)$$

darstellen kann, wobei F eine passend gewählte lineare Abbildung von C in U ist.

Ob eine solche Darstellung möglich ist oder nicht, hängt offenbar von der Abbildung φ ab. Führt diese z. B. alle Vektorpaare (x, y) in den Nullvektor über, so ist eine derartige Darstellung nicht möglich, sobald man für ψ nicht ebenfalls die Nullabbildung wählt.

Es gilt nun folgender Satz: *Hat bei einer bilinearen Abbildung φ die lineare Hülle des Bildraumes die maximale Dimension $n\,m$ und erzeugt diese den ganzen Raum C, so läßt sich jede bilineare Abbildung ψ von A, B in einen vierten Raum U in der Form*

$$\psi(x, y) = F\,\varphi(x, y)$$

darstellen, wobei F eine eindeutig bestimmte lineare Abbildung von C in U bezeichnet.

5.5. Wir zeigen zuerst, daß die Abbildung F, vorausgesetzt daß sie existiert, durch ψ eindeutig bestimmt ist. Sind nämlich F_1 und F_2 zwei lineare Abbildungen von C in U, so daß

$$\psi(x, y) = F_1\,\varphi(x, y) \quad \text{und} \quad \psi(x, y) = F_2\,\varphi(x, y),$$

so folgt

$$(F_1 - F_2)\,\varphi(x, y) = 0 .$$

Die Abbildung $F_1 - F_2$ führt somit alle Bildvektoren $\varphi(x, y)$ in den Nullvektor über und damit auch deren lineare Hülle, das ist aber nach Voraussetzung der ganze Raum C. Somit ist $F_1 - F_2$ die Nullabbildung und es folgt $F_1 = F_2$.

Um nun die Abbildung F zu konstruieren, sei z ein beliebiger Vektor von C. Dieser gehört der linearen Hülle der Bildmenge an und ist also in der Form

$$z = \sum_{\alpha, \beta} \lambda^{\alpha\beta}\,\varphi(x_\alpha, y_\beta) \tag{5.1}$$

darstellbar, natürlich im allgemeinen auf verschiedene Arten. Wir zeigen jetzt, daß der Vektor

$$u = \sum_{\alpha, \beta} \lambda^{\alpha\beta}\,\psi(x_\alpha, y_\beta)$$

des Raumes U nicht von der speziellen Darstellung (5.1), sondern nur vom Vektor z abhängt.

Dazu wählen wir in den Räumen A und B je eine Basis a_ν $(\nu = 1 \ldots n)$ bzw. b_μ $(\mu = 1 \ldots m)$. Dann erzeugen die $n\,m$ Vektoren $\varphi(a_\nu, b_\mu)$ nach Voraussetzung den $n \cdot m$-dimensionalen Raum C. Nun seien

$$z = \sum_{\alpha,\beta} \lambda^{\alpha\beta}\, \varphi(x_\alpha, y_\beta) \quad \text{und} \quad z = \sum_{\sigma,\tau} \bar{\lambda}^{\sigma\tau}\, \varphi(\bar{x}_\sigma, \bar{y}_\tau)$$

zwei Darstellungen des Vektors z, so daß also

$$\sum_{\alpha,\beta} \lambda^{\alpha\beta}\, \varphi(x_\alpha, y_\beta) = \sum_{\sigma,\tau} \bar{\lambda}^{\sigma\tau}\, \varphi(\bar{x}_\sigma, \bar{y}_\tau)\,.$$

Setzt man hier

$$x_\alpha = \sum_\nu \xi^\nu_\alpha\, a_\nu, \quad y_\beta = \sum_\mu \eta^\mu_\beta\, b_\mu$$

und

$$\bar{x}_\sigma = \sum_\nu \bar{\xi}^\nu_\sigma\, a_\nu\,, \quad \bar{y}_\tau = \sum_\mu \bar{\eta}^\mu_\tau\, b_\mu\,,$$

so folgt

$$\sum_{\alpha,\beta,\mu,\nu} \lambda^{\alpha\beta}\, \xi^\nu_\alpha\, \eta^\mu_\beta\, \varphi(a_\nu, b_\mu) = \sum_{\sigma,\tau,\mu,\nu} \bar{\lambda}^{\sigma\tau}\, \bar{\xi}^\nu_\sigma\, \bar{\eta}^\mu_\tau\, \varphi(a_\nu, b_\mu)$$

und hieraus wegen der linearen Unabhängigkeit der Vektoren $\varphi(a_\nu, b_\mu)$

$$\sum_{\alpha,\beta} \lambda^{\alpha\beta}\, \xi^\nu_\alpha\, \eta^\mu_\beta = \sum_{\sigma,\tau} \bar{\lambda}^{\sigma\tau}\, \bar{\xi}^\nu_\sigma\, \bar{\eta}^\mu_\tau \qquad (\nu = 1 \ldots n,\ \mu = 1 \ldots m).$$

Damit wird aber auch

$$\sum_{\alpha,\beta} \lambda^{\alpha\beta}\, \psi(x_\alpha, y_\beta) = \sum_{\alpha,\beta,\nu,\mu} \lambda^{\alpha\beta}\, \xi^\nu_\alpha\, \eta^\mu_\beta\, \psi(a_\nu, b_\mu)$$
$$= \sum_{\sigma,\tau,\nu,\mu} \bar{\lambda}^{\sigma\tau}\, \bar{\xi}^\nu_\sigma\, \bar{\eta}^\mu_\tau\, \psi(a_\nu, b_\mu) = \sum_{\sigma,\tau} \bar{\lambda}^{\sigma\tau}\, \psi(\bar{x}_\sigma, \bar{y}_\tau)\,,$$

womit die Unabhängigkeit des Vektors u von der Darstellung (5.1) bewiesen ist. Daher ist durch die Zuordnung

$$F: z \to u$$

eine eindeutige lineare Abbildung von C in U definiert. Die Linearität dieser Abbildung ergibt sich direkt aus der Definition.

Schließlich folgt, daß die Abbildung $F\,\varphi$ gleich ψ ist. Denn für jedes Vektorpaar (x, y) gilt nach Definition von F

$$F\,\varphi(x, y) = \psi(x, y)\,.$$

5.6. Multilineare Abbildungen. Die bisher erwähnten Begriffe und Sätze lassen sich unmittelbar auf multilineare Abbildungen erweitern. Es seien $(p + 1)$ lineare Räume A_λ $(\lambda = 1 \ldots p)$, C gegeben und jedem geordneten Vektor p-tupel $(x_1 \ldots x_p)$ sei ein Vektor

$$z = \varphi(x_1 \ldots x_p)$$

des Raumes C zugeordnet. Ist diese Zuordnung in bezug auf jedes Argument linear, so heißt sie eine *p-fach lineare Abbildung* der Räume A_λ in den Raum C. Wenn C mit dem gemeinsamen Koeffizientenkörper der Räume A_λ zusammenfällt, spricht man wieder von einer p-fach linearen Funktion.

Entsprechend wie in 5.2 zeigt man, daß die lineare Hülle der Bildvektoren $\varphi(x_1 \ldots x_p)$ höchstens die Dimension $n_1 \ldots n_p$ hat, wobei n_λ die Dimension des Raumes A_λ $(\lambda = 1 \ldots p)$ bezeichnet.

Auch der Satz von 5.4 läßt sich direkt auf p-fach lineare Abbildungen verallgemeinern. Er lautet dann:

Es sei φ eine p-fach lineare Abbildung der Räume A_λ in den Raum C, so daß die lineare Hülle der Bildvektoren mit ganz C zusammenfällt. Hat dieser Raum dann die maximale Dimension $n_1 \ldots n_p$, so kann man jede p-fach lineare Abbildung ψ der Räume A_λ in einen linearen Raum U in der Form

$$\psi(x_1, \ldots x_p) = F\,\varphi(x_1 \ldots x_p)$$

darstellen, wobei F eine eindeutig bestimmte lineare Abbildung von C in U bezeichnet.

§ 2. Das äußere Produkt

5.7. Total schiefsymmetrische Abbildungen. Ist jedem System von p Vektoren desselben Raumes A ein Vektor $\varphi(x_1 \ldots x_p)$ eines Raumes C zugeordnet und ist diese Zuordnung in bezug auf jedes Argument linear, so spricht man von einer p-fach linearen Abbildung des Raumes A in C. Eine solche Abbildung heißt *total schiefsymmetrisch*, wenn für jede Permutationen σ der Zahlen $(1 \ldots p)$ die Beziehung

$$\varphi(x_{\sigma(1)} \ldots x_{\sigma(p)}) = \varepsilon_\sigma\,\varphi(x_1 \ldots x_p)$$

besteht, wobei $\varepsilon_\sigma = \pm 1$, je nachdem σ eine gerade oder ungerade Permutation ist. Um in dem p-tupel $x_1, \ldots, x_p$ die Vektoren x_h und x_k mit $h < k$ zu vertauschen, muß man offenbar $2(k-h)-1$ Vertauschungen von je zwei nebeneinander stehenden x_i vornehmen, d. h. die Permutation, die x_h mit x_k vertauscht und alle anderen x_i fest läßt, ist ungerade. Folglich gilt

$$\varphi(x_1, \ldots, x_h, \ldots, x_k, \ldots x_p) = -\varphi(x_1, \ldots, x_k, \ldots, x_h, \ldots, x_p)$$

Hieraus folgt im Falle $x_h = x_k$

$$2\,\varphi(x_1, \ldots, x_h, \ldots, x_k, \ldots, x_p) = 0$$

und da Λ nach Voraussetzung die Charakteristik Null hat,

$$\varphi(x_1, \ldots, x_h, \ldots, x_k, \ldots x_p) = 0\,.$$

Damit ist festgestellt, daß jedes Vektor p-tupel, in dem zwei gleiche Vektoren vorkommen, in den Nullvektor übergeht. Hieraus ergibt sich allgemeiner, daß auch jedes p-tupel linear abhängiger Vektoren $(x_1 \ldots x_p)$ in den Nullvektor übergeführt wird; ist nämlich einer der Vektoren, etwa x_p eine Linearkombination der anderen,

$$x_p = \sum_{\nu=1}^{p-1} \lambda^\nu x_\nu ,$$

so folgt auf Grund der Multilinearität

$$\varphi(x_1 \ldots x_p) = \sum_{\nu=1}^{p-1} \lambda^\nu \varphi(x_1 \ldots x_{p-1}, x_\nu)$$

und hier verschwindet jeder Summand, da stets zwei gleiche Argumente auftreten.

5.8. Äußeres Produkt. Bereits im Kap. III, § 1 haben wir total schiefsymmetrische n-fach lineare Funktionen in einem n-dimensionalen Raume A kennengelernt, die *Determinantenfunktionen.*

Mit Hilfe der Determinantenfunktionen kann man nun gewisse $(n-1)$-fach lineare total schiefsymmetrische Abbildungen definieren, die als Verallgemeinerung des Vektorproduktes im dreidimensionalen Raum anzusehen sind.

Wir gehen von einem Paar dualer Räume A, A^* aus, wobei die Dimension n von A mindestens gleich drei sei. Im Raume A werde eine feste Determinantenfunktion Δ gewählt; dann kann man jedem System von $(n-1)$ Vektoren a_ν $(\nu = 1 \ldots n-1)$ dieses Raumes eine lineare Funktion zuordnen, indem man

$$f(x) = \Delta(a_1 \ldots a_{n-1}, x)$$

setzt. Diese Funktion läßt sich in der Form

$$f(x) = \{a^*, x\}$$

darstellen, wobei a^* einen eindeutig bestimmten Vektor des Raumes A^* bezeichnet. Wir setzen

$$a^* = [a_1 \ldots a_{n-1}]$$

und nennen a^* das *äußere Produkt* der Vektoren a_ν. Die Definitionsgleichung lautet somit

$$\{[a_1 \ldots a_{n-1}], x\} = \Delta(a_1 \ldots a_{n-1}, x) . \tag{5.2}$$

Aus der Definition geht hervor, daß sich das Vektorprodukt auf eine bestimmte Determinantenfunktion Δ bezieht. Ersetzt man Δ durch $\lambda \cdot \Delta$, so multipliziert sich auch das äußere Produkt mit λ.

Das äußere Produkt verschwindet genau dann, wenn die Vektoren $a_1 \ldots a_{n-1}$ linear abhängig sind. Weiter ergibt sich aus der Multilinearität von Δ, daß das äußere Produkt linear von seinen Faktoren abhängt und aus der schiefen Symmetrie von Δ, daß es bei Vertauschung von je zwei Faktoren das Vorzeichen ändert. Durch die Zuordnung

$$(a_1, \ldots a_{n-1}) \to [a_1 \ldots a_{n-1}]$$

ist somit eine $(n-1)$-fach lineare total schiefsymmetrische Abbildung von A in A^* definiert.

Schließlich folgt nach (5.2), daß der Vektor $[a_1 \ldots a_{n-1}]$ auf allen Vektoren a_ν $(\nu = 1, \ldots, n-1)$ orthogonal steht; setzt man nämlich dort speziell $x = a_\nu$ $(\nu = 1 \ldots n-1)$, so folgt

$$\{[a_1 \ldots a_{n-1}], a_\nu\} = \Delta\,(a_1, \ldots a_{n-1}, a_\nu) = 0\,.$$

5.9. Es bezeichne jetzt e_ν, $\overset{*}{e}{}^\nu$ $(\nu = 1 \ldots n)$ ein Paar dualer Basen. Das äußere Produkt $[e_1 \ldots e_{i-1}, e_{i+1} \ldots e_n]$ steht dann auf den Vektoren $e_1, \ldots, e_{i-1}, e_{i+1}, \ldots, e_n$ orthogonal und muß daher ein Vielfaches des Vektors $\overset{*}{e}{}^i$ sein,

$$[e_1 \ldots e_{i-1}, e_{i+1} \ldots e_n] = \lambda\,\overset{*}{e}{}^i\,. \tag{5.3}$$

Um hier den Faktor λ zu berechnen, gehen wir wieder auf die Definitionsgleichung

$$\{[e_1 \ldots e_{i-1}, e_{i+1}, \ldots e_n]\,, x\} = \Delta\,(e_1, \ldots e_{i-1}, e_{i+1}, \ldots e_n, x)$$

zurück. Setzt man hier für das äußere Produkt nach (5.3) ein, so folgt

$$\lambda\,\{\overset{*}{e}{}^i, x\} = \Delta\,(e_1 \ldots e_{i-1}, e_{i+1}, \ldots e_n, x)$$

und wenn man speziell $x = e_i$ setzt,

$$\lambda = \Delta\,(e_1 \ldots e_{i-1}, e_{i+1}, \ldots e_n, e_i) = (-1)^{n-i}\,\Delta\,(e_1 \ldots e_n).$$

Damit hat man für das äußere Produkt der Basisvektoren die Formel

$$[e_1 \ldots e_{i-1}, e_{i+1} \ldots e_n] = (-1)^{n-i}\,\Delta\,(e_1 \ldots e_n)\,\overset{*}{e}{}^i\,. \tag{5.4}$$

5.10. Normiert man auch im dualen Raum A^* eine Determinantenfunktion Δ^*, so ist auch das äußere Produkt für je $(n-1)$-Vektoren des Raumes A^* definiert. Wir wählen die Normierung von Δ^* so, daß das Produkt $\Delta \cdot \Delta^*$ auf den dualen Basen den konstanten Wert eins annimmt. Dann gilt nach 3.13 die Beziehung

$$\Delta\,(x_1, \ldots x_n) \cdot \Delta^*(\overset{*}{y}{}^1, \ldots \overset{*}{y}{}^n) = \det\,\{\overset{*}{y}{}^\nu, x_\mu\}$$

und diese kann man jetzt in der Form

$$\{[x_1 \ldots x_{n-1}], x_n\} \cdot \{\overset{*}{y}{}^n, [\overset{*}{y}{}^1 \ldots \overset{*}{y}{}^{n-1}]\} = \det\,\{\overset{*}{y}{}^\nu, x_\mu\} \tag{5.5}$$

schreiben. Setzt man hier speziell

$$x_n = [\overset{*}{y}{}^1 \ldots \overset{*}{y}{}^{n-1}]$$

so verschwinden in der Determinante rechts alle Elemente der letzten Spalte bis auf das n-te. Entwickelt man nun nach der letzten Spalte, so erhält man aus (5.5)

$$\{[x_1 \ldots x_{n-1}], [\overset{*}{y}{}^1, \ldots \overset{*}{y}{}^{n-1}]\} \cdot \{\overset{*}{y}{}^n, x_n\} = \det_{(\nu, \mu = 1 \ldots n-1)}\,\{\overset{*}{y}{}^\nu, x_\mu\} \cdot \{\overset{*}{y}{}^n, x_n\}\,.$$

Sind hier die Vektoren $\overset{*}{y}^1, \ldots \overset{*}{y}^{n-1}$ linear unabhängig, so ist $x_n \neq 0$ und daher kann man den Vektor $\overset{*}{y}^n$ so wählen, daß $\{\overset{*}{y}^n, x_n\} \neq 0$. Dann darf man durch diesen Faktor kürzen und erhält die Beziehung

$$\{[x_1 \ldots x_{n-1}]\,[\overset{*}{y}^1 \ldots \overset{*}{y}^{n-1}]\} = \det \{\overset{*}{y}^\nu, x_\mu\} \tag{5.6}$$

diese gilt offenbar auch, wenn die Vektoren $\overset{*}{y}^1, \ldots \overset{*}{y}^{n-1}$ linear abhängig sind, denn dann verschwinden beide Seiten.

Aufgaben: 1. Es sei e_ν $(\nu = 1 \ldots n)$ eine Basis des Raumes A und

$$a_i = \sum_\nu \xi_i^\nu e_\nu \qquad (i = 1 \ldots n-1)$$

die Komponentenzerlegung des Vektors a_i. Dann hat der Vektor $[a_1 \ldots a_{n-1}]$ die Komponenten

$$\overset{*}{\xi}_i = \begin{vmatrix} \xi_1^1 & \ldots & \xi_1^{i-1} & \xi_1^{i+1} & \ldots & \xi_1^n \\ \cdot & & & & & \\ \cdot & & & & & \\ \cdot & & & & & \\ \xi_{n-1}^1 & \ldots & \xi_{n-1}^{i-1} & \xi_{n-1}^{i+1} & \ldots & \xi_{n-1}^n \end{vmatrix} \cdot \Delta(e_1 \ldots e_n)\,.$$

2. *Lagrangesche Identität.* Man gehe in der Beziehung (5.6) zu den Komponenten über und beweise die Determinantenidentität

$$\sum_{i=1}^n \begin{vmatrix} \xi_1^1 & \ldots & \xi_1^{i-1} & \xi_1^{i+1} & \ldots & \xi_1^n \\ \cdot & & & & & \cdot \\ \cdot & & & & & \cdot \\ \cdot & & & & & \cdot \\ \xi_{n-1}^1 & \ldots & \xi_{n-1}^{i-1} & \xi_{n-1}^{i+1} & \ldots & \xi_{n-1}^n \end{vmatrix} \begin{vmatrix} \overset{*}{\eta}{}_1^1 & \ldots & \overset{*}{\eta}{}_{i-1}^1 & \overset{*}{\eta}{}_{i+1}^1 & \ldots & \overset{*}{\eta}{}_n^1 \\ \cdot & & & & & \\ \cdot & & & & & \\ \cdot & & & & & \\ \overset{*}{\eta}{}_1^{n-1} & \ldots & \overset{*}{\eta}{}_{i-1}^{n-1} & \overset{*}{\eta}{}_{i+1}^{n-1} & \ldots & \overset{*}{\eta}{}_n^{n-1} \end{vmatrix} = \det\left(\sum_\nu \xi_i^\nu \overset{*}{\eta}{}_\nu^k\right).$$

Wie lautet diese im Falle $n = 3$?

3. Man zeige, daß sich jede total schiefsymmetrische Funktion Φ von $n - 1$ Vektoren des n-dimensionalen Raumes A in der Form

$$\Phi(x_1, \ldots x_{n-1}) = \{[x_1 \ldots x_{n-1}]\,, a\}$$

schreiben läßt, wobei a einen eindeutig bestimmten Vektor des Raumes A bezeichnet.

Anleitung: Man gehe von der Funktion Φ zunächst zu der n-fach linearen, total schiefsymmetrischen Abbildung

$$\varphi(x_1, \ldots x_n) = \sum_\nu (-1)^{n-\nu}\, \Phi(x_1, \ldots x_{\nu-1}, x_{\nu+1}, \ldots x_n)\, x_\nu$$

über und stelle diese in der Form

$$\varphi(x_1, \ldots x_n) = a \cdot \Delta(x_1, \ldots x_n)$$

dar.

4. Es sei φ eine p-fach lineare total schiefsymmetrische Abbildung des n-dimensionalen Raums A in einen Raum C. Dann hat die lineare Hülle der Bildvektoren höchstens die Dimension $\binom{n}{p}$.

5. Es sei wieder φ eine p-fach lineare total schiefsymmetrische Abbildung von A in C. Die lineare Hülle der Bildvektoren habe die maximale Dimension $\binom{n}{p}$ und falle mit ganz C zusammen. Dann kann man jede total schiefsymmetrische Abbildung ψ von A in einen Raum U in der Form

$$\psi = F \varphi$$

darstellen, wobei F eine eindeutig bestimmte lineare Abbildung von C in U bezeichnet.

§ 3. Tensoren

5.11. Definition. Es sei ein Paar dualer Räume A, A^* gegeben. Unter einem *p-fach kontravarianten und q-fach kovarianten Tensor* im Raume A versteht man eine multilineare Funktion

$$\Phi(\overset{*}{x}{}^1, \ldots \overset{*}{x}{}^p; \quad x_1, \ldots x_q)$$

von p Vektoren des Raumes A^* und q Vektoren des Raumes A, mit Werten im gemeinsamen Koeffizientenkörper Λ. Im Falle $p = 0$ heißt der Tensor *rein kovariant*, im Falle $q = 0$ *rein kontravariant*. Ist $p \geqq 1$ und $q \geqq 1$; so spricht man von einem *gemischten Tensor*. Die Summe $p + q$ heißt die *Stufe* des Tensors. Der Einheitlichkeit halber erklärt man noch die Tensoren nullter Stufe als die Elemente des Koeffizientenkörpers Λ von A. Wir bezeichnen einen p-fach kontravarianten und q-fach kovarianten Tensor zur Abkürzung oft mit Φ_q^p oder, wenn es auf die Unterscheidung der Stufen nicht ankommt, mit Φ.

Je zwei p-fach kontra- und q-fach kovariante Tensoren heißen *gleichartig*. Zwei gleichartige Tensoren können addiert werden (vgl. 5.3) und aus jedem Tensor erhält man durch Multiplikation mit einem Element $\lambda \in \Lambda$ einen gleichartigen Tensor. Die Gesamtheit aller p-fach kontra- und q-fach kovarianten Tensoren bildet somit einen linearen Raum T_q^p. Der Nullvektor dieses Raumes ist der identisch verschwindende Tensor

$$\Phi(\overset{*}{x}{}^1, \ldots \overset{*}{x}{}^p; \quad x_1 \ldots x_q) \equiv 0,$$

der auch *Nulltensor* genannt wird.

5.12. Beispiele. Ein kontravarianter Tensor erster Stufe ist definitionsgemäß eine lineare Funktion $\Phi(x^*)$ im Raume A^*. Eine solche Funktion läßt sich in der Form

$$\Phi(x^*) = \{x^*, a\}$$

schreiben, wobei a einen eindeutig bestimmten Vektor des Raumes A bezeichnet. Mittels der Zuordnung

$$\Phi \to a$$

entsprechen somit die kontravarianten Tensoren erster Stufe umkehrbar eindeutig den Vektoren des Raumes A. Dabei geht die Summe zweier Tensoren in die Summe der entsprechenden Bildvektoren über und der λ-fache Tensor in den λ-fachen Vektor. Somit ist durch diese Zuordnung ein Isomorphismus der kontravarianten Tensoren erster Stufe auf die Vektoren des Raumes A bestimmt. Identifiziert man die Vektoren des Raumes A mit den entsprechenden kontravarianten Tensoren, so werden diese selbst zu kontravarianten Tensoren. Man nennt sie daher auch *kontravariante Vektoren.*

In analoger Weise kann einen Isomorphismus zwischen den kovarianten Tensoren erster Stufe — das sind die linearen Funktionen im Raume A — und den Vektoren von A^* herstellen. Diese Vektoren werden daher auch *kovariante Vektoren* genannt.

Als nächstes Beispiel betrachten wir einen Tensor zweiter Stufe, etwa einen zweifach kovarianten, also eine Bilinearfunktion $\Phi(x, y)$ im Raume A. Jeder solche Tensor bestimmt, wie in 2.32 gezeigt wurde, ein Paar zueinander dualer Abbildungen von A in A^*.

Ist schließlich Φ ein gemischter Tensor zweiter Stufe, also eine Bilinearfunktion $\Phi(x^*, x)$ in den Räumen A^* und A, so kann man ihm eine lineare Selbstabbildung φ des Raumes A zuordnen. Der Zusammenhang zwischen Tensor und Abbildung wird durch die Gleichung

$$\Phi(x^*, x) = \{x^*, \varphi x\}$$

hergestellt. Insbesondere gehört zum Tensor

$$\Phi(x^*, x) = \{x^*, x\}$$

die identische Selbstabbildung.

5.13. Produkt. Außer der Addition läßt sich unter den Tensoren noch eine Multiplikation erklären, und zwar — im Gegensatz zur Addition — auch für nicht gleichartige Tensoren. Unter dem *Produkt* der Tensoren

$$\Phi(\overset{*}{x}{}^1, \ldots \overset{*}{x}{}^p; x_1 \ldots x_q) \quad \text{und} \quad \Psi(\overset{*}{x}{}^{p+1}, \ldots \overset{*}{x}{}^{p+r}; x_{q+1} \ldots x_{q+s})$$

versteht man den Tensor

$$\begin{aligned} &\Phi\Psi(\overset{*}{x}{}^1, \ldots \overset{*}{x}{}^{p+r}; x_1 \ldots x_{q+s}) \\ &\qquad = \Phi(\overset{*}{x}{}^1, \ldots \overset{*}{x}{}^p; x_1 \ldots x_q)\, \Psi(\overset{*}{x}{}^{p+1}, \ldots \overset{*}{x}{}^{p+r}; x_{q+1} \ldots x_{q+s}). \end{aligned}$$

Der Produkttensor ist somit $(p + r)$-fach kontravariant und $(q + s)$-fach kovariant. Ferner gelten die Gesetze

$$\begin{aligned} \Phi(\Psi_1 + \Psi_2) &= \Phi\Psi_1 + \Phi\Psi_2 \\ (\Phi_1 + \Phi_2)\Psi &= \Phi_1\Psi + \Phi_2\Psi \\ (\lambda\Phi)\cdot\Psi &= \Phi(\lambda\Psi) = \lambda(\Phi\Psi) \\ (\Phi\Psi)\,\mathrm{X} &= \Phi(\Psi\mathrm{X}), \end{aligned}$$

die sich unmittelbar aus der Definition ergeben. Dagegen ist das Tensorprodukt nicht kommutativ, d. h. die Tensoren $\Phi\Psi$ und $\Psi\Phi$ sind i. a. verschieden, wie man bereits für Tensoren erster Stufe sieht.

5.14. Zerlegbare Tensoren. Im Raume A seien p feste Vektoren a_λ $(\lambda = 1 \ldots p)$ gegeben. Diese bestimmen je einen Tensor

$$\Phi_\lambda(x^*) = \{x^*, a_\lambda\} \qquad (\lambda = 1 \ldots p)$$

Der Produkttensor

$$\Phi = \Phi_1 \ldots \Phi_p\,^{*)}$$

oder ausführlich geschrieben

$$\Phi(\overset{*}{x}{}^1, \ldots \overset{*}{x}{}^p) = \{\overset{*}{x}{}^1, a_1\} \ldots \{\overset{*}{x}{}^p, a_p\}$$

ist dann p-fach kontravariant. Er heißt das *tensorielle Produkt* der Vektoren a_λ und soll zur Abkürzung in der Form

$$\Phi = a_1 \ldots a_p \tag{5.7}$$

geschrieben werden.

Ist einer der Vektoren a_λ gleich Null, so wird das Produkt (5.7) der Nulltensor. Andererseits ist das Produkt von Null verschieden, wenn dies für alle Vektoren a_λ gilt.

Wir wenden uns jetzt der Frage zu, wieweit die Vektoren a_λ durch ihr Produkt bestimmt sind. Dabei können wir annehmen, daß diese alle von Null verschieden sind.

Es sei zunächst Φ ein beliebiger p-fach kontravarianter Tensor, der nur von Null verschieden sein soll. Diesem kann man in folgender Weise p Unterräume von A^* zuordnen: Man betrachte für eine feste Nummer i $(i = 1 \ldots p)$ die Gesamtheit der Vektoren x^*, für die

$$\Phi(\overset{*}{x}{}^1, \ldots \overset{*}{x}{}^{i-1}, x^*, \overset{*}{x}{}^{i+1} \ldots \overset{*}{x}{}^p) = 0$$

identisch in den $\overset{*}{x}{}^\nu$. Diese bilden offenbar einen Unterraum U_i^* von A^*. Ist der Tensor Φ speziell von der Gestalt

$$\Phi = a_1 \ldots a_p$$

so fällt U_i^* offenbar mit dem orthogonalen Komplement des Vektors a_i zusammen.

Wir nehmen jetzt an, der Tensor Φ sei auf zwei Arten als Produkt von p Vektoren dargestellt,

$$\Phi = a_1 \ldots a_p\,, \quad \Phi = b_1 \ldots b_p \quad (\Phi \neq 0)\,. \tag{5.8}$$

Dann muß das orthogonale Komplement von a_i mit dem von b_i übereinstimmen $(i = 1 \ldots p)$ und somit b_i ein Vielfaches von a_i sein,

$$b_i = \lambda_i\, a_i \qquad (i = 1 \ldots p)\,. \tag{5.9}$$

---

*) Hier bezeichnen die Indizes nicht die Stufe sondern die Nummer des Tensors.

Setzt man dies in die Gleichung

$$a_1 \dots a_p = b_1 \dots b_p$$

ein, so erhält man zwischen den Faktoren λ_i die Beziehung

$$\lambda_1 \dots \lambda_p = 1. \tag{5.10}$$

Die beiden Produkte (5.8) stimmen somit genau dann überein, wenn zwischen den Vektoren a_i und b_i die Beziehungen (5.9) bestehen und die λ_i der Gleichung (5.10) genügen.

5.15. Ebenso definiert man das tensorielle Produkt von q Vektoren $\overset{*}{a}{}^k$ $(k = 1 \dots q)$ des Raumes A^* und allgemeiner das Produkt von p Vektoren a_λ $(\lambda = 1 \dots p)$ aus A und q Vektoren $\overset{*}{a}{}^\varkappa$ $(\varkappa = 1 \dots q)$ aus A^*. Dieses ist das Produkt der Tensoren

$$\Phi_\lambda(x^*) = \{x^*, a_\lambda\} \quad \text{und} \quad \Psi_\varkappa(x) = \{\overset{*}{a}{}^\varkappa, x\}$$

und somit ein p-fach kontravarianter und q-fach kovarianter Tensor. Dieser ist genau dann gleich Null, wenn einer der Vektoren a_λ oder $\overset{*}{a}{}^\varkappa$ der Nullvektor ist. Zwei Produkte

$$a_1 \dots a_p \overset{*}{a}{}^1 \dots \overset{*}{a}{}^q \quad \text{und} \quad b_1 \dots b_p \overset{*}{b}{}^1 \dots \overset{*}{b}{}^q,$$

wobei alle Faktoren von Null verschieden sind, stimmen genau dann überein, wenn die Beziehungen

$$b_i = \lambda_i a_i \quad (i = 1 \dots p), \quad \overset{*}{b}{}^\varkappa = \overset{*}{\lambda}{}^\varkappa \overset{*}{a}{}^\varkappa \qquad (\varkappa = 1 \dots q)$$

bestehen, wobei

$$\lambda_1 \dots \lambda_p \overset{*}{\lambda}{}^1 \dots \overset{*}{\lambda}{}^q = 1.$$

Dies zeigt man ganz analog wie in (5.14).

5.16. Basis des Raumes T_q^p. Wir wählen in den Räumen A, A^* ein Paar dualer Basen e_ν, $\overset{*}{e}{}^\nu$ und bilden die n^{p+q} Tensoren

$$E_{\nu_1 \dots \nu_p}^{\mu_1 \dots \mu_q} = e_{\nu_1} \dots e_{\nu_p} \overset{*}{e}{}^{\mu_1} \dots \overset{*}{e}{}^{\mu_q}. \tag{5.11}$$

Diese bilden dann eine Basis des Raumes T_q^p; zunächst sind die Tensoren (5.11) linear unabhängig; denn die Beziehung

$$\sum_{(\nu)(\mu)} \lambda_{\mu_1 \dots \mu_q}^{\nu_1 \dots \nu_p} E_{\nu_1 \dots \nu_p}^{\mu_1 \dots \mu_q} = 0$$

besagt, daß der Tensor

$$\begin{aligned} &\Phi(\overset{*}{x}{}^1, \dots \overset{*}{x}{}^p; x_1 \dots x_q) \\ &\quad = \sum_{(\nu)(\mu)} \lambda_{\mu_1 \dots \mu_q}^{\nu_1 \dots \nu_p} \{\overset{*}{x}{}^1, e_{\nu_1}\} \dots \{\overset{*}{x}{}^p, e_{\nu_p}\} \{\overset{*}{e}{}^{\mu_1}, x_1\} \dots \{\overset{*}{e}{}^{\mu_q}, x_q\} \end{aligned} \tag{5.12}$$

der Nulltensor ist. Wählt man nun irgend zwei Indexsysteme $(\alpha_1 \dots \alpha_p)$ und $(\beta_1 \dots \beta_q)$ und setzt in (5.12) $\overset{*}{x}{}^i = \overset{*}{e}{}^{\alpha_i}$ und $x_k = e_{\beta_k}$, so folgt

$$\sum_{(\nu)(\mu)} \lambda_{\mu_1 \dots \mu_q}^{\nu_1 \dots \nu_p} \delta_{\nu_1}^{\alpha_1} \dots \delta_{\nu_p}^{\alpha_p} \delta_{\beta_1}^{\mu_1} \dots \delta_{\beta_q}^{\mu_q} = 0$$

und damit

$$\lambda^{\alpha_1 \ldots \alpha_p}_{\beta_1 \ldots \beta_q} = 0 .$$

Andererseits spannen die Tensoren (5.11) den ganzen Raum T^p_q auf. Ist nämlich Φ ein beliebiger Tensor dieses Raumes, so setze man

$$\xi^{\nu_1 \ldots \nu_p}_{\mu_1 \ldots \mu_q} = \Phi(\overset{*}{e}{}^{\nu_1} \ldots \overset{*}{e}{}^{\nu_p}; e_{\mu_1} \ldots e_{\mu_q}) \tag{5.13}$$

und erkläre den Tensor Ψ durch die Gleichung

$$\Psi = \sum_{(\nu)(\mu)} \xi^{\nu_1 \ldots \nu_p}_{\mu_1 \ldots \mu_q} E^{\mu_1 \ldots \mu_q}_{\nu_1 \ldots \nu_p} .$$

Für diesen gilt

$$\Psi(\overset{*}{e}{}^{\nu_1}, \ldots \overset{*}{e}{}^{\nu_p}; e_{\mu_1}, \ldots e_{\mu_q}) = \xi^{\nu_1 \ldots \nu_p}_{\mu_1 \ldots \mu_q} = \Phi(\overset{*}{e}{}^{\nu_1} \ldots \overset{*}{e}{}^{\nu_p}; e_{\mu_1} \ldots e_{\mu_q})$$

und somit müssen die Tensoren Φ und Ψ überhaupt identisch sein. Es folgt somit

$$\Phi = \sum_{(\nu)(\mu)} \xi^{\nu_1 \ldots \nu_p}_{\mu_1 \ldots \mu_q} E^{\mu_1 \ldots \mu_q}_{\nu_1 \ldots \nu_p} , \tag{5.14}$$

womit Φ als Linearkombination der Tensoren (5.11) dargestellt ist.

Die Tensoren (5.11) bilden somit eine Basis des Raumes T^p_q und dieser hat die Dimension n^{p+q}. Ferner ist gezeigt, daß sich jeder Tensor als Linearkombination von zerlegbaren Tensoren schreiben läßt, mit anderen Worten, die lineare Hülle der zerlegbaren Tensoren fällt mit dem ganzen Raum T^p_q zusammen.

5.17. Komponenten eines Tensors. Unter den *Komponenten* eines Tensors in bezug auf eine Basis e_ν $(\nu = 1 \ldots n)$ des Raumes A versteht man seine Komponenten in bezug auf die entsprechende Basis (5.11) des Raumes T^p_q. Die Gleichungen (5.13) zeigen, daß diese Komponenten gleich den Werten des Tensors Φ auf den Basisvektoren $(\overset{*}{e}{}^{\nu_1} \ldots \overset{*}{e}{}^{\nu_p}; e_{\mu_1} \ldots e_{\mu_q})$ sind.

Die Komponenten des Tensors $\Phi_1 + \Phi_2$ ergeben sich durch Addition der entsprechenden Komponenten von Φ_1 und Φ_2 und die Komponenten des Produkttensors $\Phi\,\Psi$ aus der Gleichung

$$\zeta^{\nu_1 \ldots \nu_{p+r}}_{\mu_1 \ldots \mu_{q+s}} = \xi^{\nu_1 \ldots \nu_p}_{\mu_1 \ldots \mu_q} \eta^{\nu_{p+1} \ldots \nu_{p+r}}_{\mu_{q+1} \ldots \mu_{q+s}} .$$

Sind $e_\nu, \overset{*}{e}{}^\nu$ und $\bar{e}_\nu, \overset{*}{\bar{e}}{}^\nu$ $(\nu = 1 \ldots n)$ zwei Paare dualer Basen, die mittels der Transformationen

$$\bar{e}_\nu = \sum_\mu \alpha^\mu_\nu e_\mu, \quad \overset{*}{\bar{e}}{}^\nu = \sum_\mu \beta^\nu_\mu \overset{*}{e}{}^\mu$$

miteinander zusammenhängen (vgl. 1.8), so erhält man die Komponenten eines Tensors Φ in bezug auf die Basis $\bar{e}_\nu$ aus denen in bezug auf die Basis e_ν nach dem Transformationsgesetz

$$\bar{\xi}^{\lambda_1 \ldots \lambda_p}_{\varkappa_1 \ldots \varkappa_q} = \sum_{(\nu)(\mu)} \beta^{\lambda_1}_{\nu_1} \cdots \beta^{\lambda_p}_{\nu_p} \alpha^{\mu_1}_{\varkappa_1} \ldots \alpha^{\mu_q}_{\varkappa_q} \xi^{\nu_1 \ldots \nu_p}_{\mu_1 \ldots \mu_q} ,$$

das sich direkt aus der Gleichung (5.13) ergibt.

Aufgaben: 1. Man zeige, daß die Summe zweier zerlegbarer Tensoren $a_1 b_1$ ($a_1 \neq 0, b_1 \neq 0$) und $a_2 b_2$ genau dann zerlegbar ist, wenn entweder $a_2 = \lambda a_1$ oder $b_2 = \lambda b_1$ gilt.

2. Wann ist der zu einer linearen Selbstabbildung φ gehörige gemischte Tensor zerlegbar?

3. Es sei Φ ($\Phi \neq 0$) ein p-fach kontravarianter Tensor und U_i^* ($i = 1 \dots p$) seien die zugehörigen Unterräume von A^* (vgl. 5.14). Man zeige, daß der Tensor Φ genau dann zerlegbar ist, wenn diese Räume alle die Dimension $n - 1$ haben.

4. Es seien A und B zwei lineare Räume und φ eine lineare Abbildung von A in B. Dann kann man jedem kontravarianten Tensor Φ in A einen ebensolchen Tensor $\varphi\Phi$ in B zuordnen, indem man

$$\varphi\Phi\,(\overset{*}{y}{}^1, \dots \overset{*}{y}{}^q) = \Phi\,(\varphi^*\overset{*}{y}{}^1, \dots \varphi^*\overset{*}{y}{}^q)$$

setzt. Ferner kann man jedem kovarianten Tensor Ψ in B einen kontravarianten Tensor $\varphi^*\Psi$ in A zuordnen gemäß

$$\varphi^*\Psi\,(x_1, \dots x_p) = \Psi\,(\varphi x_1, \dots \varphi x_p)\,.$$

Man zeige, daß die so definierten Abbildungen der Tensorräume Summe in Summe und Produkt in Produkt überführen,

$$\varphi\,(\Phi_1 + \Phi_2) = \varphi\Phi_1 + \varphi\Phi_2 \qquad \varphi^*\,(\Psi_1 + \Psi_2) = \varphi^*\Psi_1 + \varphi^*\Psi_2$$
$$\varphi\,(\Phi_1\Phi_2) = \varphi\Phi_1 \cdot \varphi\Phi_2 \qquad \varphi^*\,(\Psi_1\Psi_2) = \varphi^*\Psi_1 \cdot \varphi^*\Psi_2$$

5. Es sei $\Phi\,(x_1, x_2)$ ein zweifach kovarianter Tensor. Dann haben die zugehörigen Unterräume V_k ($k = 1, 2$) (vgl. 5.14) von A dieselbe Dimension. Beweis. Dagegen zeige man an dem Beispiel

$$\Phi\,(x_1, x_2, x_3) = f(x_1) \cdot \Psi\,(x_2, x_3)$$

daß die Räume V_i ($i = 1, 2, 3$) im Falle eines dreifach kovarianten Tensors nicht mehr dieselbe Dimension haben müssen.

6. Es seien ξ_ν^μ die Komponenten eines gemischten Tensors zweiter Stufe. Man beweise durch Rechnung, daß die Summe $\sum_\nu \xi_\nu^\nu$ von der Wahl der Basis unabhängig ist.

§ 4. Verjüngung

5.18. Unter der Verjüngung versteht man eine Operation, die aus jedem gemischten Tensor einen neuen erzeugt, welcher je um ein kontravariantes und ein kovariantes Argument weniger hat als der ursprüngliche.

Es sei also ein p-fach kontra- und q-fach kovarianter Tensor

$$\Phi\,(\overset{*}{x}{}^1, \dots \overset{*}{x}{}^p; x_1 \dots x_q)$$

gegeben. Wir fixieren ein Indexpaar (i, k) $(1 \leqq i \leqq p; 1 \leqq k \leqq q)$ und wollen einen neuen Tensor definieren, der aus Φ „durch Verjüngen über $\overset{*}{x}{}^i$ und x_k" hervorgeht. Dazu halten wir alle Argumente außer $\overset{*}{x}{}^i$ und x_k fest; dann wird Φ eine bilineare Funktion $\Phi(\overset{*}{x}{}^i, x_k)$ in den Räumen A und A^*. Diese bestimmt eine lineare Selbstabbildung φ des Raumes A (vgl. 5.12), mit der sie durch die Beziehung

$$\Phi(\overset{*}{x}{}^i, x_k) = \{\overset{*}{x}{}^i, \varphi x_k\}$$

zusammenhängt. Bildet man die Spur der Abbildung φ, so erhält man ein Element des Koeffizientenkörpers. Natürlich ist zu beachten, daß die Abbildung φ und damit ihre Spur von den (bisher festgehaltenen) Argumenten $\overset{*}{x}{}^\nu (\nu \neq i)$ und $x_\mu (\mu \neq k)$ abhängt, und zwar multilinear. Variiert man diese, so erhält man somit einen $(p-1)$-fach kontra- und $(q-1)$-fach kovarianten Tensor Φ^i_k. Man sagt Φ^i_k entsteht aus Φ durch *Verjüngen über das Argumentpaar* $(\overset{*}{x}{}^i, x_k)$.

Offenbar hängt der verjüngte Tensor linear von Φ ab, so daß die Verjüngung eine lineare Abbildung des Raumes T^p_q in den Raum T^{p-1}_{q-1} bestimmt.

5.19. Ist der Tensor Φ zerlegbar, so kann man einen expliziten Ausdruck für den verjüngten Tensor angeben. Es sei also

$$\Phi = a_1 \ldots a_p \overset{*}{b}{}^1 \ldots \overset{*}{b}{}^q,$$

oder ausführlich geschrieben,

$$\Phi(\overset{*}{x}{}^1, \ldots \overset{*}{x}{}^p; x_1 \ldots x_q) = \{\overset{*}{x}{}^1, a_1\} \cdots \{\overset{*}{x}{}^p, a_p\} \{\overset{*}{b}{}^1, x_1\} \cdots \{\overset{*}{b}{}^q, x_q\}.$$

Dieser Tensor soll über das Paar $(\overset{*}{x}{}^i, x_k)$ verjüngt werden. Dazu haben wir die lineare Selbstabbildung φ von A zu betrachten, die durch die Gleichung

$$\{\overset{*}{x}{}^1, a_1\} \cdots \{\overset{*}{x}{}^i, a_i\} \cdots \{\overset{*}{x}{}^p, a_p\} \{\overset{*}{b}{}^1, x_1\} \cdots \{\overset{*}{b}{}^k, x_k\} \cdots \{\overset{*}{b}{}^q, x_q\} = \{\overset{*}{x}{}^i, \varphi x_k\}$$

bestimmt ist, wobei alle Argumente außer $\overset{*}{x}{}^i$ und x_k festzuhalten sind. Aus dieser folgt

$$\begin{aligned} \varphi x_k = a_i \{\overset{*}{b}{}^k, x_k\} \{\overset{*}{x}{}^1, a_1\} \cdots \{\overset{*}{x}{}^{i-1}, a_{i-1}\} \{\overset{*}{x}{}^{i+1}, a_{i+1}\} \cdots \{\overset{*}{x}{}^p, a_p\} \times \\ \times \{\overset{*}{b}{}^1, x_1\} \cdots \{\overset{*}{b}{}^{k-1}, x_{k-1}\} \{\overset{*}{b}{}^{k+1}, x_{k+1}\} \cdots \{\overset{*}{b}{}^q, x_q\}. \end{aligned}$$

Somit hat φ die Form

$$\varphi x = a_i \{\overset{*}{b}{}^k, x\} \varkappa,$$

wobei $\varkappa$ zur Abkürzung für das Produkt von der zweiten Klammer an geschrieben ist, das als Konstante zu betrachten ist.

Hieraus erhält man für die Spur von φ

$$\operatorname{Sp} \varphi = \{\overset{*}{b}{}^k, a_i\} \varkappa$$

und wenn man für $\varkappa$ wieder einsetzt,

$$\operatorname{Sp}\varphi = \{\overset{*}{b}{}^k, a_i\}\{\overset{*}{x}{}^1, a_1\}\cdots\{\overset{*}{x}{}^{i-1}, a_{i-1}\}\{\overset{*}{x}{}^{i+1}, a_{i+1}\}\cdots\{\overset{*}{x}{}^p, a_p\}\times$$
$$\times\{\overset{*}{b}{}^1, x_1\}\cdots\{\overset{*}{b}{}^{k-1}, x_{k-1}\}\{\overset{*}{b}{}^{k+1}, x_{k+1}\}\cdots\{\overset{*}{b}{}^q, x_q\};$$

der verjüngte Tensor lautet somit

$$\Phi_k^i = \{\overset{*}{b}{}^k, a_i\}\, a_1\ldots a_{i-1}\, a_{i+1}\ldots a_p\, \overset{*}{b}{}^1\ldots\overset{*}{b}{}^{k-1}\,\overset{*}{b}{}^{k+1}\ldots\overset{*}{b}{}^q.$$

5.20. Komponenten des verjüngten Tensors. Es erhebt sich die Frage, wie man aus den Komponenten von Φ die des verjüngten Tensors Φ_k^i erhält. Es sei also e^ν, $\overset{*}{e}{}^\nu$ ein Paar dualer Basen und

$$\xi^{\nu_1\ldots\nu_p}_{\mu_1\ldots\mu_q} = \Phi(\overset{*}{e}{}^{\nu_1},\ldots\overset{*}{e}{}^{\nu_p}; e_{\mu_1}\ldots e_{\mu_q})$$

seien die zugehörigen Komponenten von Φ. Nach Definition von Φ_k^i ist

$$\Phi_k^i(\overset{*}{e}{}^{\nu_1}\ldots\overset{*}{e}{}^{\nu_{i-1}}, \overset{*}{e}{}^{\nu_{i+1}}\ldots\overset{*}{e}{}^{\nu_p}; e_{\mu_1}\ldots e_{\mu_{k-1}}, e_{\mu_{k+1}}\ldots e_{\mu_q}) = \operatorname{Sp}\varphi\,,$$

wobei die Abbildung φ durch die Gleichung

$$\Phi(\overset{*}{e}{}^{\nu_1}\ldots\overset{*}{e}{}^{\nu_{i-1}}, \overset{*}{x}{}^i, \overset{*}{e}{}^{\nu_{i+1}}\ldots\overset{*}{e}{}^{\nu_p}; e_{\mu_1}\ldots e_{\mu_{k-1}}, x_k, e_{\mu_{k+1}}\ldots e_{\mu_q}) = \{\overset{*}{x}{}^i, \varphi x_k\}$$

bestimmt ist. Nun ist aber in einem Paar dualer Basen

$$\operatorname{Sp}\varphi = \sum_\nu\{\overset{*}{e}{}^\nu, \varphi e_\nu\}$$

und somit erhält man aus diesen zwei Gleichungen

$$\Phi_k^i(\overset{*}{e}{}^{\nu_1}\ldots\overset{*}{e}{}^{\nu_{i-1}}, \overset{*}{e}{}^{\nu_{i+1}}\ldots\overset{*}{e}{}^{\nu_p}; e_{\mu_1}\ldots e_{\mu_{k-1}}, e_{\mu_{k+1}}\ldots e_{\mu_q})$$
$$= \sum_\nu \Phi(\overset{*}{e}{}^{\nu_1}\ldots\overset{*}{e}{}^{\nu_{i-1}}, \overset{*}{e}{}^{\nu}, \overset{*}{e}{}^{\nu_{i+1}}\ldots\overset{*}{e}{}^{\nu_p}; e_{\mu_1}\ldots e_{\mu_{k-1}}, e_\nu, e_{\mu_{k+1}}\ldots e_{\mu_q})$$

oder in Komponenten geschrieben

$$\eta^{\nu_1\ldots\nu_{i-1}\nu_{i+1}\ldots\nu_p}_{\mu_1\ldots\mu_{k-1}\mu_{k+1}\ldots\mu_q} = \sum_\nu \xi^{\nu_1\ldots\nu_{i-1}\,\nu\,\nu_{i+1}\ldots\nu_p}_{\mu_1\ldots\mu_{k-1}\,\nu\,\mu_{k+1}\ldots\mu_q} \tag{5.15}$$

Somit erhält man die Komponenten des Tensors Φ_k^i, indem man über den i-ten kontravarianten und den k-ten kovarianten Index von Φ summiert.

In analoger Weise kann man die Verjüngung eines Tensors über mehrere Indexpaare definieren. Dabei kommt es nicht auf die Reihenfolge an, in der man die Verjüngungen vornimmt, wie man beispielsweise aus der Komponentendarstellung (5.15) ersieht.

5.21. Dualität der Räume T_q^p und T_p^q. Mittels der Verjüngung kann man in je zwei Räumen T_q^p und T_p^q eine Bilinearfunktion einführen, welche die Eigenschaften eines skalaren Produktes hat (vgl. 2.26). Ist Φ_q^p ein Tensor aus T_q^p und Ψ_p^q ein Tensor aus T_p^q, so ist der Produkttensor $\Phi\Psi$ $(p+q)$-fach kontravariant und $(p+q)$-fach kovariant. Verjüngt man ihn über die Paare

$$(\overset{*}{x}{}^1, x_{q+1})\ldots(\overset{*}{x}{}^p\, x_{q+p}), (\overset{*}{x}{}^{p+1}, x_1)\ldots(\overset{*}{x}{}^{p+q}, x_q)\,,$$

so erhält man ein Element aus Λ, das offenbar bilinear von Φ^p_q und Ψ^q_p abhängt. Diese Bilinearfunktion, noch mit dem Faktor $\frac{1}{p!\,q!}$ versehen*, soll mit $\{\Phi^p_q, \Psi^q_p\}$ bezeichnet werden.

Sind die Tensoren Φ^p_q und Ψ^q_p beide zerlegbar,

$$\Phi^p_q = a_1 \ldots a_p \overset{*}{a}{}^1 \ldots \overset{*}{a}{}^q, \quad \Psi^q_p = b_1 \ldots b_q \overset{*}{b}{}^1 \ldots \overset{*}{b}{}^p ,$$

so wird

$$\{\Phi^p_q \Psi^q_p\} = \frac{1}{p!\,q!} \{\overset{*}{a}{}^1, b_1\} \ldots \{\overset{*}{a}{}^q, b_q\} \{\overset{*}{b}{}^1, a_1\} \ldots \{\overset{*}{b}{}^p, a_p\}. \tag{5.16}$$

Für zerlegbare Tensoren gilt somit die Symmetriebeziehung

$$\{\Phi^p_q \Psi^q_p\} = \{\Psi^q_p \Phi^p_q\}$$

und da jeder beliebige Tensor als Linearkombination zerlegbarer Tensoren darstellbar ist, folgt hieraus ihre allgemeine Gültigkeit.

Ist von den Tensoren Φ und Ψ der eine, etwa Ψ zerlegbar,

$$\Psi^q_p = b_1 \ldots b_q \overset{*}{b}{}^1 \ldots \overset{*}{b}{}^p ,$$

so gilt die Formel

$$\{\Phi^p_q, \Psi^q_p\} = \frac{1}{p!\,q!} \Phi\,(\overset{*}{b}{}^1, \ldots \overset{*}{b}{}^p; b_1 \ldots b_q) , \tag{5.17}$$

d. h. das Skalarprodukt $\{\Phi^p_q \Psi^q_p\}$ ist gleich dem Wert des Tensors Φ^p_q, für die Vektoren $(\overset{*}{b}{}^1 \ldots \overset{*}{b}{}^p, b_1 \ldots b_q)$. Dies folgt unmittelbar aus (5.16), wenn auch der Tensor Φ^p_q zerlegbar ist und muß daher allgemein gelten, da jeder Tensor eine Linearkombination von zerlegbaren ist.

5.22. Wir können jetzt zeigen, daß die Bilinearfunktion $\{\Phi^p_q \Psi^q_p\}$ die Eigenschaften eines skalaren Produktes in den Räumen T^p_q und T^q_p hat. Gilt

$$\{\Phi^p_q, \Psi^q_p\} = 0 \tag{5.18}$$

für einen festen Tensor Φ^p_q und alle Tensoren Ψ^q_p von T^q_p, so folgt daraus $\Phi^p_q = 0$; setzt man nämlich für Ψ^q_p speziell einen zerlegbaren Tensor ein,

$$\Psi^q_p = b_1 \ldots b_q \overset{*}{b}{}^1 \ldots \overset{*}{b}{}^p ,$$

so folgt nach (5.17)

$$\Phi\,(\overset{*}{b}{}^1, \ldots \overset{*}{b}{}^p; b_1, \ldots b_q) = 0$$

und dies besagt, da die Vektoren $\overset{*}{b}{}^i$ und b_k beliebig sind, daß Φ^p_q der Nulltensor ist.

Ebenso zeigt man, daß die Beziehung (5.18) bei festem Ψ^q_p für alle Φ^p_q nur dann bestehen kann, wenn $\Psi^q_p = 0$. Dies folgt übrigens auch direkt auf Grund der Symmetrie in Φ^p_q und Ψ^q_p. Die Bilinearfunktion

---

* Diese Normierung empfiehlt sich im Hinblick auf die schiefsymmetrischen Tensoren.

$\{\Phi^p_q\ \Psi^q_p\}$ definiert somit ein skalares Produkt in den Räumen T^p_q und T^q_p (vgl. 2.26).

5.23. Duale Basen. Wählt man in A und A^* ein Paar e_ν, $\overset{*}{e}{}^\nu$ $(\nu = 1 \ldots n)$ dualer Basen, so kann man aus den Vektoren e_ν und $\overset{*}{e}{}^\nu$ die Basistensoren

$$E^{\mu_1 \ldots \mu_q}_{\nu_1 \ldots \nu_p} = e_{\nu_1} \ldots e_{\nu_p}\, \overset{*}{e}{}^{\mu_1} \ldots \overset{*}{e}{}^{\mu_q} \quad \text{und} \quad \overset{*}{E}{}^{\lambda_1 \ldots \lambda_p}_{\varkappa_1 \ldots \varkappa_q} = e_{\varkappa_1} \ldots e_{\varkappa_q}\, \overset{*}{e}{}^{\lambda_1} \ldots \overset{*}{e}{}^{\lambda_p}$$

bilden. Für das skalare Produkt dieser Tensoren erhält man nach (5.16)

$$\{E^{\mu_1 \ldots \mu_q}_{\nu_1 \ldots \nu_p}, \overset{*}{E}{}^{\lambda_1 \ldots \lambda_p}_{\varkappa_1 \ldots \varkappa_q}\} = \frac{1}{p!\, q!}\, \delta^{\lambda_1}_{\nu_1} \ldots \delta^{\lambda_p}_{\nu_p}\, \delta^{\mu_1}_{\varkappa_1} \ldots \delta^{\mu_q}_{\varkappa_q}. \tag{5.19}$$

Diese beiden Basen sind somit zueinander dual, wenn man die Tensoren noch mit dem Faktor $\sqrt{p!\, q!}$ multipliziert.

Ferner erhält man aus (5.19) für das Skalarprodukt zweier beliebiger Tensoren

$$\Phi^p_q = \sum_{(\nu)(\mu)} \xi^{\nu_1 \ldots \nu_p}_{\mu_1 \ldots \mu_q} E^{\mu_1 \ldots \mu_q}_{\nu_1 \ldots \nu_p} \qquad \Psi^q_p = \sum_{(\lambda)(\varkappa)} \eta^{\varkappa_1 \ldots \varkappa_q}_{\lambda_1 \ldots \lambda_p} \overset{*}{E}{}^{\lambda_1 \ldots \lambda_p}_{\varkappa_1 \ldots \varkappa_q}$$

aus den Räumen T^p_q und T^q_p die Komponentendarstellung

$$\{\Phi^p_q, \Psi^q_p\} = \frac{1}{p!\, q!} \sum_{(\nu)(\mu)} \xi^{\nu_1 \ldots \nu_p}_{\mu_1 \ldots \mu_q} \eta^{\mu_1 \ldots \mu_q}_{\nu_1 \ldots \nu_p}.$$

5.24. Die Definitionsgleichung des Skalarproduktes zweier Tensoren X_p und Φ^p kann man in der Form

$$\{X_p, \Phi^p\} = \frac{1}{p!} F\,(X_p\ \Phi^p)$$

schreiben, wobei F die Verjüngung über alle einander entsprechenden Indexpaare bezeichnet. Allgemeiner gilt für je drei Tensoren X_r, Φ^p und Ψ^{r-p} die Beziehung

$$\{F\,(X_r\ \Phi^p), \Psi^{r-p}\} = \frac{r!}{(r-p)!} \{X_r, \Phi^p\, \Psi^{r-p}\} \qquad (p \leqq r) \tag{5.20}$$

die für das duale Produkt schiefsymmetrischer Tensoren von Bedeutung ist (vgl. 5.39). Es genügt, den Beweis für drei zerlegbare Tensoren

$$X_r = \overset{*}{a}{}^1 \ldots \overset{*}{a}{}^r, \quad \Phi^p = b_1 \ldots b_p, \quad \Psi^{r-p} = b_{p+1} \ldots b_r$$

zu führen, da (5.20) in bezug auf alle drei Tensoren linear ist. Dann wird

$$F\,(X_r\ \Phi^p) = \{\overset{*}{a}{}^1, b_1\} \ldots \{\overset{*}{a}{}^p, b_p\}\, \overset{*}{a}{}^{p+1} \ldots \overset{*}{a}{}^r$$

und somit

$$\{F\,(X_r\ \Phi^p),\ \Psi^{r-p}\} = \frac{1}{(r-p)!} \{\overset{*}{a}{}^1, b_1\} \ldots \{\overset{*}{a}{}^r, b_r\}.$$

Andererseits ist

$$\{X_r, \Phi^p\, \Psi^{r-p}\} = \frac{1}{r!} \{\overset{*}{a}{}^1, b_1\} \ldots \{\overset{*}{a}{}^r, b_r\},$$

woraus sich bereits (5.20) ergibt.

Aufgaben. 1. Es seien φ und ψ zwei lineare Selbstabbildungen des Raumes A und Φ bzw. Ψ die zugehörigen gemischten Tensoren zweiter Stufe,

$$\Phi(x, y) = \{\varphi x, y\}, \quad \Psi(x, y) = \{\psi x, y\}.$$

Dann gehört zur Produktabbildung $\psi\varphi$ der verjüngte Tensor $F_2^1(\Phi\Psi)$.

2. Sind φ und ψ zwei lineare Selbstabbildungen und Φ bzw. Ψ die zugehörigen Tensoren, so gilt

$$\{\Phi, \Psi\} = \mathrm{Sp}(\psi\varphi).$$

3. Man zeige, daß man den Wert $\Phi(a_1, \ldots, a_p)$ des Tensors Φ für das Vektor p-tupel a_λ $(\lambda = 1, \ldots p)$ *bis auf den Faktor* $p!$ als sein Skalarprodukt mit dem Tensor $a_1 \ldots a_p$ auffassen kann,

$$\Phi(a_1, \ldots a_p) = p!\,\{\Phi, a_1 \ldots a_p\}.$$

§ 5. Schiefsymmetrische Tensoren

5.25. Es sei Φ ein kovarianter Tensor p-ter Stufe. Bezeichnet dann σ eine Permutation der Zahlen $(1 \ldots p)$, so erhält man aus Φ einen neuen p-fach kovarianten Tensor ${}_\sigma\Phi$ indem man

$${}_\sigma\Phi(x_1, \ldots x_p) = \Phi(x_{\sigma(1)}, \ldots x_{\sigma(p)})$$

setzt. Ebenso setzen wir für einen kontravarianten Tensor p-ter Stufe

$${}^\sigma\Psi(\overset{*}{x}{}^1, \ldots \overset{*}{x}{}^p) = \Psi(\overset{*}{x}{}^{\sigma(1)}, \ldots \overset{*}{x}{}^{\sigma(p)}).$$

Im folgenden sind die Formeln immer für kovariante Tensoren aufgeschrieben; alles läßt sich aber wörtlich auf kontravariante Tensoren übertragen. Für das Produkt $\sigma_2\sigma_1$ zweier Permutationen gilt offenbar

$${}_{\sigma_2\sigma_1}\Phi = {}_{\sigma_2}({}_{\sigma_1}\Phi). \tag{5.21}$$

Der Tensor Φ heißt *total schiefsymmetrisch*, wenn für jede Permutation σ die Beziehung

$${}_\sigma\Phi = \varepsilon_\sigma \cdot \Phi \tag{5.22}$$

besteht, wobei ε_σ das zu σ gehörige Vorzeichen bedeutet. Diese Bedingung ist gleichbedeutend damit, daß die multilineare Funktion Φ bei Vertauschung von irgend zwei Argumenten ihr Vorzeichen wechselt.

Ein schiefsymmetrischer Tensor hat auf jedem System linear abhängiger Vektoren den Wert Null (vgl. 5.7). Hieraus folgt, daß ein schiefsymmetrischer Tensor p-ter Stufe für $p > n$ identisch Null sein muß. Dagegen gibt es für $p = n$ nichttriviale schiefsymmetrische Tensoren; diese sind die bereits in 3.1 eingeführten Determinantenfunktionen.

Mit je zwei schiefsymmetrischen Tensoren Φ_1 und Φ_2 ist auch die Linearkombination $\lambda\Phi_1 + \mu\Phi_2$ schiefsymmetrisch. Diese Tensoren bilden somit einen Unterraum des Raumes $T_p (= T_p^0)$ aller kovarianten

Tensoren p-ter Stufe. Dieser Unterraum soll im folgenden mit S_p bezeichnet werden. Der Raum S_p hat im Falle $p = n$ die Dimension eins (vgl. 3.2) und reduziert sich für $p > n$ auf den Nulltensor.

Bezeichnet e_ν $(\nu = 1 \ldots n)$ eine Basis des Raumes A, so sind die Komponenten eines Tensors durch die Werte

$$\xi_{\nu_1 \ldots \nu_p} = \Phi(e_{\nu_1}, \ldots e_{\nu_p})$$

gegeben. Hieraus ersieht man, daß die Komponenten eines schiefsymmetrischen Tensors in bezug auf je zwei Indizes schiefsymmetrisch sind.

5.26. Der schiefsymmetrische Teil. Aus einem beliebigen Tensor Φ p-ter Stufe erhält man einen schiefsymmetrischen Tensor $A\Phi$, indem man

$$A\Phi = \frac{1}{p!} \sum \varepsilon_\sigma \cdot {}_\sigma\Phi .$$

bildet. Dieser Tensor ist tatsächlich total schiefsymmetrisch: Ist τ eine feste Permutation der Zahlen $(1 \ldots p)$, so wird

$${}_\tau(A\Phi) = \frac{1}{p!} \sum_\sigma \varepsilon_\sigma \cdot {}_{(\sigma\tau)}\Phi = \frac{1}{p!} \varepsilon_\tau \sum_\sigma \varepsilon_{(\sigma\tau)}\, {}_{(\sigma\tau)}\Phi .$$

Durchläuft hier σ alle Permutationen von $(1 \ldots p)$, so gilt dasselbe von $\sigma\tau$ und somit wird

$$\frac{1}{p!} \sum_\sigma \varepsilon_{(\sigma\tau)}\, {}_{(\sigma\tau)}\Phi = \varepsilon_\tau \cdot A\Phi ,$$

d. h. es ist

$${}_\tau(A\Phi) = \varepsilon_\tau \cdot A\Phi .$$

Der Tensor $A\Phi$ heißt der *schiefsymmetrische Teil* von Φ.

Zum Beispiel lautet für einen Tensor zweiter Stufe der schiefsymmetrische Teil

$$A\Phi(x_1, x_2) = \frac{1}{2} \{\Phi(x_1, x_2) - \Phi(x_2, x_1)\} .$$

Ist der Tensor Φ von vornherein total schiefsymmetrisch, so stimmt er mit seinem schiefsymmetrischen Teil überein, denn dann gilt für jede Permutation σ

$${}_\sigma\Phi = \varepsilon_\sigma \cdot \Phi$$

und hieraus folgt durch Summation

$$\frac{1}{p!} \sum_\sigma \varepsilon_\sigma \cdot {}_\sigma\Phi = \frac{1}{p!} \sum_\sigma \varepsilon_\sigma^2 \cdot \Phi = \Phi .$$

Geht man vom Tensor Φ zum Tensor ${}_\tau\Phi$ über, wobei τ eine feste Permutation bedeutet, so multipliziert sich der schiefsymmetrische Teil mit ε_τ,

$$A({}_\tau\Phi) = \varepsilon_\tau \cdot A\Phi .$$

5.27. Der Antisymmetrieoperator. Ordnet man jedem Tensor p-ter Stufe seinen schiefsymmetrischen Teil zu, so ist dadurch eine lineare Abbildung des Raumes T_p in sich definiert. Dabei bleiben alle Tensoren des Unterraumes S_p fest.

Wir zeigen weiter, daß für einen kontravarianten Tensor Φ und einen kovarianten Tensor Ψ p-ter Stufe die Beziehung

$$\{A\Phi, \Psi\} = \{\Phi, A\Psi\} \tag{5.23}$$

besteht. Sie besagt, daß die zu A duale Abbildung, die eine lineare Selbstabbildung des Raumes T^p ist, auch im Übergang zum schiefsymmetrischen Teil besteht. Zum Beweis von (5.23) zeigen wir zunächst, daß für jede Permutation σ die Beziehung

$$\{{}_\sigma\Phi, \Psi\} = \{\Phi, {}^{\sigma^{-1}}\Psi\}$$

besteht. Dabei darf man die Tensoren Φ und Ψ zerlegbar annehmen, denn jeder Tensor ist eine Linearkombination von zerlegbaren Tensoren. Wir setzen also

$$\Phi = x_1 \ldots x_p \quad \text{und} \quad \Psi = \overset{*}{y}{}^1 \ldots \overset{*}{y}{}^p .$$

Dann wird nach (5.16)

$$\{{}_\sigma\Phi, \Psi\} = \frac{1}{p!}\{\overset{*}{y}{}^1, x_{\sigma(1)}\} \ldots \{\overset{*}{y}{}^p, x_{\sigma(p)}\}$$

und wenn man die Faktoren so anordnet, daß die x_ν in der natürlichen Reihenfolge auftreten,

$$\{{}_\sigma\Phi, \Psi\} = \frac{1}{p!}\{\overset{*}{y}{}^{\sigma^{-1}(1)}\, x_1\} \ldots - \{\overset{*}{y}{}^{\sigma^{-1}(p)}, x_p\} = \{\Phi, {}^{\sigma^{-1}}\Psi\} .$$

Nun ergibt sich (5.23) durch Multiplikation mit ε_σ und Summation über σ, wenn man beachtet, daß die Faktoren ε_σ und $\varepsilon_{\sigma^{-1}}$ gleich sind. Man erhält so

$$\sum_\sigma \varepsilon_\sigma \{{}_\sigma\Phi, \Psi\} = \sum_\sigma \varepsilon_{\sigma^{-1}} \{\Phi, {}^{\sigma^{-1}}\Psi\} = \sum_\tau \varepsilon_\tau \{\Phi, {}^\tau\Psi\}$$

und hieraus folgt (5.23), wenn man noch durch $p!$ dividiert.

5.28. Dualität der Räume S_p und S^p. In 5.22 wurde gezeigt, daß je zwei Räume T_p und T^p zueinander dual sind. Aus der Beziehung (5.23) ergibt sich nun, daß diese Dualität auch zwischen je zwei Unterräumen S_p und S^p besteht. Hierfür ist zu zeigen, daß die Gleichung

$$\{\Phi_p, \Psi^p\} = 0$$

für einen festen schiefsymmetrischen Φ_p und alle schiefsymmetrischen Tensoren Ψ^p nur so bestehen kann, wenn $\Phi_p = 0$ und umgekehrt. Wegen der Symmetrie der Bilinearfunktion $\{\Phi_p, \Psi^p\}$ genügt es, das erstere zu beweisen.

Es sei also Φ_p ein schiefsymmetrischer Tensor, so daß

$$\{\Phi_p, \Psi^p\} = 0$$

für alle schiefsymmetrischen Tensoren Ψ^p. Dann gilt für einen beliebigen (nicht notwendig schiefsymmetrischen) Tensor X^p

$$\{\Phi_p, X^p\} = \{A\,\Phi_p, X^p\} = \{\Phi_p, A\,X^p\} = 0$$

und hieraus ergibt sich nach 5.22, daß Φ_p der Nulltensor ist. Damit ist die Dualität der Räume S_p und S^p bewiesen.

5.29. Schiefsymmetrische gemischte Tensoren. Die bisherigen Definitionen lassen sich ohne weiteres auf gemischte Tensoren übertragen. Ist Φ ein p-fach kontravarianter und q-fach kovarianter Tensor, σ eine Permutation der Zahlen $(1 \ldots p)$ und τ eine Permutation von $(1 \ldots q)$, so verstehen wir unter ${}^{\sigma}_{\tau}\Phi$ den Tensor

$${}^{\sigma}_{\tau}\Phi\,(\overset{*}{x}{}^1, \ldots \overset{*}{x}{}^p;\ x_1, \ldots x_q) = \Phi\,(\overset{*}{x}{}^{\sigma(1)}, \ldots \overset{*}{x}{}^{\sigma(p)};\ x_{\tau(1)}, \ldots x_{\tau(q)})\,.$$

Gilt für jedes Paar σ, τ

$${}^{\sigma}_{\tau}\Phi = \varepsilon_\sigma\,\varepsilon_\tau \cdot \Phi\,,$$

so heißt der gemischte Tensor Φ *total schiefsymmetrisch*. Ein solcher Tensor verschwindet immer dann, wenn entweder $p > n$ oder $q > n$ ist. Dagegen gibt es einen nichttrivialen total schiefsymmetrischen n-fach kovarianten und n-fach kontravarianten Tensor. Ein solcher ist z. B. durch die Determinante

$$E\,(\overset{*}{x}{}^1, \ldots \overset{*}{x}{}^n;\ x_1, \ldots x_n) = \det\,\{\overset{*}{x}{}^\nu, x_\mu\}$$

gegeben.

Unter dem *schiefsymmetrischen Teil* eines gemischten Tensors Φ versteht man entsprechend der Definition in 5.26 den Tensor

$$A\,\Phi = \frac{1}{p!\,q!} \sum_{\sigma,\tau} \varepsilon_\sigma\,\varepsilon_\tau \cdot {}^{\sigma}_{\tau}\Phi\,.$$

Der Operator A genügt den Beziehungen

$$A\,({}^{\sigma}_{\tau}\Phi) = \varepsilon_\sigma\,\varepsilon_\tau\,\Phi \tag{5.24}$$

und

$$\{A\,\Phi, \Psi\} = \{\Phi, A\,\Psi\}\,.$$

Bezeichnet S^p_q den Raum der total schiefsymmetrischen p-fach kontravarianten und q-fach kovarianten Tensoren, so folgt aus der letzten Beziehung, daß je zwei Räume S^p_q und S^q_p vermöge der Bilinearfunktion $\{\Phi^p_q, \Psi^q_p\}$ zueinander dual sind (vgl. Kap. II, § 5, Aufgabe 5).

Aufgaben: 1. Man beweise die Formel

$$A\,(\Phi\,\Psi) = A\,(A\,\Phi \cdot A\,\Psi)$$

für je zwei Tensoren Φ und Ψ.

2. Ist der schiefsymmetrische Teil des Tensors Φ gleich Null, so gilt dies auch für alle Tensoren $\Phi\Psi$, wobei Ψ einen beliebigen Tensor bezeichnet.

3. Man zeige, daß sich jeder kovariante Tensor p-ter Stufe eindeutig in der Form

$$\Phi = A\Phi + \Phi_1$$

zerlegen läßt, wobei $A\Phi_1 = 0$.

§ 6. Das schiefsymmetrische Produkt

5.30. Sind Φ_p und Ψ_q zwei kovariante schiefsymmetrische Tensoren, so ist der Produkttensor $\Phi_p \Psi_q$ im allgemeinen nicht mehr total schiefsymmetrisch. Geht man jedoch zum schiefsymmetrischen Teil über, so erhält man aus je einem p-fach und einem q-fach kovarianten schiefsymmetrischen Tensor einen ebensolchen Tensor der Stufe $(p + q)$. Dieser, noch mit dem Faktor $\frac{(p+q)!}{p!\,q!}$ versehen, heißt das *schiefsymmetrische Produkt* der Tensoren Φ_p und Ψ_q und wird mit $\Phi_p \wedge \Psi_q$ bezeichnet,

$$\Phi_p \wedge \Psi_q = \frac{(p+q)!}{p!\,q!} A\,(\Phi_p \Psi_q)\,. \tag{5.25}$$

Setzt man hier für den schiefsymmetrischen Teil nach der Definitionsgleichung ein, so erhält man für das schiefsymmetrische Produkt die Definitionsformel

$$(\Phi_p \wedge \Psi_q)\,(x_1, \ldots x_{p+q}) = \frac{1}{p!\,q!} \sum_\sigma \varepsilon_\sigma \Phi_p\,(x_{\sigma(1)}, \ldots x_{\sigma(p)})\, \Psi_q\,(x_{\sigma(p+1)}, \ldots x_{\sigma(p+q)})\,,$$

wobei σ alle Permutationen der Zahlen $(1 \ldots p + q)$ durchläuft.

Zum Beispiel ist also das schiefsymmetrische Produkt zweier Tensoren erster Stufe durch den Tensor

$$(\Phi \wedge \Psi)\,(x_1, x_2) = \Phi(x_1)\,\Psi(x_2) - \Phi(x_2)\,\Psi(x_1)$$

gegeben und das schiefsymmetrische Produkt eines Tensors erster Stufe mit einem schiefsymmetrischen Tensor zweiter Stufe durch den Ausdruck

$$(\Phi \wedge \Psi)\,(x_1, x_2, x_3) = \Phi(x_1) \cdot \Psi(x_2, x_3) + \Phi(x_2) \cdot \Psi(x_3, x_1) + \\ + \Phi(x_3) \cdot \Psi(x_1, x_2)\,.$$

Ist $p + q > n$, so ist die Stufe des Tensors $\Phi_p \wedge \Psi_q$ größer als die Dimension des Raumes A und somit muß dieser der Nulltensor sein,

$$\Phi_p \wedge \Psi_q = 0 \text{ für } p + q > n\,.$$

5.31. Eigenschaften des schiefsymmetrischen Produktes. Aus der Definitionsgleichung (5.25) ergibt sich unmittelbar, daß das Produkt $\Phi_p \wedge \Psi_q$ bilinear von seinen Faktoren abhängt,

$$\Phi_p \wedge (\lambda\, \Psi_q^{(1)} + \mu\, \Psi_q^{(2)}) = \lambda \Phi_p \wedge \Psi_q^{(1)} + \mu \Phi_p \wedge \Psi_q^{(2)}$$

$$(\lambda \Phi_p^{(1)} + \mu \Phi_p^{(2)}) \wedge \Psi_q = \lambda \Phi_p^{(1)} \wedge \Psi_q + \mu \Phi_p^{(2)} \wedge \Psi_q\,.$$

Ferner gilt für je drei Tensoren Φ_p, Ψ_q, X_r das assoziative Gesetz

$$\Phi_p \wedge (\Psi_q \wedge X_r) = (\Phi_p \wedge \Psi_q) \wedge X_r .$$

Dies beweist man am einfachsten mit Hilfe der Formel

$$A\,(A\,\Phi_p\ A\,\Psi_q) = A\,(\Phi_p \Psi_q)\,,$$

die für je zwei beliebige Tensoren Φ und Ψ gilt (vgl. § 5, Aufgabe 1). Man kann sie jetzt in der Form

$$A\,\Phi_p \wedge A\,\Psi_q = \frac{(p+q)!}{p!\,q!} \cdot A\,(\Phi_p \Psi_q)$$

schreiben und dann folgt

$$\Phi_p \wedge (\Psi_q \wedge X_r) = \frac{(q+r)!}{q!\,r!}\, A\,\Phi_p \wedge A\,(\Psi_q X_r) = \frac{(p+q+r)!}{p!\,q!\,r!}\, A\,(\Phi_p \Psi_q X_r)$$

und

$$(\Phi_p \wedge \Psi_q) \wedge X_r = \frac{(p+q)!}{p!\,q!}\, A\,(\Phi_p \Psi_q) \wedge A X_r = \frac{(p+q+r)!}{p!\,q!\,r!}\, A\,(\Phi_p \Psi_q X_r).$$

Aus diesen beiden Gleichungen ergibt sich das assoziative Gesetz.

Schließlich gilt ein kommutatives Gesetz der Form

$$\Phi_p \wedge \Psi_q = (-1)^{pq}\, \Psi_q \wedge \Phi_p . \tag{5.26}$$

Zum Beweis bemerken wir, daß die gewöhnlichen Produkte $\Phi_p \Psi_q$ und $\Psi_q \Phi_p$ durch die Beziehung

$$\Psi_q \Phi_p = {}_{\varrho}(\Phi_p \Psi_q)$$

zusammenhängen, wobei ϱ die Permutation

$$\varrho(1) = q+1\,, \ldots \varrho(p) = (q+p)\,, \quad \varrho(p+1) = 1\,, \ldots \varrho(p+q) = q$$

bezeichnet. Hieraus folgt

$$A\,(\Psi_q \Phi_p) = \varepsilon_\varrho\, A\,(\Phi_p \Psi_q)$$

und somit, da

$$\varepsilon_\varrho = (-1)^{pq},$$

die Formel (5.26).

Setzt man in (5.26) insbesondere $\Phi_p = \Psi_q$, so folgt

$$\Phi_p \wedge \Phi_p = (-1)^{p^2}\, \Phi_p \wedge \Phi_p .$$

Das schiefsymmetrische Produkt eines Tensors ungerader Stufe mit sich selbst ist somit stets gleich Null,

$$\Phi_p \wedge \Phi_p = 0$$

für ungerades p.

5.32. Schiefsymmetrisches Produkt gemischter Tensoren.

Das schiefsymmetrische Produkt und die obigen Formeln übertragen sich wörtlich auf schiefsymmetrische kontravarianter Tensoren. Schließlich kann man auch für je zwei gemischte Tensoren ein schiefsymmetrisches Produkt erklären, und zwar durch die Gleichung

$$\Phi_r^p \wedge \Psi_s^q = \frac{(p+q)!}{p!\,q!}\,\frac{(r+s)!}{r!\,s!}\,A\,(\Phi_r^p\,\Psi_s^q)\,.$$

Das Produkt $\Phi_r^p \wedge \Psi_s^q$ ist dann ein Tensor des Raumes S_{q+s}^{p+r} und somit gleich Null, wenn entweder $p+q>n$ oder $r+s>n$. Auch hier gelten die Formeln von 5.31, nur im kommutativen Gesetz (5.26) hat man den Exponenten pq durch $pq+rs$ zu ersetzen,

$$\Phi_r^p \wedge \Psi_s^q = (-1)^{pq+rs}\,\Psi_s^q \wedge \Phi_r^p.$$

Hieraus folgt speziell für $\Psi_s^q = \Phi_r^p$

$$\Phi_r^p \wedge \Phi_r^p = (-1)^{p^2+r^2}\,\Phi_r^p \wedge \Phi_r^p$$

und somit, da

$$(-1)^{p^2+r^2} = (-1)^{(p+r)^2} = (-1)^{p+r}\,,$$

$$\Phi_r^p \wedge \Phi_r^p = (-1)^{p+r}\,\Phi_r^p \wedge \Phi_r^p\,.$$

Somit muß das schiefsymmetrische Produkt von Φ_r^p mit sich selbst verschwinden, wenn $p+r$ ungerade ist.

5.33. Das schiefsymmetrische Produkt von Vektoren. Im Raume A seien p feste Vektoren a_λ $(\lambda = 1 \ldots p)$ gegeben. Aus diesen kann man die kontravarianten Tensoren

$$\Phi_\lambda(x^*) = \{x^*, a_\lambda\}$$

bilden. Das schiefsymmetrische Produkt dieser Tensoren, das man wegen des assoziativen Gesetzes einfach in der Form $\Phi_1 \wedge \ldots \wedge \Phi_p$ schreiben darf, heißt auch das *schiefsymmetrische Produkt der Vektoren* a_λ und wird dementsprechend mit $a_1 \wedge \ldots \wedge a_p$ bezeichnet. Das schiefsymmetrische Produkt von p Vektoren ist somit ein p-fach kontravarianter Tensor. Mit dem Tensorprodukt der Vektoren a_λ (vgl. 5.14) hängt es durch die Gleichung

$$a_1 \wedge \ldots \wedge a_p = \sum_\sigma \varepsilon_\sigma\, a_{\sigma(1)} \ldots a_{\sigma(p)}\,, \qquad (5.27)$$

zusammen, die man auch in der Form

$$\frac{1}{p!}\,a_1 \wedge \ldots \wedge a_p = A\,(a_1 \ldots a_p)$$

schreiben kann, wobei wieder A den Antisymmetrieoperator bezeichnet.

Wie sich direkt aus der Definition ergibt, ist das schiefsymmetrische Produkt in bezug auf alle Faktoren linear. Ferner gilt das assoziative Gesetz

$$(a_1 \wedge \ldots \wedge a_p) \wedge (a_{p+1} \wedge \ldots \wedge a_r) = a_1 \wedge \ldots \wedge a_r\,.$$

Vertauscht man irgend zwei Faktoren, so wechselt das schiefsymmetrische Produkt das Vorzeichen. Insbesondere muß es also verschwinden, wenn zwei Faktoren übereinstimmen oder allgemeiner, wenn die Vektoren a_λ ($\lambda = 1 \ldots p$) linear abhängig sind. Ist nämlich einer von ihnen, etwa a_p, eine Linearkombination der anderen,

$$a_p = \sum_{\nu=1}^{p-1} \lambda^\nu a_\nu ,$$

so folgt

$$a_1 \wedge \ldots \wedge a_p = \sum_{\nu=1}^{p-1} \lambda^\nu a_1 \wedge \ldots \wedge a_{p-1} \wedge a_\nu$$

und dies ist gleich Null, weil in jedem Summanden zwei gleiche Faktoren auftreten.

Jeder schiefsymmetrische p-fach kontravariante Tensor läßt sich als Linearkombination von schiefsymmetrischen Produkten schreiben. Denn zunächst ist jeder Tensor eine Linearkombination von zerlegbaren Tensoren (vgl. 5.16) und hieraus erhält man die Darstellbarkeit durch schiefsymmetrische Produkte, indem man zum schiefsymmetrischen Teil übergeht.

5.34. Schiefsymmetrisches Produkt kovarianter Vektoren. Es seien nun auch im dualen Raum A^* p feste Vektoren $\overset{*}{b}{}^\varkappa$ ($\varkappa = 1, \ldots p$) gegeben. Dann ist das schiefsymmetrische Produkt

$$\overset{*}{b}{}^1 \wedge \ldots \wedge \overset{*}{b}{}^p$$

ein p-fach kovarianter Tensor. Für diesen gilt alles, was in der letzten Nummer über das Produkt $a_1 \wedge \ldots \wedge a_p$ gesagt wurde. Wir bilden jetzt das skalare Produkt

$$\{a_1 \wedge \ldots \wedge a_p , \quad \overset{*}{b}{}^1 \wedge \ldots \wedge \overset{*}{b}{}^p\} .$$

Setzt man hier für die schiefsymmetrischen Produkte nach den Formeln

$$a_1 \wedge \ldots \wedge a_p = \sum_\sigma \varepsilon_\sigma a_{\sigma(1)} \ldots a_{\sigma(p)}$$

bzw.

$$\overset{*}{b}{}^1 \wedge \ldots \wedge \overset{*}{b}{}^p = \sum_\tau \varepsilon_\tau \overset{*}{b}{}^{\tau(1)} \ldots \overset{*}{b}{}^{\tau(p)}$$

ein, so erhält man wegen (5.16)

$$\{a_1 \wedge \ldots \wedge a_p, \overset{*}{b}{}^1 \wedge \ldots \wedge \overset{*}{b}{}^p\} = \sum_{\sigma,\tau} \varepsilon_\sigma \varepsilon_\tau \{a_{\sigma(1)} \ldots a_{\sigma(p)}, \overset{*}{b}{}^{\tau(1)} \ldots \overset{*}{b}{}^{\tau(p)}\}$$
$$= \frac{1}{p!} \sum_{\sigma,\tau} \varepsilon_\sigma \varepsilon_\tau \{\overset{*}{b}{}^{\tau(1)}, a_{\sigma(1)}\} \ldots \{\overset{*}{b}{}^{\tau(p)}, a_{\sigma(p)}\} = \det \{\overset{*}{b}{}^\varkappa, a_\lambda\} .$$

Damit hat man die Formel

$$\{a_1 \wedge \ldots \wedge a_p, \overset{*}{b}{}^1 \wedge \ldots \wedge \overset{*}{b}{}^p\} = \det \{\overset{*}{b}{}^\varkappa, a_\lambda\} . \tag{5.28}$$

Hieraus kann man folgern, daß das schiefsymmetrische Produkt linear unabhängiger (kontra- oder kovarianter) Vektoren von Null verschieden ist. Wenn nämlich z. B. die a_λ linear unabhängig sind, kann man sie zu einer Basis des Raumes A ergänzen und für die $\overset{*}{b}{}^\varkappa$ die ersten p Vektoren der dualen Basis einsetzen. Dann ist Determinante rechts in (5.28) gleich eins und somit kann $a_1 \wedge \ldots \wedge a_p$ nicht der Nulltensor sein. *Das schiefsymmetrische Produkt von p Vektoren ist somit genau dann gleich Null, wenn diese linear abhängig sind.*

5.35. Basis des Raumes S^p. Mit Hilfe des schiefsymmetrischen Produktes kann man leicht eine Basis des Raumes S^p (bzw. S_p) konstruieren. Wir gehen wieder von einem Paar dualen Basen e_ν, $\overset{*}{e}{}^\nu$ $(\nu = 1 \ldots n)$ der Räume A und A^* aus und bilden die $\binom{n}{p}$ Tensoren

$$e_{\nu_1} \wedge \ldots \wedge e_{\nu_p} \qquad (\nu_1 < \nu_2 < \ldots < \nu_p) \qquad (5.29)$$

Diese sind total schiefsymmetrisch, liegen also im Raume S^p. Um zu zeigen, daß sie linear unabhängig sind, sei eine Relation der Form

$$\sum_{<} \lambda^{\nu_1 \ldots \nu_p} e_{\nu_1} \wedge \ldots \wedge e_{\nu_p} = 0 \qquad (5.30)$$

gegeben, wobei das Symbol $<$ unter dem Summenzeichen besagt, daß die Indizes der Einschränkung $\nu_1 < \nu_2 < \ldots < \nu_p$ unterliegen.

Aus der Gleichung (5.30) folgt für jedes beliebige Indexsystem $\alpha_1, \ldots \alpha_p$ $(\alpha_1 < \alpha_2 < \ldots < \alpha_p)$

$$\sum_{<} \lambda^{\nu_1 \ldots \nu_p} \{e_{\nu_1} \wedge \ldots \wedge e_{\nu_p}, \overset{*}{e}{}^{\alpha_1} \wedge \ldots \wedge \overset{*}{e}{}^{\alpha_p}\} = 0 . \qquad (5.31)$$

Nun ist aber nach (5.28)

$$\{e_{\nu_1} \wedge \ldots \wedge e_{\nu_p}\} \{\overset{*}{e}{}^{\alpha_1} \wedge \ldots \wedge \overset{*}{e}{}^{\alpha_p}\} = \det \{\overset{*}{e}{}^{\alpha_i}, e_{\nu_k}\}$$

und diese Determinante ist genau dann von Null verschieden, wenn die Indizes ν_k paarweise verschieden sind; dies aber ist nur möglich, wenn sie der Reihe nach mit den α_k übereinstimmen, so daß in der Summe (5.31) nur das Glied für $\nu_k = \alpha_k$ $(k = 1 \ldots p)$ übrigbleibt. Damit folgt

$$\lambda^{\alpha_1 \ldots \alpha_p} = 0 \qquad (\alpha_1 < \alpha_2 < \ldots < \alpha_p) ,$$

d. h. die Tensoren (5.29) sind linear unabhängig.

Andererseits spannen diese Tensoren den ganzen Raum S^p auf. Ist nämlich Φ ein beliebiger schiefsymmetrischer Tensor p-ter Stufe, so muß dieser zunächst eine lineare Kombination der Tensorprodukte $e_{\nu_1} \ldots e_{\nu_p}$ sein,

$$\Phi = \sum_{(\nu)} \xi^{\nu_1 \ldots \nu_p} e_{\nu_1} \ldots e_{\nu_p} .$$

Geht man hier zum schiefsymmetrischen Teil über, so folgt, da $\Phi = A\,\Phi$,

$$\Phi = \sum_{(\nu)} \xi^{\nu_1 \ldots \nu_p} A\,(e_{\nu_1} \ldots e_{\nu_p}) = \frac{1}{p!} \sum_{(\nu)} \xi^{\nu_1 \ldots \nu_p} e_{\nu_1} \wedge \ldots \wedge e_{\nu_p} .$$

Da sowohl die Komponenten $\xi^{\nu_1 \ldots \nu_p}$ als auch die Produkte $e_{\nu_1} \wedge \ldots \wedge e_{\nu_p}$ in bezug auf je zwei Indizes schiefsymmetrisch sind, darf man hier die Summation über die Indexsysteme der Form $\nu_1 < \nu_2 < \ldots < \nu_p$ beschränken und dafür den Faktor $\frac{1}{p!}$ weglassen. Man erhält dann die Gleichung

$$\Phi = \sum_{<} \xi^{\nu_1 \ldots \nu_p} e_{\nu_1} \wedge \ldots \wedge e_{\nu_p}, \tag{5.32}$$

womit Φ als Linearkombination der Tensoren (5.29) dargestellet ist. Somit bilden diese Tensoren eine Basis des Raumes S^p und dieser hat die Dimension $\binom{n}{p}$.

Die Gleichung (5.32) zeigt noch, daß man die Komponenten eines Tensors Φ auf diese Basis erhält, indem man seine Komponenten in bezug auf die entsprechende Basis des ganzen Raumes T^p der Einschränkung $\nu_1 < \nu_2 < \ldots < \nu_p$ unterwirft.

Aus obigem Ergebnis folgt speziell für $p = n$, daß das Produkt

$$e_1 \wedge e_2 \wedge \ldots \wedge e_n \tag{5.33}$$

eine Basis des Raumes S^n bildet. Der Raum S^n hat somit die Dimension 1; dies folgt übrigens bereits aus (3.2), da die schiefsymmetrischen Tensoren n-ter Stufe gerade die Determinantenfunktionen im Raume A^* sind. Jede Determinantenfunktion muß somit ein Vielfaches des Produktes (5.33) sein.

5.36. Basis des Raumes S_q^p. Bildet man entsprechend wie in (5.29) die schiefsymmetrischen Produkte

$$\overset{*}{e}^{\mu_1} \wedge \ldots \wedge \overset{*}{e}^{\mu_p} \qquad (\mu_1 < \ldots < \mu_p) \tag{5.34}$$

aus den Vektoren der dualen Basis $\overset{*}{e}^{\nu}$, so erhält man eine Basis des Raumes S_p. Diese ist zur Basis (5.29) dual, denn für die Skalarprodukte der Basisvektoren (5.29) und (5.34) erhält man nach (5.28)

$$\{e_{\nu_1} \wedge \ldots \wedge e_{\nu_p}, \overset{*}{e}^{\mu_1} \wedge \ldots \wedge \overset{*}{e}^{\mu_p}\} = \det \{\overset{*}{e}^{\mu_i}, e_{\nu_k}\}$$

und dies ist immer gleich Null, wenn nicht die μ_i der Reihe nach mit den ν_i übereinstimmen und in diesem Falle gleich eins.

Schließlich kann man aus den Basisvektoren (5.29) und (5.34) eine Basis des Raumes S_q^p der gemischten Tensoren zusammensetzen. Sie besteht aus den Tensoren.

$$e_{\nu_1} \wedge \ldots \wedge e_{\nu_p} \cdot \overset{*}{e}^{\mu_1} \wedge \ldots \wedge \overset{*}{e}^{\mu_q} \qquad (\nu_1 < \ldots < \nu_p; \mu_1 < \ldots < \mu_q)$$

und dieser Raum hat somit die Dimension $\binom{n}{p}\binom{n}{q}$.

Je zwei Räume S_q^p und S_{n-p}^{n-q} haben also dieselbe Dimension und sind daher isomorph. In § 7 werden wir mit Hilfe des „dualen Produktes" in natürlicher Weise einen Isomorphismus zwischen diesen beiden Räumen herstellen können.

Aufgaben. 1. Es seien Φ und Ψ zwei kovariante (nicht notwendig schiefsymmetrische) Tensoren. Man setze

$$\Phi \wedge \Psi = A(\Phi\Psi)$$

und zeige, daß dieser Tensor nur von den schiefsymmetrischen Teilen der Tensoren Φ und Ψ abhängt.

2. *Verallgemeinerte Lagrangesche Identität:* Es seien zwei rechteckige Matrizen α_i^ν und β_ν^i ($i = 1 \ldots p$, Zeile; $\nu = 1 \ldots n$, Spalte) gegeben; $A^{\lambda_1 \ldots \lambda_p}$ bzw. $B_{\lambda_1 \ldots \lambda_p}$ bezeichne diejenige Determinante, die aus den Spalten bzw. Zeilen der Nummern $(\lambda_1, \ldots \lambda_p)$ gebildet wird. Dann besteht die Beziehung

$$\sum_{<} A^{\lambda_1 \ldots \lambda_p} B_{\lambda_1 \ldots \lambda_p} = \det\left(\sum_\nu \alpha_i^\nu \beta_\nu^k\right).$$

Man führe den Beweis, indem man die Vektoren

$$x_i = \sum_\nu \alpha_i^\nu e_\nu \quad \text{bzw.} \quad \overset{*}{y}{}^k = \sum_\nu \beta_\nu^k \overset{*}{e}{}^\nu \qquad (e_\nu, \overset{*}{e}{}^\nu \text{ duale Basen})$$

der Räume A und A^* einführt und auf diese die Gleichung

$$\{x_1 \wedge \ldots \wedge x_p, \overset{*}{y}{}^1 \wedge \ldots \wedge \overset{*}{y}{}^p\} = \det\{\overset{*}{y}{}^k, x_i\}$$

anwendet.

3. Man beweise die Formel

$$A\,\Phi(a_1, \ldots, a_p) = \{\Phi, a_1 \wedge \ldots \wedge a_p\}$$

(vgl. § 4, Aufgabe 3).

4. Man zeige, daß sich ein schiefsymmetrischer Tensor $\Phi(\overset{*}{x}{}^1, \overset{*}{x}{}^2)$ zweiter Stufe genau dann in der Form

$$\Phi = \Phi_1 \wedge \Phi_2$$

schreiben läßt, wenn

$$\Phi \wedge \Phi = 0.$$

§ 7. Das duale Produkt

5.37. Auf Grund der Dualität je zweier Räume S_q^p und S_p^q kann man dem schiefsymmetrischen Produkt eine zweite Tensormultiplikation zuordnen, die wir das duale Produkt nennen wollen. Der Einfachheit halber beschränken wir uns zunächst auf reine Tensoren.

Es sei Φ^p ein fester kontravarianter Tensor p-ter Stufe. Ordnet man dann jedem kontravarianten Tensor Ψ^k (für alle k) das Produkt

$$\Phi^p \wedge \Psi^k$$

zu, so ist dadurch eine lineare Abbildung φ jedes Raumes S^k in den entsprechenden Raum S^{p+k} definiert,

$$\varphi\colon S^k \to S^{p+k} \qquad (k \geqq 0)$$

Diese hängt selbstverständlich von dem festgewählten Tensor Φ^p ab. Wir gehen jetzt von φ zur dualen Abbildung

$$\varphi^*\colon S_{p+k} \to S_k \qquad (k \geqq 0)$$

über. Diese ist in allen Räumen S_r $(r = p + k)$ für $r \geqq p$ definiert und ordnet somit jedem r-fach kovarianten Tensor X_r einen $(r - p)$-fach kovarianten zu. Der so erhaltene Tensor soll mit $X_r \llcorner \Phi^p$ bezeichnet werden und das *duale Produkt* von X_r mit dem Tensor Φ^p heißen,

$$X_r \llcorner \Phi^p = \varphi^* X_r\,, \qquad (p \leqq r) \quad (5.35)$$

Das duale Produkt (5.35) ist somit nur definiert, wenn $p \leqq r$.

5.38. Eigenschaften des dualen Produktes. Der Zusammenhang zwischen dem dualen und dem schiefsymmetrischen Produkt wird durch die Formel

$$\{X_r \llcorner \Phi^p, \Psi^{r-p}\} = \{X_r, \Phi^p \wedge \Psi^{r-p}\} \qquad (5.36)$$

hergestellt, die man direkt aus der Definitionsgleichung erhält; danach ist nämlich

$$\{X_r \llcorner \Phi^p, \Psi^{r-p}\} = \{\varphi^* X_r, \Psi^{r-p}\} = \{X_r, \varphi\Psi^{r-p}\} = \{X_r, \Phi^p \wedge \Psi^{r-p}\}\,.$$

Aus (5.36) folgt, daß das duale Produkt in bezug auf seine beiden Faktoren linear ist,

$$(X_r + X_r') \llcorner \Phi^p = X_r \llcorner \Phi^p + X_r' \llcorner \Phi^p$$

$$X_r \llcorner (\Phi^p + {}'\Phi^p) = X_r \llcorner \Phi^p + X_r \llcorner {}'\Phi^p\,.$$

Setzt man in (5.36) speziell $r = p$ und für Ψ die Zahl Eins ein und beachtet, daß

$$\{X_p \llcorner \Phi^p, 1\} = X_p \llcorner \Phi^p \quad \text{und} \quad \Phi^p \wedge 1 = \Phi^p,$$

so erhält man die Beziehung

$$X_p \llcorner \Phi^p = \{X_p, \Phi^p\}\,.$$

Sie besagt, daß das duale Produkt in das skalare Produkt übergeht, wenn die Faktoren dieselbe Stufe haben.

Ferner erhält man aus (5.36) noch das Assoziativgesetz

$$X_r \llcorner (\Phi^p \wedge \Psi^q) = (X_r \llcorner \Phi^p) \llcorner \Psi^q \qquad (p + q \leqq r) \quad (5.37)$$

zwischen dem dualen und dem schiefsymmetrischen Produkt. Zum Beweis bezeichne Ω^{r-p-q} einen beliebigen Tensor $(r-p-q)$-ter Stufe.

Dann wird nach (5.36)

$$\begin{aligned}\{X_r \llcorner (\Phi^p \wedge \Psi^q), \Omega^{r-p-q}\} &= \{X_r, (\Phi^p \wedge \Psi^q) \wedge \Omega^{r-p-q}\}\\ &= \{X_r, \Phi^p \wedge (\Psi^q \wedge \Omega^{r-p-q})\} = \{X_r \llcorner \Phi^p, \Psi^q \wedge \Omega^{r-p-q}\}\\ &= \{(X_r \llcorner \Phi^p) \llcorner \Psi^q, \Omega^{r-p-q}\}\end{aligned}$$

und hieraus folgt, da Ω beliebig ist, die Formel (5.37).

Ganz entsprechend definiert man das duale Produkt eines *kontravarianten* Tensors X^r mit einem *kovarianten* Tensor Φ_p ($p \leqq r$). Dieses wird dann ein $(r-p)$-fach *kontravarianter* Tensor. Analog zu (5.36) gilt jetzt die Beziehung

$$\{X^r \llcorner \Phi_p, \Psi_{r-p}\} = \{X^r, \Phi_p \wedge \Psi_{r-p}\}$$

und hieraus folgt wieder für $p = r$, $\Psi = 1$,

$$X^p \llcorner \Phi_p = \{X^p, \Phi_p\}.$$

5.39. Zusammenhang mit der Verjüngung. Man kann das duale Produkt $X_r \llcorner \Phi^p$ aus dem gewöhnlichen Produkt $X_r \Phi^p$ dieser beiden Tensoren erhalten, indem man dieses über alle kontravarianten und die entsprechenden kovarianten Argumente verjüngt. Dies ergibt sich aus der Formel (5.20), wenn man dort für Φ^p, Ψ^{r-p} und X_r schiefsymmetrische Tensoren einsetzt. Dann wird nämlich die rechte Seite gleich

$$\begin{aligned}&\frac{r!}{(r-p)!}\{A\, X_r, \Phi^p \Psi^{r-p}\}\\ &= \frac{r!}{(r-p)!}\{X_r, A\,(\Phi^p \Psi^{r-p})\} = p!\,\{X_r, \Phi^p \wedge \Psi^{r-p}\}\end{aligned}$$

und somit lautet die Formel (5.20)

$$\frac{1}{p!}\{F\,(X_r\,\Phi^p), \Psi^{r-p}\} = \{X_r, \Phi^p \wedge \Psi^{r-p}\}. \tag{5.38}$$

Aus (5.38) und (5.36) erhält man

$$\frac{1}{p!}\{F\,(X_r\,\Phi^p), \Psi^{r-p}\} = \{X_r \llcorner \Phi^p, \Psi^{r-p}\}.$$

Dies gilt bei festem Φ^p und X_r für alle Ψ^{r-p} und ist somit nur möglich, wenn

$$X_r \llcorner \Phi^p = \frac{1}{p!} F\,(X_r\,\Phi^p). \tag{5.39}$$

Diese Gleichung besagt, daß man den Tensor $X_r \llcorner \Phi^p$ aus dem Produkt $X_r\,\Phi^p$ durch Verjüngung über die ersten p Argumentpaare erhält.

Geht man in (5.39) zu den Komponenten über, so erhält man für die Komponenten des Produktes $X_r \llcorner \Phi^p$ die Formel

$$\eta_{\lambda_{p+1}\ldots\lambda_r} = \frac{1}{p!}\sum_{(\nu)} \zeta_{\nu_1\ldots\nu_p\,\lambda_{p+1}\ldots\lambda_r}\,\xi^{\nu_1\ldots\nu_p}. \tag{5.40}$$

5.40. Das duale Produkt mit der Determinantenfunktion. Von besonderem Interesse ist der Fall, daß der erste Faktor des dualen Produktes ein Tensor E_n n-ter Stufe, also eine Determinantenfunktion im Raume A ist. Wir beweisen zunächst die Beziehung

$$\Psi_p \wedge (E_n \llcorner \Phi^p) = \{\Phi^p, \Psi_p\} \cdot E_n\,, \tag{5.41}$$

welche für je zwei Tensoren Φ^p und Ψ_p gilt. Der Tensor auf der linken Seite von (5.41) ist schiefsymmetrisch und hat die Stufe n, muß also bis auf einen Faktor mit E_n übereinstimmen,

$$\Psi_p \wedge (E_n \llcorner \Phi^p) = \lambda \cdot E_n\,. \tag{5.42}$$

Zu zeigen ist, daß λ gleich dem Skalarprodukt $\{\Phi^p, \Psi_p\}$ ist. Dazu schreiben wir die Determinantenfunktion E_n in der Form

$$E_n = \overset{*}{e}{}^1 \wedge \ldots \wedge \overset{*}{e}{}^n\,, \tag{5.43}$$

wobei die $\overset{*}{e}{}^\nu$ eine Basis von A^* bilden. Dann genügt es, sich auf Tensoren Φ^p und Ψ_p der Form

$$\Phi^p = e_{\nu_1} \wedge \ldots \wedge e_{\nu_p} \quad \text{bzw.} \quad \Psi_p = \overset{*}{e}{}^{\mu_1} \wedge \ldots \wedge \overset{*}{e}{}^{\mu_p}$$

zu beschränken, denn die Beziehung (5.41) ist in Φ^p und Ψ_p linear. Dabei darf man Φ^p sogar in der speziellen Produktform

$$\Phi^p = e_1 \wedge \ldots \wedge e_p$$

annehmen; denn durch Vertauschen der Basisvektoren $\overset{*}{e}{}^\nu$ kann man erreichen, daß die ersten p Faktoren in (5.43) der Reihe nach mit den Faktoren von Φ^p übereinstimmen und bei dieser Vertauschung geht die Gleichung (5.41) in sich über.

Unter diesen Voraussetzungen erhält man für das Produkt $E_n \llcorner \Phi^p$

$$E_n \llcorner \Phi^p = (\overset{*}{e}{}^1 \wedge \ldots \wedge \overset{*}{e}{}^n) \llcorner (e_1 \wedge \ldots \wedge e_p) = \overset{*}{e}{}^{p+1} \wedge \ldots \wedge \overset{*}{e}{}^n \tag{5.44}$$

und damit wird

$$\Psi_p \wedge (E_n \llcorner \Phi^p) = \overset{*}{e}{}^{\mu_1} \wedge \ldots \wedge \overset{*}{e}{}^{\mu_p} \wedge \overset{*}{e}{}^{p+1} \wedge \ldots \wedge \overset{*}{e}{}^n\,.$$

Setzt man dies in die Gleichung (5.42) ein, so folgt

$$\overset{*}{e}{}^{\mu_1} \wedge \ldots \wedge \overset{*}{e}{}^{\mu_p} \wedge \overset{*}{e}{}^{p+1} \wedge \ldots \wedge \overset{*}{e}{}^n = \lambda\, \overset{*}{e}{}^1 \wedge \ldots \wedge \overset{*}{e}{}^n\,.$$

Bildet man hier das Skalarprodukt mit dem Tensor

$$E^n = e_1 \wedge \ldots \wedge e_n$$

und berücksichtigt die Beziehung

$$\{E_n, E^n\} = 1\,,$$

so folgt

$$\lambda = \{\overset{*}{e}{}^{\mu_1} \wedge \ldots \wedge \overset{*}{e}{}^{\mu_p} \wedge \overset{*}{e}{}^{p+1} \wedge \ldots \wedge \overset{*}{e}{}^n, e_1 \wedge \ldots \wedge e_n\}\,.$$

Dies ist genau dann von Null verschieden, wenn die Zahlen $(\mu_1 \ldots \mu_p)$ eine Permutation von $(1 \ldots p)$ bilden, und zwar gleich ± 1, je nachdem diese Permutation gerade oder ungerade ist. Andererseits ist

$$\{\Phi^p, \Psi_p\} = \{e_1 \wedge \ldots \wedge e_p, \overset{*}{e}^{\mu_1} \wedge \ldots \wedge \overset{*}{e}^{\mu_p}\} = \det\{\overset{*}{e}^{\mu_i}, e_k\}$$

und dies ist ebenfalls $+1$ oder -1, wenn $(\mu_1 \ldots \mu_p)$ eine gerade bzw. ungerade Permutation von $(1 \ldots p)$ ist und sonst gleich Null. Damit hat man

$$\lambda = \{\Phi^p, \Psi_p\},$$

womit die Beziehung (5.41) bewiesen ist.

5.41. Der Isomorphismus zwischen S^p und S_{n-p}. Es bezeichne wieder E_n eine feste Determinantenfunktion im Raume A. Dann ist durch die Zuordnung

$$\varphi : \Phi^p \to E_n \llcorner \Phi^p$$

eine lineare Abbildung φ des Raumes S^p in den Raum S_{n-p} definiert. Es wird sich zeigen, daß diese einen Isomorphismus zwischen den Räumen S^p und S_{n-p} herstellt. Zunächst ergibt sich aus der Definition auf Grund von (5.36) die Beziehung

$$\{\varphi\Phi^p, \Psi^{n-p}\} = \{E_n, \Phi^p \wedge \Psi^{n-p}\}, \tag{5.45}$$

die für je zwei Tensoren Φ^p und Ψ^{n-p} besteht. Ferner erhält man aus (5.41)

$$\Psi_p \wedge \varphi\Phi^p = \{\Phi^p, \Psi_p\} \cdot E_n . \tag{5.46}$$

Entsprechend kann man mit Hilfe des dualen Produktes, angewandt auf *kovariante* Vektoren, eine lineare Abbildung ψ von S_p in S^{n-p} erklären. Wir wählen dazu auch im Raume A^* eine Determinantenfunktion E^n, die wir so normieren, daß die Beziehung

$$\{E^n, E_n\} = 1$$

besteht. Die Zuordnung

$$\psi : \Phi_p \to E^n \llcorner \Phi_p$$

bestimmt dann eine lineare Abbildung des Raumes S_p in den Raum S^{n-p}. Entsprechend (5.45) und (5.46) gelten jetzt die Beziehungen

$$\{\psi\Phi_p, \Psi_{n-p}\} = \{E^n, \Phi_p \wedge \Psi_{n-p}\} \tag{5.47}$$

und

$$\Psi^p \wedge \psi\Phi_p = \{\Phi_p, \Psi^p\} \cdot E^n. \tag{5.48}$$

Wir zeigen jetzt, daß die Abbildungen φ und ψ zueinander invers sind. Dazu betrachten wir die Produktabbildung $\psi\,\varphi$, welche eine lineare Selbstabbildung des Raumes S^p ist. Nach (5.47) und (5.46) gilt für je zwei Tensoren Φ^p und Ψ_p

$$\begin{aligned}\{\psi\,\varphi\,\Phi^p, \Psi_p\} &= \{E^n, \varphi\,\Phi^p \wedge \Psi_p\} = (-1)^{p(n-p)}\{E^n, \Psi_p \wedge \varphi\Phi^p\} \\ &= (-1)^{p(n-p)}\{E^n, E_n\}\{\Phi^p, \Psi_p\} = (-1)^{p(n-p)}\{\Phi^p, \Psi_p\}.\end{aligned}$$

Hält man hier Φ^p fest und variiert Ψ_p, so folgt

$$\psi \varphi \Phi^p = (-1)^{p(n-p)} \Phi^p .$$

Die Abbildungen φ und ψ sind somit bis auf einen Vorzeichenfaktor zueinander invers,

$$\psi = (-1)^{p(n-p)} \varphi^{-1} .$$

Die Abbildung φ definiert somit einen Isomorphismus von S^p auf den Raum S_{n-p} und ψ bis auf einen Vorzeichenfaktor den inversen Isomorphismus,

$$S^p \underset{\psi}{\overset{\varphi}{\rightleftarrows}} S_{n-p} .$$

Aus der Gleichung (5.45) folgt noch, daß der zu φ duale Isomorphismus φ^*, der eine lineare Abbildung des Raumes S^{n-p} in den Raum S_p ist, bis aufs Vorzeichen mit φ übereinstimmt; vertauscht man nämlich in (5.45) die Tensoren Φ und Ψ und vergleicht die linken Seiten, so erhält man

$$\{\varphi \Phi^p, \Psi^{n-p}\} = (-1)^{p(n-p)} \{\varphi \Psi^{n-p}, \Phi^p\}$$

und diese Gleichung besagt, daß

$$\varphi^* = (-1)^{p(n-p)} \varphi .$$

Es ist zu beachten, daß der Isomorphismus φ von der Wahl der Determinantenfunktion E_n abhängt. Ersetzt man E_n durch λE_n, so multipliziert sich auch der Isomorphismus φ mit λ. Unter diesen Isomorphismen gibt es keinen ausgezeichneten, da auch unter den Determinantenfunktionen keine vor den anderen ausgezeichnet ist.

5.42. Das duale Produkt gemischter Tensoren. Die Übertragung des dualen Produktes auf gemischte Tensoren bietet keinerlei Schwierigkeiten. Wir gehen, entsprechend wie in 5.37 von einem festen Tensor Φ_q^p aus und betrachten die Abbildung

$$\Psi_l^k \to \Phi_q^p \wedge \Psi_l^k$$

des Raumes S_l^k in den Raum S_{l+q}^{k+p},

$$\varphi: S_l^k \to S_{l+q}^{k+p} .$$

Zu ihr gehört eine duale Abbildung φ^* von S_{k+p}^{l+q} in S_k^l

$$\varphi^*: S_{k+p}^{l+q} \to S_k^l .$$

Nun kann man wieder das duale Produkt der Tensoren X_r^s und Φ_q^p $(s \geq q, r \geq p)$ durch die Gleichung

$$X_r^s \llcorner \Phi_q^p = \varphi^* X_r^s$$

erklären. Dieses hängt mit dem schiefsymmetrischen Produkt durch die Beziehung

$$\{X^s_r \llcorner \Phi^p_q, \Psi^{r-p}_{s-q}\} = \{X^s_r, \Phi^p_q \wedge \Psi^{r-p}_{s-q}\} \tag{5.49}$$

zusammen, die zur Formel (5.36) analog ist. Auch die anderen Formeln von 5.38 lassen sich ohne weiteres auf gemischte Tensoren übertragen, was dem Leser als Aufgabe überlassen werden soll.

5.43. Der Isomorphismus zwischen S^p_q und S^{n-q}_{n-p}. Wir wählen jetzt für den ersten Faktor des dualen Produktes speziell den n-fach kontravarianten und n-fach kovarianten Tensor

$$E(\overset{*}{x}{}^1, \ldots \overset{*}{x}{}^n; x_1, \ldots x_n) = \det\{\overset{*}{x}{}^\mu, x_\nu\}.$$

Dann gilt entsprechend (5.41) die Beziehung

$$\Psi^q_p \wedge (E^n_n \llcorner \Phi^p_q) = \{\Phi^p_q, \Psi^q_p\} E^n_n, \tag{5.50}$$

die man ganz analog beweist.

Durch die Zuordnung

$$\varphi^p_q : \Phi^p_q \to E^n_n \llcorner \Phi^p_q$$

ist eine lineare Abbildung des Raumes S^p_q in den Raum S^{n-q}_{n-p} definiert. Aus (5.49) und (5.50) erhält man entsprechend wie in 5.41 die Beziehungen

$$\{\varphi^p_q \Phi^p_q, \Psi^{n-p}_{n-q}\} = \{E^n_n, \Phi^p_q \wedge \Psi^{n-p}_{n-q}\}$$

und

$$\Psi^p_2 \wedge \varphi^p_2 \Phi^p_2 = \{\Phi^p_q, \Psi^q_p\} E^n_n.$$

Hieraus kann man folgern, daß je zwei Abbildungen φ^p_q und φ^{n-q}_{n-p} bis auf einen Vorzeichenfaktor zueinander invers sind. Bezeichnet nämlich Ψ^q_p einen beliebigen Tensor, so wird

$$\begin{aligned}
\{\varphi^{n-q}_{n-p} \varphi^p_q \Phi^p_q, \Psi^q_p\} &= \{E^n_n, \varphi^p_q \Phi^p_q \wedge \Psi^q_p\} \\
&= (-1)^{p(n-p)+q(n-q)} \{E^n_n, \Psi^q_p \wedge \varphi^p_q \Phi^p_q\} \\
&= (-1)^{p(n-p)+q(n-q)} \{E^n_n, E^n_n\} \{\Phi^p_q, \Psi^p_q\} \\
&= (-1)^{p(n-p)+q(n-q)} \{\Phi^p_q, \Psi^q_p\}
\end{aligned}$$

und hieraus folgt

$$\varphi^{n-q}_{n-p} \varphi^p_q \Phi^p_q = (-1)^{p(n-p)+q(n-q)} \Phi^p_q.$$

Es besteht somit die Beziehung

$$\varphi^{n-q}_{n-p} = (-1)^{p(n-p)+q(n-q)} (\varphi^p_q)^{-1},$$

die besagt, daß die Abbildungen φ^p_q und φ^{n-q}_{n-p} bis auf einen Vorzeichenfaktor zueinander invers sind. Somit definiert φ^p_q einen Isomorphismus von S^p_q auf S^{n-q}_{n-p}.

Man beachte, daß der Isomorphismus φ^p_q im Gegensatz zu den Isomorphismen φ und ψ in 5.41 nicht mehr von einem willkürlichen

Faktor abhängt. Das liegt daran, daß es einen natürlich ausgezeichneten schiefsymmetrischen n-fach kovarianten und n-fach kontravarianten Tensor gibt (nämlich E_n^n), während unter den reinen schiefsymmetrischen Tensoren n-ter Stufe keiner vor den anderen ausgezeichnet ist.

Aufgaben: 1. Es sei E_n eine feste Determinantenfunktion in A und

$$\varphi \Phi^p = E_n \llcorner \Phi^p$$

der zugehörige Isomorphismus von S^p auf S_{n-p}. Dieser führt speziell jede Determinantenfunktion E^n in eine Zahl über. Man zeige, daß diese Zahl gleich dem konstanten Wert ist, den das Produkt $E_n E^n$ auf den dualen Basen annimmt.

2. *Zusammenhang zwischen dem dualen und dem äußeren Produkt*: Im Raume A seien $(n-1)$ feste Vektoren a_ν $(\nu = 1 \ldots n-1)$ gegeben und eine Determinantenfunktion E_n. Dann ist der zu $a_1 \wedge \ldots \wedge a_{n-1}$ duale Tensor ein Vektor des Raumes A^*. Man zeige, daß dies das äußere Produkt der Vektoren a_ν $(\nu = 1 \ldots n-1)$ ist.

3. Der Isomorphismus φ_n^n führt jede Determinantenfunktion E^n im Raume A^* in eine Determinantenfunktion E_n in A über. Man zeige, daß das Produkt $E^n \cdot \varphi_n^n$ gleich dem Tensor

$$E_n^n = \det\{\overset{*}{x}{}^\nu, x_\mu\}$$

ist.

4. Es sei φ eine lineare Selbstabbildung der Ebene und

$$\Phi(x^*, x) = \{x^*, \varphi x\}$$

der entsprechende Tensor. Dann gehört zum dualen Tensor $\varphi_1^1 \Phi$ die Abbildung

$$\psi x = x \operatorname{Sp} \varphi - \varphi x .$$

Beweis!

S_p^p

5. Man zeige, daß im Raume durch die Gleichung

$$(\Phi_p^p, \Psi_p^p) = \{\varphi_p^p \Phi_p^p, \Psi_p^p\}$$

eine symmetrische Bilinearfunktion definiert ist. Man setze insbesondere $p = q = 1$ und berechne $\{\Phi_1^1, \Psi_1^1\}$ aus den Komponenten der Tensoren Φ und Ψ. Ferner zeige man, daß

$$(\Phi \Psi) = \operatorname{Sp}(\varphi \psi) - \operatorname{Sp} \varphi \cdot \operatorname{Sp} \psi ,$$

wobei φ und ψ die entsprechenden Selbstabbildungen bezeichnen.

6. Man zeige, daß einem kovarianten Tensor Φ $(n-1)$-ter Stufe mittels des Isomorphismus φ_{n-1}^0 der Tensor

$$\Psi(x^*, x_1, \ldots x_n) = \sum_\nu (-1)^\nu \Phi(x_1 \ldots x_{\nu-1}, x_{\nu+1} \ldots x_n)\{x^*, x_\nu\}$$

entspricht.

7. Man zeige, daß man den Produkttensor $X_r^s \llcorner \Phi_q^p$ erhält, indem man das gewöhnliche Produkt über die $(p+q)$ Indexpaare

$$(\overset{*}{x}^1, x_{r+1}), \ldots (\overset{*}{x}^q, x_{r+q}) \quad \text{und} \quad (\overset{*}{x}^{s+1}, x_1), \ldots (\overset{*}{x}^{s+p}\, x_p)$$

verjüngt und durch den Faktor $p!\, q!$ dividiert.

8. Es seien $\nu_1 \ldots \nu_p$ $(\nu_1 < \nu_2 < \ldots < \nu_p)$ p Zahlen zwischen 1 und n und $\nu_{p+1}, \ldots \nu_n$ $(\nu_{p+1} < \nu_{p+2} < \ldots < \nu_n)$ die $(n-p)$ restlichen. Dann gilt

$$\overset{*}{e}^1 \wedge \ldots \wedge \overset{*}{e}^n \llcorner e_{\nu_1} \wedge \ldots \wedge e_{\nu_p} = (-1)^{J(\nu_1 \ldots \nu_p)}\, \overset{*}{e}^{\nu_{p+1}} \wedge \ldots \wedge \overset{*}{e}^{\nu_n},$$

wobei

$$J(\nu_1 \ldots \nu_p) = \sum_j \nu_j - \frac{p(p+1)}{2}.$$

9. Man beweise den *Laplaceschen Entwicklungssatz* einer Determinante: Es bezeichne $A_{\nu_1 \ldots \nu_p}$ $(\nu_1 < \nu_2 < \ldots < \nu_p)$ diejenige Unterdeterminante der Matrix a_i^k, die aus den ersten p Zeilen und den Spalten der Nummern $(\nu_1, \ldots \nu_p)$ gebildet ist und $B^{\nu_{p+1} \ldots \nu_n}$ $(\nu_{p+1} < \ldots < \nu_n)$ die Determinante aus den letzten $(n-p)$ Zeilen und den Spalten $(\nu_{p+1} \ldots \nu_n)$. Dann gilt die Entwicklung

$$\det a_i^k = \sum_{<} (-1)^{J(\nu_1 \ldots \nu_p)} A_{\nu_1 \ldots \nu_p} B^{\nu_{p+1} \ldots \nu_n},$$

wobei jeweils $(\nu_{p+1} \ldots \nu_n)$ diejenigen $(n-p)$ Zahlen bezeichnen, die von $(\nu_1 \ldots \nu_p)$ verschieden sind.

Anleitung: Man gehe von der Formel

$$(E_n \llcorner \Phi^p, \Psi^{n-p}) = \{E_n, \Phi^p \wedge \Psi^{n-p}\}$$

aus und setze für Φ^p und Ψ^{n-p} je ein schiefsymmetrisches Produkt von Vektoren ein.

10. Sind Φ_p, Ψ^q und X^r drei beliebige Tensoren, so sind die Produkte $\Psi^q \wedge (X^r \llcorner \Phi_p)$ und $(\Psi^q \llcorner \Phi_p) \wedge X^r$ $(p \leqq q, p \leqq r)$ beide $(r-p+q)$-fach kontravarianter Tensoren. Man zeige an einem Beispiel, daß diese Tensoren jedoch im allgemeinen nicht übereinstimmen.

§ 8. Geometrische Deutung der schiefsymmetrischen Produkte

5.44. Jeder schiefsymmetrische kontravariante Tensor Φ p-ter Stufe bestimmt in folgender Weise einen Unterraum U_Φ^* von A^*: Man betrachte die Gesamtheit aller Vektoren $\overset{*}{x}^1$, für die

$$\Phi(\overset{*}{x}^1, \overset{*}{x}^2, \ldots \overset{*}{x}^p) = 0$$

identisch in $\overset{*}{x}^2, \ldots \overset{*}{x}^p$. Der Tensor Φ sei jetzt speziell ein schiefsymmetrisches Produkt von p linear unabhängigen Vektoren

$$\Phi = a_1 \wedge \ldots \wedge a_p.$$

Bezeichnet U den von diesen Vektoren erzeugten Unterraum, so ist U_Φ^*, behaupten wir, das orthogonale Komplement von U. Nach Voraussetzung ist die multilineare Funktion Φ durch die Determinante

$$\Phi(\overset{*}{x}{}^1, \ldots \overset{*}{x}{}^p) = \det\{\overset{*}{x}{}^\varkappa, a_\lambda\} \tag{5.51}$$

gegeben. Steht hier der Vektor $\overset{*}{x}{}^1$ auf den Vektoren a_λ $(\lambda = 1 \ldots p)$ orthogonal, so wird

$$\Phi(\overset{*}{x}{}^1, \overset{*}{x}{}^2 \ldots \overset{*}{x}{}^p) = 0, \tag{5.52}$$

und zwar identisch in $\overset{*}{x}{}^2, \ldots \overset{*}{x}{}^p$. Umgekehrt muß aber auch jeder Vektor $\overset{*}{x}{}^1$, für den dies gilt, auf den Vektoren a_λ $(\lambda = 1 \ldots p)$ orthogonal stehen. Um dies zu zeigen, wählen wir im dualen Raum A^* p Vektoren $\overset{*}{a}{}^\varkappa$ $(\varkappa = 1 \ldots p)$ so, daß

$$\{\overset{*}{a}{}^\varkappa, a_\lambda\} = \delta_\lambda^\varkappa,$$

was wegen der linearen Unabhängigkeit der a_λ möglich ist. Nach Voraussetzung gilt (5.52) identisch in $\overset{*}{x}{}^2, \ldots \overset{*}{x}{}^p$ und somit folgt für jedes i $(i = 1, \ldots p)$

$$\Phi(\overset{*}{x}{}^1, a^{*1}, \ldots \overset{*}{a}{}^{i-1}, \overset{*}{a}{}^{i+1}, \ldots \overset{*}{a}{}^p) = 0.$$

Nun ist aber

$$\begin{aligned}\Phi(\overset{*}{x}{}^1, \overset{*}{a}{}^1, \ldots \overset{*}{a}{}^{i-1}, \overset{*}{a}{}^{i+1}, \ldots \overset{*}{a}{}^p)\\ &= \{a_1 \wedge \ldots \wedge a_p, \overset{*}{x}{}^1 \wedge \overset{*}{a}{}^1 \wedge \ldots \wedge \overset{*}{a}{}^{i-1} \wedge \overset{*}{a}{}^{i+1} \wedge \ldots \wedge \overset{*}{a}{}^p\}\\ &= (-1)^{i-1}\{\overset{*}{x}{}^1, a_i\}\end{aligned}$$

(vgl. § 6, Aufgabe 3) und somit folgt

$$\{\overset{*}{x}{}^1, a_i\} = 0 \qquad (i = 1 \ldots p),$$

d. h. der Vektor $\overset{*}{x}{}^1$ steht auf dem Raume U orthogonal. Damit ist unsere Behauptung bewiesen.

5.45. Darstellbarkeit als schiefsymmetrisches Produkt. Wir wenden uns jetzt der Frage zu, wann ein schiefsymmetrischer Tensor Φ als schiefsymmetrisches Produkt von p Vektoren darstellbar ist. Nach (5.44) ist hierfür jedenfalls notwendig, daß der Raum U_Φ^* die Dimension $n - p$ hat. Wir zeigen jetzt, daß hiervon auch die Umkehrung gilt.

Es sei also Φ ein p-fach kontravarianter schiefsymmetrischer Tensor und der Raum U_Φ^* habe die Dimension $n - p$. Dann ergänzen wir ihn durch einen zweiten direkten Summanden V^* zum ganzen Raum A^*,

$$A^* = U_\Phi^* \oplus V^*$$

Der Raum V^* hat dann die Dimension p; beschränkt man nun die Argumente von Φ auf den Unterraum V^*, so muß dieser Tensor in der Form

$$\Phi(\overset{*}{z}{}^1, \ldots \overset{*}{z}{}^p) = \det\{\overset{*}{z}{}^\varkappa, a_\lambda\} \tag{5.53}$$

darstellbar sein, wobei die Vektoren a_λ $(\lambda = 1 \ldots p)$ in dem zu V^* dualen Unterraum von A liegen; das ist aber das orthogonale Komplement von U_Φ^*.

Die Darstellung (5.53) gilt nun aber nicht nur in V^*, sondern im ganzen Raum A^*. Sind nämlich $\overset{*}{x}{}^\lambda$ $(\lambda = 1 \ldots p)$ p beliebige Vektoren aus A^*, so kann man diese in der Form

$$\overset{*}{x}{}^\lambda = \overset{*}{y}{}^\lambda + \overset{*}{z}{}^\lambda \qquad (\lambda = 1 \ldots p)$$

zerlegen, wobei $\overset{*}{y}{}^\lambda$ in U_Φ^* und $\overset{*}{z}{}^\lambda$ in V^* liegt. Dann gilt

$$\Phi(\overset{*}{x}{}^1, \ldots \overset{*}{x}{}^p) = \Phi(\overset{*}{z}{}^1, \ldots \overset{*}{z}{}^p) \tag{5.54}$$

und andererseits, da die a_λ im orthogonalen Komplement von U_Φ^* liegen,

$$\{\overset{*}{y}{}^\varkappa, a_\lambda\} = 0 \qquad (\varkappa, \lambda = 1 \ldots p)$$

und daher

$$\{\overset{*}{x}{}^\varkappa, a_\lambda\} = \{\overset{*}{z}{}^\varkappa, a_\lambda\}\,. \tag{5.55}$$

Aus den Gleichungen (5.53), (5.54), (5.55) erhält man

$$\Phi(\overset{*}{x}{}^1, \ldots x^p) = \det\{\overset{*}{x}{}^\varkappa, a_\lambda\}$$

oder anders geschrieben,

$$\Phi = a_1 \wedge \ldots \wedge a_p\,.$$

Damit ist folgendes Kriterium bewiesen: *Ein schiefsymmetrischer Tensor Φ p-ter Stufe ist genau dann als schiefsymmetrisches Produkt von p Vektoren darstellbar, wenn der Unterraum U_Φ^* die Dimension $n - p$ hat.*

5.46. Eindeutigkeit der Darstellung. Wir nehmen jetzt an, der Tensor Φ^p sei auf zwei Arten als schiefsymmetrisches Produkt dargestellt,

$$\Phi^p = a_1 \wedge \ldots \wedge a_p\,, \quad \Phi^p = b_1 \wedge \ldots \wedge b_p \qquad (\Phi^p \neq 0)\,.$$

Bezeichnet U bzw. V den von den a_λ bzw. b_λ $(\lambda = 1 \ldots p)$ erzeugten Unterraum, so muß der Raum $U_{\Phi^p}^*$ sowohl das orthogonale Komplement von U als auch das von V sein. Diese orthogonalen Komplemente stimmen daher überein und damit auch die Unterräume U und V. Somit müssen die Vektoren b_λ lineare Kombinationen der $a_\varkappa$ sein,

$$b_\lambda = \sum_\varkappa \alpha_\lambda^\varkappa a_\varkappa\,.$$

Setzt man dies in die Gleichung

$$a_1 \wedge \ldots \wedge a_p = b_1 \wedge \ldots \wedge b_p$$

ein, so folgt

$$a_1 \wedge \ldots \wedge a_p = \det(\alpha_\lambda^\varkappa)\, a_1 \wedge \ldots \wedge a_p$$

und hieraus

$$\det(\alpha_\lambda^\varkappa) = 1 .$$

Damit ist bewiesen, daß die beiden obigen schiefsymmetrischen Produkte genau dann denselben Tensor darstellen, wenn die Vektoren b_λ und a_λ durch eine Matrix mit der Determinante eins zusammenhängen.

5.47. Geometrische Deutung des dualen Isomorphismus. Die in 5.41 eingeführte lineare Abbildung φ führt jeden kontravarianten Tensor Φ^p in einen kovarianten Tensor Ψ_{n-p} über. Wir setzen jetzt für Φ^p speziell ein schiefsymmetrisches Produkt ein,

$$\Phi^p = a_1 \wedge \ldots \wedge a_p$$

und betrachten den Bildtensor

$$\Psi_{n-p} = \overset{*}{e}{}^1 \wedge \ldots \wedge \overset{*}{e}{}^n \llcorner a_1 \wedge \ldots \wedge a_p .$$

Es wird sich zeigen, daß dieser wieder ein schiefsymmetrisches Produkt ist. Es bezeichne U den von den Vektoren a_λ $(\lambda = 1 \ldots p)$ erzeugten Unterraum. Wir zeigen zunächst, daß der Raum U_Ψ (vgl. 5.44) mit U zusammenfällt. Dazu gehen wir von der Beziehung

$$\begin{aligned} \{\Psi_{n-p}, x_{p+1} \wedge \ldots \wedge x_n\} &= \{\overset{*}{e}{}^1 \wedge \ldots \wedge \overset{*}{e}{}^n \llcorner a_1 \wedge \ldots \wedge a_p, x_{p+1} \wedge \ldots \wedge x_n\} \\ &= \{\overset{*}{e}{}^1 \wedge \ldots \wedge \overset{*}{e}{}^n, a_1 \wedge \ldots \wedge a_p \wedge x_{p+1} \wedge \ldots \wedge x_n\} \end{aligned}$$

aus, die man auch in der Form

$$\begin{aligned} \Psi(x_{p+1}, \ldots x_n) \\ = \{\overset{*}{e}{}^1 \wedge \ldots \wedge \overset{*}{e}{}^n, a_1 \wedge \ldots \wedge a_p \wedge x_{p+1} \wedge \ldots \wedge x_n\} \end{aligned}$$

schreiben kann (vgl. § 6, Aufgabe 3). Setzt man hier für x_{p+1} speziell eine Linearkombination der Vektoren a_λ $(\lambda = 1 \ldots p)$ ein, so verschwindet die rechte Seite und es folgt

$$\Psi(x_{p+1}, \ldots x_n) = 0$$

und zwar identisch in $x_{p+2}, \ldots x_n$. Dies besagt, daß U in U_Ψ enthalten ist. Um jetzt noch das Umgekehrte zu zeigen, sei a_{p+1} ein fester Vektor von U_Ψ. Dann gilt

$$\{\overset{*}{e}{}^1 \wedge \ldots \wedge \overset{*}{e}{}^n, a_1 \wedge \ldots \wedge a_p \wedge a_{p+1} \wedge x_{p+2} \wedge \ldots \wedge x_n\} = 0$$

identisch in $x_{p+2}, \ldots x_n$. Das ist aber nur möglich, wenn a_{p+1} eine Linearkombination der Vektoren a_λ $(\lambda = 1 \ldots p)$ ist; wären nämlich die Vektoren $(a_1, \ldots a_{p+1})$ linear unabhängig, so kann man sie zu einer

Basis $(a_1, \ldots a_n)$ des Raumes A ergänzen und dann wird

$$\{\overset{*}{e}^1 \wedge \ldots \wedge \overset{*}{e}^n, a_1 \wedge \ldots \wedge a_n\} \neq 0.$$

Der Vektor a_{p+1} ist somit in U enthalten und da dieser in U_Ψ beliebig gewählt war, muß dasselbe für U_Ψ gelten. Der Unterraum U_Ψ stimmt somit, wie behauptet mit U überein und hat daher die Dimension p. Nach dem Kriterium von 5.45 ist Ψ somit in der Form

$$\Psi = \overset{*}{a}^{p+1} \wedge \ldots \wedge \overset{*}{a}^n$$

darstellbar. Dabei müssen die Vektoren $\overset{*}{a}^\varkappa$ $(\varkappa = p + 1 \ldots n)$ auf dem Unterraum U orthogonal stehen; denn der von den $\overset{*}{a}^\varkappa$ erzeugte Unterraum ist nach 5.44 das orthogonale Komplement von U_Ψ und somit auch das von U. Somit bilden die Vektoren $\overset{*}{a}^\varkappa$ eine Basis des orthogonalen Komplementes von U.

Aus dem Eindeutigkeitssatz 5.46 ergibt sich noch, daß die Vektoren $\overset{*}{a}^\varkappa$ $(\varkappa = p + 1 \ldots n)$ bis auf eine Transformation mit der Determinante eins bestimmt sind.

Aufgabe: Es seien $\overset{*}{y}^\varrho$ $(\varrho = 1 \ldots r)$ linear unabhängige Vektoren des Raumes A^* und x_λ $(\lambda = 1 \ldots p)$ p linear unabhängige Vektoren von A, wobei $p \leqq r$. V^* bzw. U seien die von den $\overset{*}{y}^\varrho$ bzw. x_λ erzeugten Unterräume von A^* bzw. A. Wenn dann der Durchschnitt $U V^{*\perp}$ nur aus dem Nullvektor besteht, gilt

$$\overset{*}{y}^1 \wedge \ldots \wedge \overset{*}{y}^r \llcorner x_1 \wedge \ldots \wedge x_p = \overset{*}{z}^{p+1} \wedge \ldots \wedge \overset{*}{z}^r,$$

wobei die Vektoren $\overset{*}{z}^{p+1}, \ldots \overset{*}{z}^r$ eine Basis des Durchschnittes $V^* U^\perp$ bilden. Enthält dagegen $U V^{*\perp}$ von Null verschiedene Vektoren, so ist

$$\overset{*}{y}^1 \wedge \ldots \wedge y^r \llcorner x_1 \wedge \ldots \wedge x_p = 0.$$

Sechstes Kapitel

Der Euklidische Raum

Die bisher eingeführten Begriffe stützen sich allein auf die lineare Struktur des zugrunde gelegten Raumes. Metrische Begriffe, wie Länge und Winkel haben in einem solchen Raum zunächst keinen Sinn. Sie erhalten erst dann einen Inhalt, wenn man in dem linearen Raum ein skalares Produkt einführt. Die Möglichkeit, ein skalares Produkt einzuführen, hängt von dem Koeffizientenkörper Λ ab. Sie ist insbesondere gegeben, wenn Λ der Körper der reellen Zahlen ist, d. h. wenn es sich um einen reellen linearen Raum handelt. Einen reellen linearen Raum mit einem skalaren Produkt nennt man einen *Euklidischen Raum*. Im vorliegenden Kapitel werden Euklidische Räume untersucht.

Entsprechende Begriffe für komplexe lineare Räume werden im X. Kapitel eingeführt.

§ 1. Das skalare Produkt

6.1. Es sei A ein n-dimensionaler reeller linearer Raum; in A sei eine bilineare Funktion gegeben, die wir mit (x, y) bezeichnen und die folgende Eigenschaften haben soll:

1. Sie ist symmetrisch,

$$(x, y) = (y, x)$$

2. Sie ist *positiv definit*, d. h. es ist immer $(x, x) \geqq 0$ und das Gleichheitszeichen steht nur für den Nullvektor.

Die Zahl (x, y) heißt das *skalare Produkt* der Vektoren x und y. Die Definitheit besagt, daß das skalare Produkt eines Vektors mit sich selbst nicht negativ ist und für $x \neq 0$ sogar positiv. Die positive Quadratwurzel daraus heißt die *Norm* oder die *Länge* des Vektors x, in Zeichen

$$|x| = \sqrt{(x, x)}\,.$$

Ein Vektor der Länge 1 heißt ein *Einheitsvektor*. Unter der *Sphäre* vom Radius r $(r > 0)$ versteht man die Gesamtheit aller Vektoren der Länge r.

Das Skalarprodukt (x, y) kann durch die Normen der Vektoren x, y und $x + y$ ausgedrückt werden. Aus der Bilinearität und der Symmetrie ergibt sich nämlich

$$|x + y|^2 = |x|^2 + 2\,(x, y) + |y|^2$$

und hieraus

$$(x, y) = \tfrac{1}{2}\,\{|x + y|^2 - |x|^2 - |y|^2\}\,.$$

Wenn man also die Normen aller Vektoren kennt, sind auch die Skalarprodukte bestimmt.

Ein Unterraum U eines Euklidischen Raumes ist selbst ein Euklidischer. Zwei Vektoren x und y heißen zueinander *orthogonal*, wenn ihr Skalarprodukt verschwindet,

$$(x, y) = 0\,.$$

Ein System von p paarweise orthogonalen und von Null verschiedenen Vektoren x_ν ist linear unabhängig; aus der Gleichung

$$\sum_\nu \lambda^\nu x_\nu = 0$$

folgt nämlich, wenn man das Skalarprodukt mit einem festen Vektor x_i bildet,

$$\lambda^i\,(x_i, x_i) = 0 \qquad (i = 1 \ldots p)$$

und hieraus, da nach Voraussetzung $x_i \neq 0$ und damit $(x_i, x_i) \neq 0$,

$$\lambda^i = 0 \qquad (i = 1 \ldots p).$$

6.2. Schwarzsche Ungleichung. Für je zwei Vektoren eines Euklidischen Raumes gilt die *Schwarzsche Ungleichung*

$$(x, y)^2 \leqq |x|^2 \, |y|^2 \, . \tag{6.1}$$

Zum Beweis können wir $y \neq 0$ annehmen, denn sonst verschwinden beide Seiten von (6.1). Dann zerlegen wir den Vektor x in der Form

$$x = \lambda y + z \tag{6.2}$$

und suchen den Faktor λ so zu bestimmen, daß z zu y orthogonal wird (Abb. 1). Das ergibt die Gleichung

$$(x, y) = \lambda (y, y) \, ,$$

aus der man λ wegen $y \neq 0$ berechnen kann,

$$\lambda = \frac{(x, y)}{(y, y)} \, . \tag{6.3}$$

Geht man nun in der Zerlegung (6.2) zur Norm über, so folgt

$$|x|^2 = \lambda^2 \, |y|^2 + |z|^2$$

und hieraus, da $|z|^2 \geqq 0$,

$$|x|^2 \geqq \lambda^2 \, |y|^2 .$$

Setzt man hier für λ nach (6.3) ein und multipliziert noch mit $|y|^2$, so erhält man die Ungleichung (6.1). Aus dem Beweis ist ersichtlich, daß das Gleichheitszeichen in (6.1) im Falle $y \neq 0$ genau dann steht, wenn $z = 0$, also $x = \lambda y$. Berücksichtigt man noch den Fall $y = 0$, so kann man sagen, daß das Gleichheitszeichen in (6.1) genau dann steht, wenn die Vektoren x und y linear abhängig sind.

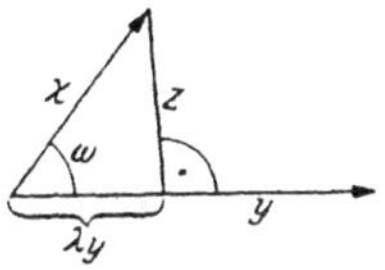

Abb. 1

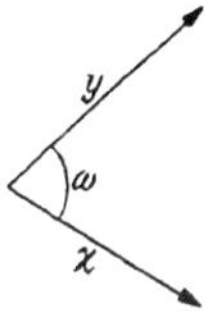

Abb. 2

6.3. Winkel. Die Vektoren x und y seien jetzt beide von Null verschieden. Dann kann man die Schwarzsche Ungleichung in der Form

$$-1 \leqq \frac{(x, y)}{|x| \, |y|} \leqq 1$$

schreiben. Es gibt somit genau eine Zahl ω im Intervall $0 \leqq \omega \leqq \pi$, so daß

$$\cos \omega = \frac{(x, y)}{|x| \, |y|} \, . \tag{6.4}$$

Diese wird als der von x und y *eingeschlossene Winkel* erklärt (Abb. 2). Der Winkel ist in bezug auf x und y symmetrisch,

$$\omega (x, y) = \omega (y, x) \, .$$

Sind die Vektoren x und y orthogonal, so wird $\cos\omega = 0$ und damit $\omega = \frac{\pi}{2}$. Sind sie linear abhängig,

$$y = \lambda x\,, \qquad (\lambda \neq 0)$$

so wird

$$\cos\omega = \frac{\lambda}{|\lambda|} = \begin{cases} +1 \text{ für } \lambda > 0 \\ -1 \text{ für } \lambda < 0\,, \end{cases}$$

also $\omega = 0$ oder $\omega = \pi$ je nachdem die Vektoren gleich oder entgegengesetzt gerichtet sind.

Zerlegt man den Vektor x wie in (6.2) in der Form

$$x = \lambda y + z\,,$$

wobei z zu y orthogonal ist, so kann man die Gleichung (6.4) in der Form

$$\cos\omega = \frac{\lambda |y|}{|x|}$$

schreiben. Sie drückt dann die elementargeometrische Definition der Cosinusfunktion aus, wonach der Cosinus des Winkels ω gleich dem Verhältnis aus anliegender Kathede und Hypotenuse eines rechtwinkligen Dreiecks ist (vgl. Abb. 1).

6.4. Cosinussatz. Drückt man in der Gleichung

$$|x - y|^2 = |x|^2 + |y|^2 - 2(x, y)$$

das Skalarprodukt durch den Winkel aus, so erhält man den *Cosinussatz*

$$|x - y|^2 = |x|^2 + |y|^2 - 2\,|x|\,|y| \cos\omega\,.$$

Nach diesem kann man aus den drei Seitenlängen eines Dreiecks die Winkel berechnen. Sind die Vektoren x und y insbesondere orthogonal, so wird $\cos\omega = 0$ und der Cosinussatz geht in den *Pythagoräischen Lehrsatz*

$$|x - y|^2 = |x|^2 + |y|^2.$$

über.

6.5. Die Minkowskische Ungleichung. Aus der Schwarzschen Ungleichung folgt

$$|x + y|^2 = |x|^2 + 2(x, y) + |y|^2 \leqq |x|^2 + 2\,|x|\,|y| + |y|^2 = (|x| + |y|)^2$$

und wenn man hier die Wurzel zieht,

$$|x + y| \leqq |x| + |y|\,.$$

Dies ist die *Minkowskische Ungleichung*; sie besagt, daß die Länge des Summenvektors $x + y$ höchstens gleich der Summe der Längen von x und y ist. Steht insbesondere das Gleichheitszeichen, gilt also

$$|x + y| = |x| + |y|\,,$$

so folgt durch Quadrieren

$$(x, y) = |x|\,|y|\,, \tag{6.5}$$

d. h. dann geht auch die Schwarzsche Ungleichung in eine Gleichung über; dies ist aber nur möglich, wenn die Vektoren x und y linear abhängig sind. Es ist also entweder $y = 0$, was wir als trivialen Fall ausschließen können oder $x = \lambda y$. Setzt man dies in die Ungleichung (6.5) ein und läßt den positiven Faktor (x, x) weg, so folgt

$$\lambda = |\lambda|\,,$$

d. h. der Faktor λ muß nichtnegativ sein. Die Minkowskische Ungleichung geht also genau dann in eine Gleichung über, wenn sich die Vektoren um einen nichtnegativen Faktor unterscheiden. Dies bedeutet geometrisch, daß sie nicht nur linear abhängig, sondern auch gleichgerichtet sind.

6.6. Metrik im Euklidischen Raum. Wir erklären jetzt die *Entfernung* $\varrho\,(x, y)$ zweier Vektoren x und y durch die Norm der Differenz $(x - y)$,

$$\varrho\,(x, y) = |x - y|\,.$$

Damit ist je zwei verschiedenen Vektoren des Raumes A eine positive Entfernung zugeordnet. Sind x_1, x_2, x_3 drei beliebige Vektoren, so erhält man aus der Minkowskischen Ungleichung

$$|x_1 - x_2| \leqq |x_1 - x_3| + |x_3 - x_2|\,. \tag{6.6}$$

Diese Ungleichung besagt, daß in einem ,,Dreieck" jede Seite höchstens so lang ist als die Summe der beiden anderen und heißt daher die *Dreiecksungleichung*.

6.7. Zusammenhang mit den dualen Räumen. Bereits in Kap. II, § 5 wurde ein Skalarprodukt eingeführt, dort aber zwischen den Vektoren zweier verschiedener Räume A und A^*. Das Skalarprodukt eines Euklidischen Raumes kann als Spezialfall hiervon aufgefaßt werden, indem man A^* mit A zusammenfallen läßt. Tatsächlich sind die Bedingungen I und II von (2.26) erfüllt; die erste bedeutet die Bilinearität und die zweite ergibt sich aus der Definitheit: Ist $(a, y) = 0$ für einen festen Vektor a und alle y, so gilt insbesondere $(a, a) = 0$ und hieraus folgt $a = 0$. Ebenso ist die Gleichung $(x, a) = 0$ für ein festes a und alle x nur für $a = 0$ möglich.

Ein Euklidischer Raum kann also als zu sich selbst dual betrachtet werden.

6.8. Orthogonales Komplement. Die bereits in 6.1 definierte Orthogonalität zweier Vektoren eines Euklidischen Raumes stimmt mit der Orthogonalität im dualen Sinne überein. Somit gehört zu jedem r-dimensionalen Unterraum U von A ein $(n - r)$-dimensionales orthogonales Komplement $U^\perp$, das selbst wieder ein Unterraum von A ist.

Der Durchschnitt $U \cap U^\perp$ besteht nur aus dem Nullvektor, denn für jeden Vektor dieses Durchschnittes gilt $(x, x) = 0$ und das ist wegen der Definitheit nur für $x = 0$ möglich. Der Verbindungsraum $U + U^\perp$ besteht somit aus dem ganzen Raume A und man hat die direkte Zerlegung

$$A = U \oplus U^\perp.$$

Danach ist jeder Vektor x von A eindeutig in der Form

$$x = p + h$$

darstellbar, wobei p in U liegt und h auf U orthogonal steht; p heißt die *Projektion* des Vektors x in den Unterraum U. Geht man in dieser Zerlegung zur Norm über, so folgt

$$|x|^2 = |p|^2 + |h|^2$$

Aufgabe: Man betrachte zu einem gegebenen Unterraum U alle möglichen Zerlegungen eines festen Vektors

$$x = x_1 + x_2,$$

wobei x_1 in U liegt und zeige, daß die Zerlegung $x = p + h$ diejenige ist, für welche der Betrag von x_2 ein Minimum wird.

§ 2. Weitere Eigenschaften des Euklidischen Raumes

6.9. Wählt man in einem Euklidischen Raum A eine Basis x_ν $(\nu = 1 \ldots n)$ so bestimmen die Skalarprodukte der Basisvektoren eine n-reihige quadratische Matrix

$$g_{\nu\mu} = (x_\nu, x_\mu).$$

Dies ist wegen der Symmetrie des Skalarproduktes ebenfalls symmetrisch,

$$g_{\nu\mu} = g_{\mu\nu}.$$

Das Skalarprodukt zweier Vektoren

$$x = \sum_\nu \xi^\nu x_\nu \quad \text{und} \quad y = \sum_\nu \eta^\nu x_\nu$$

drückt sich dann als Bilinearform in den Komponenten aus,

$$(x, y) = \sum_{\nu,\mu} \xi^\nu \eta^\mu (x_\nu, x_\mu) = \sum_{\nu,\mu} g_{\nu\mu} \xi^\nu \eta^\mu.$$

Setzt man hier $y = x$, so erhält man für das Quadrat der Länge von x eine *quadratische Form*

$$(x, x) = \sum_{\nu,\mu} g_{\nu\mu} \xi^\nu \xi^\mu. \tag{6.7}$$

Wegen der Definitheit des skalaren Produktes gilt

$$\sum_{\nu,\mu} g_{\nu\mu} \xi^\nu \xi^\mu \geqq 0$$

und das Gleichheitszeichen steht nur, wenn alle Komponenten verschwinden. Eine derartige quadratische Form heißt *positiv definit.*

In einen reellen linearen Raum kann man immer ein skalares Produkt einführen; man wähle eine Basis x_ν $(\nu = 1 \ldots n)$ und setze $(x, y) = \sum\limits_\nu \xi^\nu \eta^\nu$ Diese Bilinearfunktion ist positiv definit, denn es ist $(x, x) = \sum\limits_\nu \xi^\nu \xi^\nu$ und das ist als Summe von Quadraten nicht negativ und nur dann gleich Null, wenn alle Komponenten verschwinden. Und das Gleichheitszeichen steht nur, wenn alle Koeffizienten verschwinden, also wenn $x = 0$.

6.10. Orthogonale Basen. Eine Basis x_ν $(\nu = 1 \ldots n)$ des Euklidischen Raumes A heißt *orthonormiert*, wenn die Vektoren x_ν die Länge eins haben und paarweise orthogonal sind. Diese beiden Eigenschaften kann man mit Hilfe des Kroneckerschen Symbols in die Gleichungen

$$(x_\nu, x_\mu) = \delta_{\nu\mu}$$

zusammenfassen. Faßt man den Euklidischen Raum A als seinen eigenen dualen auf, so sind die orthonormierten Basen diejenigen, die zu sich selbst dual sind.

Für das Skalarprodukt zweier Vektoren

$$x = \sum_\nu \xi^\nu x_\nu \quad \text{und} \quad y = \sum_\nu \eta^\nu x_\nu$$

erhält man in einer orthonormierten Basis den Ausdruck

$$(x, y) = \sum_\nu \xi^\nu \eta^\nu$$

und hieraus folgt, wenn man $y = x$ setzt, für die Norm

$$(x, x) = \sum_\nu \xi^\nu \xi^\nu .$$

Die Komponenten eines Vektors x in bezug auf eine orthonormierte Basis erhält man, wenn man die Gleichung

$$x = \sum_\nu \xi^\nu x_\nu$$

skalar mit den Basisvektoren multipliziert. Dann ergibt sich

$$\xi^\nu = (x, x_\nu) = |x| \cdot \cos\alpha_\nu ,$$

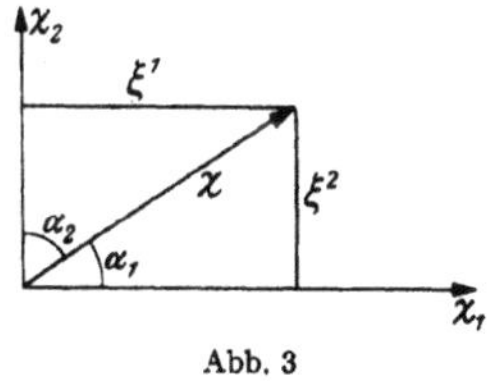

Abb. 3

wobei α_ν den Winkel zwischen x und x_ν bezeichnet. Für einen Einheitsvektor lautet die Gleichung

$$\xi^\nu = \cos\alpha_\nu .$$

Man nennt die n Zahlen $\cos\alpha_\nu$ auch die *Richtungscosinusse* des Vektors x $(x \neq 0)$ (Abb. 3).

6.11. Schmidtsches Orthogonalisierungverfahren. Um in einem gegebenen Euklidischen Raum eine orthonormierte Basis zu konstruieren, gehen wir von einer beliebigen Basis u_ν $(\nu = 1 \ldots n)$ aus und definieren schrittweise eine neue Basis v_ν. Wir setzen

$$v_1 = u_1$$

und

$$v_2 = u_2 + \alpha u_1 ,$$

wobei α so zu bestimmen ist, daß v_2 zu v_1 orthogonal wird. Das gibt die Gleichung

$$\alpha (v_1, v_1) = -(u_2, v_1) ,$$

die wegen $v_1 \neq 0$ nach α aufgelöst werden kann. Der so erhaltene Vektor v_2 ist von Null verschieden, denn sonst waren die Vektoren u_1 und u_2 linear abhängig. Nun setze man

$$v_3 = u_3 + \beta v_1 + \gamma v_2$$

und bestimme die Koeffizienten β und γ so, daß v_3 zu v_1 und v_2 orthogonal wird. So erhält man die Gleichungen

$$\beta (v_1, v_1) = -(u_3, v_1)$$
$$\gamma (v_2, v_2) = -(u_3, v_2)$$

die nach β bzw. γ aufgelöst werden können. Der so bestimmte Vektor v_3 ist wieder von Null verschieden, denn sonst wäre u_3 eine Linearkombination von v_1 und v_2 und damit auch von u_1 und u_2.

Indem man dieses Verfahren fortsetzt, erhält man schließlich ein System von n paarweise orthogonalen Vektoren v_ν $(\nu = 1 \ldots n)$, die man noch auf die Länge eins normieren kann. Diese bilden dann eine orthonormierte Basis.

6.12. Orthogonale Transformationen. Es soll jetzt der Zusammenhang zweier orthogonaler Basen untersucht werden. Es seien x_ν und $\bar{x}_\nu$ $(\nu = 1 \ldots n)$ zwei solcher Basen und

$$\bar{x}_\nu = \sum_\mu \alpha_\nu^\mu x_\mu \tag{6.8}$$

die zugehörige Transformation. Nach Voraussetzung gilt

$$(x_\nu, x_\mu) = \delta_{\nu\mu} \tag{6.9}$$

und

$$(\bar{x}_\nu, \bar{x}_\mu) = \delta_{\nu\mu} \tag{6.10}$$

und hieraus erhält man für die Matrix α_ν^μ die Bedingungen

$$\sum_\lambda \alpha_\nu^\lambda \alpha_\mu^\lambda = \delta_{\nu\mu} . \tag{6.11}$$

Eine solche Matrix heißt *orthogonal*. Je zwei orthonormierte Basen hängen also mittels einer orthogonalen Matrix zusammen. Umgekehrt führt eine orthogonale Matrix eine orthonormierte Basis wieder in eine solche über, denn aus (6.9) und (6.11) folgt (6.10).

Die Beziehungen (6.11) besagen, daß das Produkt einer orthogonalen Matrix mit ihrer Transponierten gleich der Einheitsmatrix ist, m. a. W. die Transponierte einer orthogonalen Matrix ist gleich der Inversen.

6.13. Determinantenfunktionen im Euklidischen Raum. In Kap. III, § 1 wurde der Begriff der Determinantenfunktion in einem linearen Raum eingeführt. Dort hat sich gezeigt, daß sich je zwei solche Funktionen nur um einen konstanten Faktor unterscheiden; unter diesen Funktionen ist keine in natürlicher Weise von den anderen ausgezeichnet. Wenn dagegen im Raume A ein Skalarprodukt definiert ist, kann man die Determinantenfunktion Δ in bestimmter Art normieren, wie jetzt gezeigt werden soll.

Wir gehen dazu von der Beziehung (3.14) zwischen den Determinantenfunktionen Δ und Δ^* aus. Da die Räume A und A^* jetzt zusammenfallen, darf man dort $\Delta^* = \Delta$ setzen und erhält

$$\det (x_\nu, y_\mu) = \lambda \Delta (x_1, \ldots x_n) \cdot \Delta (y_1 \ldots y_n) , \tag{6.12}$$

wobei λ eine Konstante bezeichnet. Setzt man hier $x_\nu = y_\nu = e_\nu$, wobei die e_ν $(\nu = 1 \ldots n)$ eine orthonormierte Basis bilden, so folgt

$$\lambda \Delta (e_1 \ldots e_n)^2 = 1 .$$

Die Konstante λ ist also positiv und man kann daher die Funktion Δ so umnormieren, daß $\lambda = 1$ wird. Dadurch ist die Determinantenfunktion Δ bis auf einen Vorzeichenfaktor eindeutig bestimmt. Mit der so normierten Funktion Δ lautet die Beziehung (6.12)

$$\Delta (x_1, \ldots x_n) \cdot \Delta (y_1 \ldots y_n) = \det (x_\nu, y_\mu) . \tag{6.13}$$

Ist der Euklidische Raum außerdem noch orientiert, so kann man die Normierung von Δ auch dem Vorzeichen nach eindeutig festlegen, indem man dieses so wählt, daß Δ die gegebene Orientierung repräsentiert.

6.14. Das äußere Produkt. In Kap. V, § 2 wurde das äußere Produkt von $(n-1)$ Vektoren a_λ $(\lambda = 1 \ldots n-1)$ eines n-dimensionalen linearen Raumes A $(n \geqq 3)$ definiert. Dieses bezieht sich auf eine bestimmte Determinantenfunktion im Raume A und ist ein Vektor des dualen Raumes A^*. Ist der Raum A nun Euklidisch und orientiert, so kann man für das äußere Produkt die nach 6.13, normierte eindeutig bestimmte Determinantenfunktion Δ zugrunde legen. Dann erhält man zu je $(n-1)$-Vektoren des Raumes A wieder einen Vektor von A, das äußere Produkt der Vektoren a_λ,

$$a = [a_1 \ldots a_{n-1}] .$$

Nach (5.2) ist das äußere Produkt durch die Gleichung

$$([a_1 \ldots a_{n-1}], x) = \Delta(a_1, \ldots a_{n-1}, x), \tag{6.14}$$

die identisch in x gilt, definiert. Setzt man hier speziell $x = a_\lambda$, $(\lambda = 1 \ldots n-1)$, so verschwindet die rechte Seite und man erhält

$$[a_1 \ldots a_{n-1}, a_\lambda] = 0 \qquad (\lambda = 1 \ldots n-1),$$

was besagt, daß das Vektorprodukt auf den Vektoren a_λ orthogonal steht. Weiter gilt nach (5.6) für $2(n-1)$ beliebige Vektoren a_λ und b_λ $(\lambda = 1 \ldots n-1)$

$$([a_1 \ldots a_{n-1}], [b_1 \ldots b_{n-1}]) = \det(a_\nu, b_\mu) \quad (\nu, \mu = 1 \ldots n-1). \tag{6.15}$$

Setzt man hier speziell $b_\nu = a_\nu$ so erhält man für das Quadrat der Norm des Vektorproduktes die Determinante

$$|[a_1 \ldots a_{n-1}]|^2 = \det(a_\nu, a_\mu). \tag{6.16}$$

Setzt man in (6.14) andererseits für x das Vektorprodukt $a = [a_1, \ldots a_{n-1}]$ selbst ein, so folgt

$$\Delta(a_1, \ldots a_{n-1}, a) = |[a_1 \ldots a_{n-1}]|^2$$

und somit, wenn man die Vektoren $a_1 \ldots a_{n-1}$ linear unabhängig annimmt,

$$\Delta(a_1, \ldots a_{n-1}, a) > 0.$$

Dies besagt, daß diese Vektoren zusammen mit ihrem äußeren Produkt eine Basis des Raumes A bilden, und zwar eine solche, die die Orientierung repräsentiert.

Bezeichnet e_ν $(\nu = 1 \ldots n)$ eine orthonormierte Basis des Raumes A, welche die Orientierung repräsentiert, so daß also $\Delta(e_1, \ldots e_n) = 1$, so erhält man für die äußeren Produkte der Vektoren e_ν nach (5.4)

$$[e_1, \ldots e_{i-1}, e_{i+1} \ldots e_n] = (-1)^{n-i} e_i.$$

Ist A speziell ein *dreidimensionaler* Euklidischer Raum, so ist das äußere Produkt für je *zwei* Vektoren a_1 und a_2 definiert. Es steht auf der von a_1 und a_2 erzeugten Ebene orthogonal und sein Betrag ist nach (6.16) gleich

$$|[a_1, a_2]|^2 = |a_1|^2 |a_2|^2 - (a_1, a_2)^2.$$

Allgemeiner erhält man aus (6.15) die Formel

$$([a_1, a_2], [b_1, b_2]) = (a_1, b_1)(a_2, b_2) - (a_1, b_2)(a_2, b_1).$$

Für die äußeren Produkte der Vektoren einer orthonormierten Basis, welche die Orientierung repräsentiert, erhält man

$$[e_1, e_2] = e_3, \quad [e_1, e_3] = -e_2, \quad [e_2, e_3] = e_1.$$

Hieraus ergeben sich für die Komponenten des Produktes $[a_1, a_2]$ die Darstellungen

$$[a_1, a_2] = (\xi^2\eta^3 - \xi^3\eta^2)\, e_1 + (\xi^3\eta^1 - \xi^1\eta^3)\, e_2 + (\xi^1\eta^2 - \xi^2\eta^1)\, e_3 .$$

6.15. Winkelnormierung in der Ebene. Mit Hilfe der Determinantenfunktion Δ wird es möglich, in einem zweidimensionalen Euklidischen Raum dem Winkel zwischen zwei Vektoren ein Vorzeichen zu geben. Nach der Definition ist der Winkel ω zwischen den Vektoren x und y durch die Gleichung

$$\cos\omega = \frac{(x, y)}{|x|\,|y|} \tag{6.17}$$

und die Bedingung $0 \leqq \omega \leqq \pi$ eindeutig bestimmt.

Wird der zweidimensionale Raum nun noch orientiert, so gibt es eine eindeutig bestimmte Determinantenfunktion $\Delta\,(x, y)$ welche die gegebene Orientierung repräsentiert und gemäß 6.13. normiert ist. Für diese gilt

$$\Delta\,(x, y)^2 = |x|^2\,|y|^2 - (x, y)^2.$$

und somit

$$\Delta\,(x, y)^2 = |x|^2\,|y|^2\,(1 - \cos^2\omega) = |x|^2\,|y|^2 \sin^2\omega$$

und wenn man die Quadratwurzel zieht,

$$\sin\omega = \frac{|\Delta\,(x, y)|}{|x|\,|y|} .$$

Hier hat man zunächst den Funktionswert $\Delta\,(x, y)$ dem absoluten Betrag nach zu nehmen, da der Sinus des Winkels ω im Invall $0 \leqq \omega \leqq \pi$ nicht negativ ist.

Läßt man jedoch die Absolutstriche weg, setzt also

$$\sin\omega = \frac{\Delta\,(x, y)}{|x|\,|y|} , \tag{6.18}$$

so erhält man den Winkel mit einem bestimmten Vorzeichen; man kann ihn dann in einem Intervall der Länge 2π etwa in $-\pi < \omega \leqq \pi$ eindeutig normieren, denn es gibt in diesem Intervall genau eine Zahl ω, so daß die Gleichungen (6.17) und (6.18) erfüllt sind.

Der so erhaltene Winkel ω hängt natürlich von der Orientierung der Ebene ab. Kehrt man diese um, so wechselt er das Vorzeichen. Ferner ist der Winkel jetzt nicht mehr in bezug auf die Vektoren x und y symmetrisch, sondern schiefsymmetrisch,

$$\omega\,(x, y) = -\,\omega\,(y, x) .$$

6.16. Volumen im Euklidischen Raum. Unter einem *n-dimensionalen Parallelflach* im Raume A versteht man die Gesamtheit der Vektoren x, die durch die Ungleichungen

$$x = \sum_\nu \lambda^\nu a_\nu \qquad (0 \leqq \lambda^\nu \leqq 1) ,$$

beschrieben werden, wobei die a_ν ($\nu = 1 \ldots n$) linear unabhängige Vektoren bezeichnen. Für $n = 2$ stellen diese ein Parallelogramm der Ebene mit den Seitenvektoren a_1 und a_2 dar. Das *Volumen* eines Parallelflachs wird durch den absoluten Betrag der Determinante

$$\Delta\,(a_1, \ldots a_n)$$

erklärt, wobei Δ die nach 6.13 normierte Determinantenfunktion bezeichnet,

$$V = |\Delta\,(a_1, \ldots a_n)|.$$

Diese ist, wenn der Raum A nicht orientiert ist, nur bis aufs Vorzeichen eindeutig bestimmt; dieses spielt aber beim Übergang zum absoluten Betrag keine Rolle.

Nach der Formel (6.13) kann man das Volumen V auch in der Form

$$V = \sqrt{\det\,(a_\nu, a_\mu)} \qquad (\nu, \mu = 1 \ldots n) \quad (6.19)$$

schreiben.

Auf Grund der obigen Definition kann man auch jedem p-dimensionalen Parallelflach ($1 \leqq p \leqq n$) des Raumes A

$$x = \sum_{\nu=1}^{p} \lambda^\nu a_\nu \qquad (0 \leqq \lambda^\nu \leqq 1)$$

ein Volumen zuordnen, indem man zu dem von den Vektoren a_ν ($\nu = 1 \ldots p$) erzeugten Unterraum übergeht. Dann wird

$$V = |\Delta\,(a_1, \ldots a_p)|\,,$$

wobei Δ die zu diesem Unterraum gehörige Determinantenfunktion bezeichnet. Drückt man diese durch die Skalarprodukte aus, so erhält man für das Volumen analog die Formel

$$V = \sqrt{\det\,(a_\nu, a_\mu)} \qquad (\nu, \mu = 1 \ldots p)\,.$$

Zum Beispiel wird für ein Parallelogramm ($p = 2$)

$$V = \sqrt{|a_1|^2 |a_2|^2 - (a_1, a_2)^2} = \sqrt{|a_1|^2\,|a_2|^2\,(1 - \cos^2\omega)} = |a_1|\,|a_2| \sin\omega\,.$$

Gerechtfertigt wird die Definition des Volumens mittels der Gleichung (6.19) dadurch, daß das Volumen eines Parallelflachs gleich dem Produkt aus „Grundfläche" und „Höhe" ist. Zerlegt man nämlich den Vektor a_p in der Form

$$a_p = \sum_{\nu=1}^{p-1} \lambda^\nu a_\nu + h\,,$$

wobei h auf den Vektoren a_ν ($\nu = 1 \ldots p - 1$) orthogonal steht, so wird

$$\Delta\,(a_1, \ldots a_{p-1}, a_p) = \Delta\,(a_1, \ldots a_{p-1}, h)\,.$$

Berechnet man nun die Determinante in (6.19), so verschwinden in der letzten Zeile alle Elemente bis auf das p-te und man erhält

$$V^2 = |h|^2 \det(a_\nu, a_\mu) \,, \qquad (\nu, \mu = 1 \ldots p-1)$$

also

$$V = V_1 \cdot |h| \,.$$

Hier bedeutet der erste Faktor das Volumen der $(p-1)$-dimensionalen Grundfläche (das ist das von den Vektoren $a_1 \ldots a_{p-1}$ erzeugte Parallelflach) und $|h|$ die Höhe in bezug auf diese Grundfläche.

Aufgaben: 1. Man bestimme die Gesamtheit aller Vektoren x, für die $x - a$ auf $x + a$ ($a \neq 0$, fester Vektor) orthogonal ist.

2. Im Euklidischen Raume A seien n Einheitsvektoren e_ν ($\nu = 1 \ldots n$) gegeben, so daß je zwei von ihnen den Abstand eins haben,

$$|e_\nu - e_\mu| = 1 \qquad (\nu \neq \mu) \,.$$

Man berechne den Winkel zwischen e_ν und e_μ und ferner den Winkel zwischen den Vektoren $s - e_\nu$ und $s - e_\mu$, wobei

$$s = \frac{1}{n+1} \sum_\nu e_\nu \,.$$

Welche geometrische Bedeutung hat der Vektor s für $n = 2$ und $n = 3$?

3. Es sei U ein r-dimensionaler Unterraum von A und

$$x = p + h$$

die Zerlegung eines Vektors in Projektion und Höhe. Setzt man

$$\varphi x = p - h$$

so ist hierdurch eine lineare Abbildung definiert, die *Spiegelung des Raumes A am Unterraum U*. Man zeige, daß die Determinante dieser Abbildung gleich $(-1)^{n-r}$ ist. Man mache sich die geometrische Bedeutung der Abbildung φ im dreidimensionalen Raum für $r = 0, 1, 2$ klar.

4. Es sei U ein r-dimensionaler Unterraum und

$$x = p + h$$

die Zerlegung eines beliebigen Vektors x. Dann hat die lineare Abbildung $\varphi x = p$ die Spur r.

5. Es sei e ein Einheitsvektor und U sein orthogonales Komplement. Dann ist der Abstand eines beliebigen Vektors x von U durch die Formel

$$d = |(x, e)|$$

gegeben.

6. Unter einer *Umgebung* des Vektors a in einem Euklidischen Raum A versteht man jede Teilmenge von A, die alle Vektoren x mit der Eigenschaft

$$|x - a| < \varepsilon$$

für ein hinreichend kleines $\varepsilon > 0$ enthält. Man zeige, daß diese Umgebungen mit den in 4.5 eingeführten übereinstimmen, m. a. W. daß die von der Metrik bestimmte Topologie mit der von der linearen Struktur induzierten identisch ist.

7. Es sei M eine beliebige Teilmenge von A. Unter einem *Häufungsvektor* a von M versteht man einen Vektor des Raumes A, der in jeder Umgebung mindestens einen von a verschiedenen Vektor der Menge M enthält. Die Menge M heißt abgeschlossen, wenn alle Häufungsvektoren von M zu M gehören. Man zeige, daß die Sphäre $|x| = r$ abgeschlossen ist.

8. Man zeige, daß das Skalarprodukt $([a_1, a_2], a_3)$ der zyklischen Symmetriebeziehung

$$([a_1, a_2], a_3) = ([a_2, a_3], a_1) = ([a_3, a_1], a_2)$$

genügt.

9. Man beweise für das Vektorprodukt im dreidimensionalen Raum die Formel

$$[[a_1, a_2], a_3] = (a_1, a_3)\, a_2 - (a_2, a_3)\, a_1 .$$

Anleitung. Man mache den Ansatz

$$[[a_1, a_2], a_3] = \lambda a_1 + \mu a_2$$

und bestimme die Faktoren λ und μ mit Hilfe der Beziehung (6.15).

10. Man beweise, daß der Inhalt eines Parallelogramms mit den Seitenvektoren x_1 und x_2 durch die Formel

$$F = 2\sqrt{s\,(s-a)\,(s-b)\,(s-c)}$$

gegeben ist, wobei

$$a = |x_1|\,, \quad b = |x_2|\,, \quad c = |x_2 - x_1|\,, \quad s = \tfrac{1}{2}(a+b+c)\,.$$

11. Man zeige, daß man in einem orientierten dreidimensionalen Raum jede schiefsymmetrische Bilinearfunktion $\Phi(x, y)$ in der Form

$$\Phi(x, y) = ([x, y]\,, a)$$

schreiben kann, wobei a einen eindeutig bestimmten Vektor bezeichnet.

12. In einem n-dimensionalen Raum seien zwei Skalarprodukte $\Phi(x, y)$ und $\Psi(x, y)$ definiert, so daß die bezüglich Φ und Ψ gemessenen Winkel übereinstimmen. Dann unterscheiden sich die Funktionen Φ und Ψ um einen konstanten positiven Faktor. Beweis!

13. Man zeige, daß zwei orthonormierte Basen der Ebene, welche dieselbe Orientierung repräsentieren, durch eine Transformation der Form

$$\begin{aligned} \bar{x}_1 &= x_1 \cos\omega - x_2 \sin\omega \\ \bar{x}_2 &= x_1 \sin\omega + x_2 \cos\omega \end{aligned} \qquad (-\pi < \omega \leqq \pi)$$

zusammenhängen.

14. Unter der *Norm* $|\varphi|$ einer linearen Selbstabbildung φ des Euklidischen Raumes versteht man das Maximum der Funktion $|\varphi x|$ auf der Sphäre $|x| = 1$,

$$|\varphi| = \max_{|x|=1} |\varphi x| .$$

Man beweise die Beziehungen

$$|\varphi + \psi| \leqq |\varphi| + |\psi| \quad \text{und} \quad |\psi \varphi| \leqq |\varphi| \, |\psi| .$$

§ 3. Skalarprodukt und dualer Raum

6.17. Bereits zu Anfang dieses Kapitels wurde erwähnt, daß man einen Euklidischen Raum A als zu sich selbst dual betrachten kann. Es besteht somit ein Isomorphismus zwischen den Vektoren des Raumes A und den linearen Funktionen in A (vgl. 6.7.); dieser ist dadurch bestimmt, daß dem Vektor a die lineare Funktion

$$\Phi_a(x) = (a, x)$$

zugeordnet wird. Daß diese Zuordnung tatsächlich einen Isomorphismus von A auf den Raum der linearen Funktionen herstellt, folgt aus dem Ergebnis von (2.27), wenn man dort den Raum A^* mit A zusammenfallen läßt. Somit kann man jede lineare Funktion $\Phi(x)$ im Euklidischen Raum A in der Form

$$\Phi(x) = (a, x)$$

schreiben, wobei a einen eindeutig bestimmten Vektor von A bezeichnet.

6.18. Der Isomorphismus zwischen dualen Räumen. Wir gehen jetzt entsprechend der Auffassung von Kap. II, § 5 von einem Paar dualer Räume A, A^* aus. Dabei sei A ein Euklidischer Raum, so daß man also zwei verschiedene Skalarprodukte zu unterscheiden hat, nämlich das Skalarprodukt (x, y) im Raume A und das „gemischte" Skalarprodukt $\{x^*, x\}$ zwischen den Vektoren von A^* und A.

Das Skalarprodukt in A definiert in folgender Art einen Isomorphismus von A auf A^*: Jeder feste Vektor a von A bestimmt die lineare Funktion

$$\Phi_a(x) = (a, x)$$

und diese ist wieder in der Form

$$\Phi_a(x) = \{a^*, x\}$$

darstellbar. Der Vektor a^* ist durch Φ_a und damit durch a eindeutig bestimmt und die Zuordnung

$$\tau: a \to a^*$$

definiert somit eine isomorphe Abbildung von A auf A^*. Einander entsprechende Vektoren a und $a^* = \tau a$ hängen somit durch die Beziehung

$$(a, x) = \{\tau a, x\} \tag{6.20}$$

die identisch in x gilt, zusammen.

Vertauscht man hier die Vektoren a und x so folgt auf Grund der Symmetrie des Skalarproduktes

$$\{\tau a, x\} = \{\tau x, a\}. \tag{6.21}$$

Diese Beziehung besagt, daß die zu τ duale Abbildung, die selbst eine lineare Abbildung von A in A^* ist, mit τ übereinstimmt, $\tau^* = \tau$.

6.19. Skalarprodukt in A^*. Mittels des so erhaltenen Isomorphismus zwischen den Räumen A und A^* kann man das skalare Produkt von A auf A^* übertragen. Die Bilinearfunktion

$$(x^*, y^*) = (\tau^{-1} x^*, \tau^{-1} y^*)$$

im Raume A^* ist nämlich symmetrisch und positiv definit und definiert somit in A^* ein Skalarprodukt. Damit wird auch der duale Raum Euklidisch.

Die bilineare Funktion (x, y) bzw. (x^*, y^*) kann man als symmetrischen, kovarianten bzw. kontravarianten Tensor zweiter Stufe im Raume A auffassen. Da dieser die Längenmessung in A bzw. A^* festlegt, heißt er der (kovariante bzw. kontravariante) *Maßtensor*.

6.20. Zusammenhänge der Komponenten. Wir wählen jetzt in den Räumen A und A^* ein Paar dualer Basen x_ν, $\overset{*}{x}{}^\nu$ $(\nu = 1 \ldots n)$. Dann entspricht dem kovarianten Maßtensor eine Matrix

$$g_{\nu\lambda} = (x_\nu, x_\lambda)$$

und der Abbildung τ eine Matrix $\alpha_{\nu\lambda}$ gemäß

$$\tau x_\nu = \sum_\lambda \alpha_{\nu\lambda} \overset{*}{x}{}^\lambda. \tag{6.22}$$

Aus dieser Gleichung folgt

$$\alpha_{\nu\lambda} = \{\tau x_\nu, x_\lambda\} = (x_\nu, x_\lambda) = g_{\nu\lambda},$$

d. h. die Matrix der Abbildung τ stimmt mit der des kovarianten Maßtensor überein. Die Gleichung (6.22) kann daher in der Form

$$\tau x_\nu = \sum_\lambda g_{\nu\lambda} \overset{*}{x}{}^\lambda \tag{6.23}$$

geschrieben werden.

Entsprechend erhält man für die inverse Abbildung die Matrix $g^{\mu\varkappa} = (\overset{*}{x}{}^\mu, \overset{*}{x}{}^\varkappa)$ des kontravarianten Maßtensors,

$$\tau^{-1} \overset{*}{x}{}^\mu = \sum_\varkappa g^{\mu\varkappa} x_\varkappa. \tag{6.24}$$

Aus (6.23) und (6.24) folgt

$$\sum_\lambda g_{\nu\lambda}\, g^{\lambda\varkappa} = \delta_\nu^\varkappa\,, \tag{6.25}$$

d. h. die Matrizen des kovarianten und des kontravarianten Maßtensors sind zueinander invers.

Ist die Basis x_ν insbesondere orthonormiert, also

$$g_{\nu\lambda} = \delta_{\nu\lambda}\,,$$

so folgt aus (6.25), daß auch

$$g^{\nu\lambda} = \delta^{\nu\lambda}\,.$$

6.21. Kovariante Komponenten eines Vektors. Es seien x und x^* zwei sich entsprechende Vektoren von A und A^*, ($x^* = \tau x$), und ξ^ν bzw. ξ_ν ihre Komponenten in bezug auf die dualen Basen x_ν, $\overset{*}{x}{}^\nu$,

$$x = \sum_\nu \xi^\nu x_\nu\,, \quad x^* = \sum_\nu \xi_\nu \overset{*}{x}{}^\nu\,. \tag{6.26}$$

Dann besteht nach (6.20) die Beziehung

$$(x, x_\lambda) = \{x^*, x_\lambda\} \qquad (\lambda = 1 \ldots n)$$

und wenn man hier nach (6.26) einsetzt, erhält man zwischen den Komponenten ξ^ν und ξ_ν den Zusammenhang

$$\xi_\lambda = \sum_\nu g_{\lambda\nu}\xi^\nu \tag{6.27}$$

und entsprechend folgt

$$\xi^\varkappa = \sum_\mu g^{\varkappa\mu}\,\xi_\mu\,. \tag{6.28}$$

Die beiden Gleichungen (6.27) und (6.28) stellen den Zusammenhang zwischen den Komponenten einander zugeordneter Vektoren von A und A^* her. Man nennt die Zahlen ξ_ν auch die *kovarianten Komponenten* des Vektors x in bezug auf die Basis x_ν ($\nu = 1 \ldots n$). Ist die Basis x_ν insbesondere orthonormiert,

$$g_{\lambda\nu} = \delta_{\lambda\nu}\,,$$

so vereinfachen sich die Beziehungen (6.27) und (6.28) zu

$$\xi_\lambda = \xi^\lambda.$$

In bezug auf eine orthonormierte Basis stimmen somit die kovarianten Komponenten mit den kontravarianten überein.

6.22. Tensoren im Euklidischen Raum. Der Isomorphismus τ zwischen den Räumen A und A^* ermöglicht es, die kovarianten und kontravarianten Tensoren eines Euklidischen Raumes ineinander überzuführen. Es sei etwa Φ ein p-fach kontravarianter Tensor, also eine p-fach lineare Funktion

$$\Phi\,(\overset{*}{x}{}^1, \ldots \overset{*}{x}{}^p)$$

in A^*. Wir erklären dann für jede Nummer i ($i = 1 \ldots p$) den Tensor $\tau_i \Phi$ durch die Gleichung

$$\tau_i \Phi (\overset{*}{x}^1, \ldots \overset{*}{x}^{p-1}; x) = \Phi (\overset{*}{x}^1, \ldots \overset{*}{x}^{i-1}, \tau x, \overset{*}{x}^i, \ldots \overset{*}{x}^{p-1}) .$$

Dieser ist $(p-1)$-fach kontravariant und einfach kovariant. Die Zuordnung

$$\Phi \to \tau_i \Phi$$

definiert offenbar einen Isomorphismus zwischen den Räumen T^p und T_1^{p-1}.

Ist der Tensor Φ insbesondere zerlegbar,

$$\Phi = a_1 \ldots a_p$$

so erhält man für den Tensor $\tau_i \Phi$ das Produkt

$$\tau_i \Phi = a_1 \ldots a_{i-1} \, a_{i+1} \ldots a_p \cdot \tau a_i . \tag{6.29}$$

Denn dann ist

$$\Phi (\overset{*}{x}^1, \ldots \overset{*}{x}^p) = \{\overset{*}{x}^1, a_1\} \cdots \{\overset{*}{x}^p, a_p\}$$

und somit

$$\tau_i \Phi (\overset{*}{x}^1, \ldots \overset{*}{x}^{p-1}; x)$$
$$= \{\overset{*}{x}^1, a_1\} \cdots \{\overset{*}{x}^{i-1}, a_{i-1}\} \{\tau x, a_i\} \{\overset{*}{x}^i, a_{i+1}\} \cdots \{\overset{*}{x}^{p-1}, a_p\} .$$

Nun gilt nach (6.21)

$$\{\tau x, a_i\} = \{\tau a_i, x\}$$

und somit wird

$$\tau_i \Phi (\overset{*}{x}^1, \ldots \overset{*}{x}^{p-1}; x)$$
$$= \{\overset{*}{x}^1, a_1\} \cdots \{\overset{*}{x}^{i-1}, a_{i-1}\} \{\overset{*}{x}^i, a_{i+1}\} \cdots \{\overset{*}{x}^{p-1}, a_p\} \{\tau a_i, x\} ,$$

d. h. $\tau_i \Phi$ ist gleich dem Produkt (6.29). Setzt man speziell $p = 1$ und identifiziert die Tensoren erster Stufe mit den Vektoren von A bzw. A^*, so sieht man hieraus, daß der Isomorphismus τ_1, angewandt auf Tensoren erster Stufe, mit τ übereinstimmt.

6.23. Herunterziehen der Indizes. Es sei jetzt e_ν, $\overset{*}{e}^\nu$ ($\nu = 1 \ldots n$) ein Paar dualer Basen; die Komponenten von Φ bzw. $\tau_i \Phi$ in bezug auf die Basis e_ν bezeichnen wir mit

$$\xi^{\nu_1 \ldots \nu_p} \quad \text{bzw.} \quad \xi^{\nu_1 \ldots \nu_{i-1}, \nu_i \ldots \nu_{p-1}}_{\cdot \cdot \cdot \cdot \cdot \; \mu \; \cdot \cdot \cdot \cdot \cdot}$$

also

$$\xi^{\nu_1 \ldots \nu_p} = \Phi (\overset{*}{e}^{\nu_1}, \ldots \overset{*}{e}^{\nu_p})$$

und

$$\xi^{\nu_1 \ldots \nu_{i-1}, \nu_i \ldots \nu_{p-1}}_{\cdot \cdot \cdot \cdot \cdot \; \mu \; \cdot \cdot \cdot \cdot \cdot} = \Phi (\overset{*}{e}^{\nu_1}, \ldots \overset{*}{e}^{\nu_{i-1}}, \tau e_\mu, \overset{*}{e}^{\nu_i} \ldots \overset{*}{e}^{\nu_{p-1}}) .$$

Setzt man hier für τe_μ nach (6.23) ein, so erhält man die Beziehung

$$\xi^{\nu_1 \ldots \nu_{i-1}, \nu_i \ldots \nu_{p-1}}_{\cdot \cdot \cdot \cdot \cdot \; \mu \; \cdot \cdot \cdot \cdot \cdot} = \sum_{\nu_i} g_{\mu \nu_i} \, \xi^{\nu_1 \ldots \nu_p} .$$

Man sagt, der Tensor $\tau_i \Phi$ entsteht aus Φ durch *Herunterziehen des i-ten Index.*

Ganz entsprechend kann man aus einem kovarianten Tensor Φ_q durch „Heraufziehen" des k-ten Index einen einfach kontravarianten und $(q-1)$-fach kovarianten Tensor $\tau^k \Phi$ erhalten. Dieser hängt mit Φ durch die Gleichung

$$\tau^k \Phi\,(x^*;\, x_1 \ldots x_{q-1}) = \Phi\,(x_1, \ldots x_{k-1}, \tau^{-1} x^*, x_k \ldots x_{q-1})$$

zusammen. Schließlich kann man in einem gemischten Tensor Φ_q^p einen beliebigen kontravarianten Index herunter- oder einen kovarianten Index heraufziehen und kommt so zu den Tensoren

$$\tau^i \Phi(\overset{*}{x}{}^1, \ldots \overset{*}{x}{}^{p-1};\, x_1 \ldots x_{q+1}) \\ = \Phi\,(\overset{*}{x}{}^1, \ldots \overset{*}{x}{}^{i-1}, \tau x_{q+1}, \overset{*}{x}{}^i \ldots \overset{*}{x}{}^{p-1};\, x_1, \ldots x_q)$$

bzw.

$$\tau_k \Phi\,(\overset{*}{x}{}^1, \ldots \overset{*}{x}{}^{p+1};\, x_1 \ldots x_{q-1}) \\ = \Phi\,(\overset{*}{x}{}^1, \ldots \overset{*}{x}{}^p;\, x_1 \ldots x_{k-1}, \tau^{-1} \overset{*}{x}{}^{p+1}, x_k \ldots x_{q-1})\,.$$

6.24. Skalarprodukt im Raume T_q^p. Von besonderem Interesse ist der Fall, daß man bei einem gemischten Tensor Φ_q^p alle kontravarianten Indizes herunter- und alle kovarianten Indizes heraufzieht. So erhält man aus einem p-fach kontra- und q-fach kovarianten Tensor Φ einen q-fach kontra- und p-fach kovarianten Tensor, den wir zur Abkürzung mit $\tau\Phi$ bezeichnen. Diese Tensoren hängen durch die Gleichung

$$\tau \Phi\,(\overset{*}{x}{}^1, \ldots \overset{*}{x}{}^q;\, x_1 \ldots x_p) = \Phi\,(\tau x_1, \ldots \tau x_p;\, \tau^{-1} \overset{*}{x}{}^1, \ldots \tau^{-1} \overset{*}{x}{}^q)$$

zusammen. Die Zuordnung τ definiert einen Isomorphismus zwischen den Räumen T_q^p und T_p^q,

$$\tau\colon T_q^p \to T_p^q\,.$$

Da nun andererseits diese Räume zueinander dual sind (vgl. 5.21), kann man mittels dieses Isomorphismus eine Bilinearfunktion (Φ, Ψ) im Raume T_q^p erklären, indem man

$$(\Phi, \Psi) = \{\tau\Phi, \Psi\} \tag{6.30}$$

setzt.

Wir zeigen, daß diese die Eigenschaften eines skalaren Produktes hat. Zunächst gilt die Symmetrie

$$\{\tau\Phi, \Psi\} = \{\tau\Psi, \Phi\}\,. \tag{6.31}$$

Es genügt, die Gleichung (6.31) für zwei zerlegbare Tensoren

$$\Phi = a_1 \ldots a_p \cdot \overset{*}{a}{}^1 \ldots \overset{*}{a}{}^q \quad \text{und} \quad \Psi = b_1 \ldots b_p \cdot \overset{*}{b}{}^1 \ldots \overset{*}{b}{}^q$$

zu beweisen. Dann wird

$$\tau\Phi = \tau^{-1} \overset{*}{a}{}^1 \ldots \tau^{-1} \overset{*}{a}{}^q \cdot \tau a_1 \ldots \tau a_p$$

und somit

$$\{\tau\Phi, \Psi\} = \{\overset{*}{b}{}^1, \tau^{-1}\overset{*}{a}{}^1\} \cdots \{\overset{*}{b}{}^q, \tau^{-1}\overset{*}{a}{}^q\} \{\tau a_1, b_1\} \cdots \{\tau a_p, b_p\}$$
$$= (\overset{*}{b}{}^1, \overset{*}{a}{}^1) \ldots (\overset{*}{b}{}^q, \overset{*}{a}{}^q)(a_1, b_1) \ldots (a_p, b_p)\,.$$

Vertauscht man hier Φ mit Ψ, so hat man auf der rechten Seite die a_i mit den b_i und die $\overset{*}{a}{}^k$ mit den $\overset{*}{b}{}^k$ zu vertauschen. Dabei geht diese aber in sich über und es folgt die Symmetrie (6.31).

Wir zeigen weiter, daß die Bilinearfunktion (6.30) positiv definit ist. Wählt man in A eine orthonormierte Basis und bezeichnet die Komponenten von Φ und Ψ mit $\xi^{\nu_1\ldots\nu_p}_{\mu_1\ldots\mu_q}$ bzw. $\eta^{\nu_1\ldots\nu_p}_{\mu_1\ldots\mu_q}$, so wird

$$(\Phi, \Psi) = \frac{1}{p!\,q!} \sum_{(\nu)(\mu)} \xi^{\nu_1\ldots\nu_p}_{\mu_1\ldots\mu_q} \eta^{\nu_1\ldots\nu_p}_{\mu_1\ldots\mu_q}\,.$$

Setzt man hier speziell $\Psi = \Phi$, so erhält man

$$(\Phi, \Phi) = \sum_{(\nu)(\mu)} \xi^{\nu_1\ldots\nu_p}_{\mu_1\ldots\mu_q} \xi^{\nu_1\ldots\nu_p}_{\mu_1\ldots\mu_q}$$

und dies ist als Summe von Quadraten nicht negativ und nur dann gleich Null, wenn alle Komponenten verschwinden, also $\Phi = 0$.

Somit ist durch die Bilinearfunktion (6.30) im Raume T^p_q ein Skalarprodukt definiert und T^p_q wird zu einem Euklidischen Raum. Für die Skalarprodukte der Basistensoren

$$E^{\mu_1\ldots\mu_q}_{\nu_1\ldots\nu_p} = e_{\nu_1} \ldots e_{\nu_p} \overset{*}{e}{}^{\mu_1} \ldots \overset{*}{e}{}^{\mu_q}$$

erhält man

$$(E^{\mu_1\ldots\mu_q}_{\nu_1\ldots\nu_p}, E^{\varkappa_1\ldots\varkappa_q}_{\lambda_1\ldots\lambda_p}) = \frac{1}{p!\,q!} \delta_{\nu_1\lambda_1} \ldots \delta_{\nu_p\lambda_p} \delta^{\mu_1\varkappa_1} \ldots \delta^{\mu_q\varkappa_q}$$

und diese bilden somit, wenn man sie noch mit $\sqrt{p!\,q!}$ multipliziert, eine orthonormierte Basis des Raumes T^p_q.

Aufgaben: 1. Es sei x_ν eine Basis des Raumes A, die aus lauter Einheitsvektoren besteht. Dann ist die i-te kovariante Komponente eines Vektors x der Abstand dieses Vektors von der Ebene

$$(x, x_i) = 0\,.$$

2. Es sei x_ν eine orthonormierte Basis im Raume A. Dann bilden die Vektoren

$$\overset{*}{x}{}^\nu = \tau x_\nu$$

die duale Basis im Raume X^* und diese Basis ist im Raume X^* wieder orthonormiert.

Siebentes Kapitel

Lineare Abbildungen Euklidischer Räume

§ 1. Adjungierte Abbildung

7.1. Es seien A und B zwei Euklidische Räume und φ sei eine lineare Abbildung von A in B. Sind dann A^* und B^* irgend zwei zu A bzw. B duale Räume, so gehört zu φ eine duale Abbildung φ^* von B^* in A^*, die mit φ durch die Gleichung

$$\{y^*, \varphi x\} = \{\varphi^* y^*, x\}$$

zusammenhängt (vgl. 2.30). Da in den Räumen A und B je ein skalares Produkt definiert ist, kann man diese Räume als ihre eigenen dualen betrachten und erhält so eine Abbildung $\tilde{\varphi}$ von B in A, die zu φ *adjungierte Abbildung*. Die obige Beziehung lautet jetzt

$$(y, \varphi x) = (\tilde{\varphi} y, x)\,, \tag{7.1}$$

wobei y einen Vektor von B und x einen Vektor von A bezeichnet.

Zu jeder linearen Abbildung eines Euklidischen Raumes A in einen Euklidischen Raum B gehört daher eine adjungierte Abbildung in der umgekehrten Richtung. Diese ist wohl zu unterscheiden von der inversen Abbildung φ^{-1}, die nur dann einen Sinn hat, wenn φ ein Isomorphismus von A auf B ist.

Nach 2.30 ist der Kern K^* einer zu φ dualen Abbildung das orthogonale Komplement des Bildraumes φA. Dabei ist φA ein Unterraum von B und K^* ein Unterraum von B^*. Wählt man für φ^* die adjungierte Abbildung $\tilde{\varphi}$, so ist $K^* = \tilde{K}$ ebenfalls ein Unterraum von B und man hat daher die direkte Zerlegung

$$B = \varphi A \oplus \tilde{K} \qquad (\varphi A \perp \tilde{K})\,. \tag{7.2}$$

7.2. Zusammenhang der Matrizen. Wir wählen jetzt in den Räumen A und B je eine Basis x_ν $(\nu = 1 \ldots n)$ und y_μ $(\mu = 1 \ldots m)$. Dann entspricht den Abbildungen φ und $\tilde{\varphi}$ je eine Matrix*) (α_ν^μ) bzw. $(\tilde{\alpha}_\mu^\nu)$ gemäß

$$\varphi x_\nu = \sum_\varkappa \alpha_\nu^\varkappa y_\varkappa$$

und

$$\tilde{\varphi} y_\mu = \sum_\lambda \tilde{\alpha}_\mu^\lambda x_\lambda\,.$$

Um hier die Matrix $\tilde{\alpha}_\mu^\nu$ aus der Matrix α_ν^μ zu bestimmen, bilde man die Skalarprodukte mit den Basisvektoren y_μ bzw. x_ν. Setzt man noch

$$(x_\nu, x_\lambda) = g_{\nu\lambda} \quad \text{und} \quad (y_\mu, y_\varkappa) = h_{\mu\varkappa}\,,$$

*) Dabei bezeichnet der untere Index jeweils die Zeile.

so folgt

$$(y_\mu, \varphi x_\nu) = \sum_\varkappa \alpha_\nu^\varkappa h_{\varkappa\mu} \quad \text{und} \quad (x_\nu, \tilde{\varphi} y_\mu) = \sum_\lambda \tilde{\alpha}_\mu^\lambda g_{\lambda\nu} .$$

Hier sind die beiden linken Seiten nach (7.1) gleich und man erhält die Beziehung

$$\sum_\varkappa \alpha_\nu^\varkappa h_{\varkappa\mu} = \sum_\lambda \tilde{\alpha}_\mu^\lambda g_{\lambda\nu} .$$

Multipliziert man diese mit den Komponenten $g^{\nu\varrho}$ des kontravarianten Maßtensors und summiert über ν, so erhält man

$$\tilde{\alpha}_\mu^\varrho = \sum_{\varkappa,\nu} \alpha_\nu^\varkappa h_{\varkappa\mu} g^{\nu\varrho} . \tag{7.3}$$

Sind die Basen in A und B insbesondere orthonormiert, so wird

$$g_{\nu\lambda} = \delta_{\nu\lambda} \quad \text{und} \quad h_{\mu\varkappa} = \delta_{\mu\varkappa}$$

und die Beziehung (7.3) vereinfacht sich zu

$$\tilde{\alpha}_\mu^\varrho = \alpha_\varrho^\mu .$$

Dies besagt, daß die Matrizen adjungierter Abbildungen zueinander transponiert sind, wenn man orthonormierte Basen zugrunde legt. Dies folgt übrigens auch aus 2.31, wenn man noch beachtet, daß eine orthonormierte Basis eines Euklidischen Raumes ihre eigene duale Basis ist.

7.3. Selbstadjungierte Abbildungen. Ist φ speziell eine lineare *Selbstabbildung* des Raumes A, so gilt dasselbe von $\tilde{\varphi}$. Da man $\tilde{\varphi}$ als die zu φ duale Selbstabbildung auffassen kann, müssen die charakteristischen Polynome von φ und $\tilde{\varphi}$ übereinstimmen (s. Kap. III, § 6, Aufgabe 1). Insbesondere folgt hieraus, daß die Abbildungen φ und $\tilde{\varphi}$ dieselbe Determinante und dieselbe Spur haben muß,

$$\det \tilde{\varphi} = \det \varphi , \ \operatorname{Sp} \tilde{\varphi} = \operatorname{Sp} \varphi .$$

Für das Produkt zweier Selbstabbildungen φ und ψ gilt nach (2.28) die Formel

$$\widetilde{\psi\varphi} = \tilde{\varphi}\tilde{\psi} . \tag{7.4}$$

Je zwei Eigenvektoren von φ und $\tilde{\varphi}$, die zu verschiedenen Eigenwerten gehören, stehen aufeinander orthogonal. Aus den Gleichungen

$$\varphi e = \lambda e \quad \text{und} \quad \tilde{\varphi}\tilde{e} = \tilde{\lambda}\tilde{e}$$

folgt nämlich wegen (7.1)

$$(\lambda - \tilde{\lambda})(e, \tilde{e}) = 0$$

und somit, wenn $\tilde{\lambda} \neq \lambda$,

$$(e, \tilde{e}) = 0 .$$

Stimmt die Abbildung φ mit ihrer Adjungierten überein, $\tilde{\varphi} = \varphi$, so heißt sie *selbstadjungiert*. Die Matrix einer solchen Abbildung in einer orthonormierten Basis ist symmetrisch. Zwei Eigenvektoren einer selbstadjungierten Abbildung, die zu verschiedenen Eigenwerten gehören, sind zueinander orthogonal. Auf die Eigenwerttheorie der selbstadjungierten Abbildungen werden wir in § 2 zurückkommen.

7.4. Antiselbstadjungierte Abbildungen. Eine lineare Selbstabbildung φ soll *antiselbstadjungiert* heißen, wenn

$$\tilde{\varphi} = -\varphi$$

gilt. Dann besteht für je zwei Vektoren x_1 und x_2 die Beziehung

$$(x_1, \varphi x_2) + (\varphi x_1, x_2) = 0 .$$

Setzt man hier $x_1 = x_2 = x$, so folgt

$$(x, \varphi x) = 0 , \tag{7.5}$$

d. h. jeder Vektor steht auf seinem Bildvektor orthogonal. Umgekehrt folgt aus dieser Eigenschaft die Antiselbstadjungiertheit von φ. Ersetzt man nämlich in (7.5) den Vektor x durch $(x_1 + x_2)$, so folgt

$$(x_1, \varphi x_1) + (x_1, \varphi x_2) + (x_2, \varphi x_1) + (x_2, \varphi x_2) = 0 .$$

Hier verschwindet der erste und der letzte Summand und es folgt $\tilde{\varphi} = -\varphi$.

Aus (7.5) folgt, daß eine antiselbstadjungierte Abbildung nur den Eigenwert Null haben kann.

Geht man in der Beziehung $\tilde{\varphi} = -\varphi$ zur Determinante über, und beachtet, daß $\det \tilde{\varphi} = \det \varphi$, so erhält man

$$\det \varphi = (-1)^n \det \varphi .$$

Diese Gleichung besagt, daß eine antiselbstadjungierte Abbildung eines Raumes von ungerader Dimension die Determinante Null hat und somit nicht regulär sein kann.

7.5. Hieraus kann man den allgemeineren Satz folgern, daß der Rang einer antiselbstadjungierten Abbildung immer gerade sein muß. Um dies zu zeigen, gehen wir von der Beziehung (7.2) aus, die jetzt in der Form

$$A = \varphi A \oplus K \qquad (K \text{ Kern von } \varphi)$$

geschrieben werden kann. Danach hat der Bildraum φA mit dem Kern nur den Nullvektor gemeinsam und somit muß die Abbildung φ im Unterraum φA regulär sein. Sie induziert somit in diesem Raume eine (selbstverständlich wieder antiselbstadjungierte) reguläre Abbildung. Dies ist aber, wie oben gezeigt, nur möglich, wenn die Dimension von φA, also der Rang von φ, gerade ist.

Auf Matrizen übertragen, besagt dieses Ergebnis, daß der Rang einer schiefsymmetrischen Matrix immer gerade ist, was direkt nicht so leicht zu sehen ist.

Aufgaben: 1. Man zeige, daß sich eine antiselbstadjungierte Abbildung eines orientierten dreidimensionalen Raumes in der Form

$$\varphi x = [x, a]$$

schreiben läßt, wobei a einen festen Vektor bezeichnet. Dabei ist der Vektor a durch φ eindeutig bestimmt (vgl. Kap. V § 2 Aufgabe 3).

2. Bezeichnet α_ν^μ $(\nu, \mu = 1, 2, 3)$ die Matrix der Abbildung von Aufgabe 1 in einer orthonormierten Basis, so hat der Vektor a die Komponenten

$$a = \varepsilon\,(\alpha_2^3 x_1 + \alpha_3^1 x_2 + \alpha_1^2 x_3)\,,$$

wobei $\varepsilon = \pm 1$, je nachdem die Basis x_ν $(\nu = 1, 2, 3)$ die Orientierung repräsentiert oder nicht.

3. Man zeige, daß zwei antiselbstadjungierte Abbildungen des dreidimensionalen Raumes mit demselben Kern bis auf einen konstanten Faktor übereinstimmen. Hieraus leite man die Formel

$$[[a_1, a_2], a_3] = a_2\,(a_1, a_3) - a_1\,(a_2, a_3)$$

erneut ab, indem man die Abbildungen

$$\psi x = [[a_1 a_2]\, x]$$

und

$$\varphi x = a_1\,(a_2, x) - a_2\,(a_1, x)$$

betrachtet.

4. Aus $\tilde{\varphi} = \varphi$ und $\tilde{\psi} = -\psi$ folgt $\mathrm{Sp}\,(\psi\varphi) = 0$. Beweis!

5. Es sei U ein Unterraum von A und

$$x = p + h$$

die Zerlegung in Projektion und Höhe. Durch die Zuordnung

$$x \to p$$

ist dann eine selbstadjungierte Abbildung definiert, welche überdies die Eigenschaft $\varphi^2 = \varphi$ hat. Man zeige umgekehrt, daß jede selbstadjungierte Abbildung φ, die mit ihrem Quadrat übereinstimmt, die Projektion in einen Unterraum darstellt.

6. Ist φ eine selbstadjungierte Abbildung und y ein Bildvektor, so gibt es einen eindeutig bestimmten Urbildvektor von y, der auf dem Kern von φ orthogonal steht.

7. Man zeige, daß das Produkt zweier selbstadjungierter Abbildungen genau dann selbstadjungiert ist, wenn diese Abbildungen vertauschbar sind.

§ 2. Eigenwerttheorie selbstadjungierter Abbildungen

Bereits in Kap. III, § 6 wurde der Begriff des Eigenvektors bzw. Eigenwertes für eine lineare Selbstabbildung eingeführt. Dort wurde auch erwähnt, daß es zu einer Selbstabbildung eines reellen linearen Raumes nicht immer Eigenvektoren zu geben braucht.

7.6. Existenzsatz. Wir zeigen jetzt, daß es zu einer selbstadjungierten Abbildung φ eines n-dimensionalen Euklidischen Raumes immer n paarweise orthogonale Eigenvektoren gibt. Um zunächst *einen* Eigenvektor der Abbildung φ zu erhalten, betrachten wir die Funktion

$$F(x) = \frac{(x, \varphi x)}{(x, x)}.$$

Diese ist für alle Vektoren $x \neq 0$ definiert und als Quotient stetiger Funktionen ebenfalls stetig. Sie muß somit auf der abgeschlossenen und beschränkten Vektormenge*)

$$|x| = 1$$

ein Minimum annehmen. Ist e_1 der Vektor (oder einer der Vektoren), in denen dieses angenommen wird, so gilt für alle Einheitsvektoren e

$$F(e) \geqq F(e_1).$$

Hieraus folgt aber, daß der Wert $F(e_1)$ sogar ein Minimum der Funktion F bezüglich des ganzen Raumes A (also nicht nur auf der Sphäre $|x| = 1$) ist; bezeichnet nämlich x einen beliebigen Vektor und e den zugehörigen Einheitsvektor,

$$x = |x|\, e,$$

so ist

$$F(x) = F(e)$$

und somit

$$F(x) \geqq F(e_1).$$

Wir zeigen jetzt, daß e_1 ein Eigenvektor der Abbildung φ ist. Dazu bezeichne y einen festen Vektor und τ einen reellen Parameter. Dann gilt für alle τ

$$F(e_1 + \tau y) \geqq F(e_1),$$

d. h. die Funktion

$$f(\tau) = F(e_1 + \tau y)$$

besitzt für $\tau = 0$ ein Minimum. Ihre Ableitung muß somit für $\tau = 0$ verschwinden. Nun erhält man durch Differenzieren

$$f'(0) = (e_1, \varphi y) + (y, \varphi e_1) - 2\,(e_1, \varphi e_1)\,(e_1, y),$$

was man wegen der Selbstadjungiertheit von φ in der Form

$$f'(0) = 2\,(y, \varphi e_1) - 2\,(e_1, \varphi e_1)\,(e_1, y)$$

*) Vgl. Kap. 6, § 2, Aufgaben 6 u. 7.

schreiben kann. Somit folgt

$$(y, \varphi e_1) - (e_1, \varphi e_1)(e_1, y) = 0$$

und da y beliebig war,

$$\varphi e_1 = (e_1, \varphi e_1) e_1 .$$

Diese Gleichung besagt, daß e_1 ein Eigenvektor ist und

$$\lambda_1 = (e_1, \varphi e_1)$$

der zugehörige Eigenwert.

7.7. Konstruktion weiterer Eigenvektoren. Nun ist es leicht, ein System von n paarweise orthogonalen Eigenvektoren zu konstruieren. Wir betrachten das orthogonale Komplement A_1 des Eigenvektors e_1. Dieses wird durch die Abbildung φ in sich übergeführt; ist nämlich x ein Vektor von A_1,

$$(e_1, x) = 0 ,$$

so folgt

$$(e_1, \varphi x) = (\varphi e_1, x) = \lambda_1 (e_1, x) = 0 ,$$

d. h. auch der Bildvektor liegt in A_1. Die Abbildung φ induziert somit im Raume A_1 eine (ebenfalls selbstadjungierte) Abbildung und diese muß nach dem Ergebnis von 7.6 einen Eigenvektor e_2 besitzen. Damit haben wir einen zu e_1 orthogonalen Eigenvektor e_2 konstruiert.

Um einen dritten Eigenvektor zu erhalten, betrachte man die Abbildung φ im orthogonalen Komplement der von e_1 und e_2 erzeugten Ebene und wende wieder das Ergebnis von 7.6 an. So erhält man schließlich ein System von n paarweise orthogonalen Eigenvektoren e_ν $(\nu = 1 \ldots n)$.

Wenn man diese Vektoren auf die Länge eins normiert, bilden sie eine orthonormierte Basis des Raumes A,

$$(e_\nu, e_\mu) = \delta_{\nu\mu} ;$$

in dieser Basis hat die Abbildung φ die Gestalt

$$\varphi e_\nu = \lambda_\nu e_\nu .$$

Eine selbstadjungierte Abbildung kann somit in einer geeignet gewählten orthonormierten Basis durch eine Diagonalmatrix dargestellt werden. Dabei stehen in der Hauptdiagonale die Eigenwerte.

7.8. Die Eigenvektorräume. Unter dem zum Eigenwert λ gehörigen Eigenvektorraum E_λ versteht man die Gesamtheit der Vektoren, die der Gleichung

$$\varphi x = \lambda x$$

genügen, den Nullvektor eingeschlossen. Je zwei Eigenvektorräume E_{λ_i} und E_{λ_k} $(\lambda_i \neq \lambda_k)$ sind dann zueinander orthogonal und die direkte

Summe aller Räume E_{λ_i} ist der ganze Raum A,

$$A = E_{\lambda_1} \oplus E_{\lambda_2} \oplus \ldots \oplus E_{\lambda_r}.$$

Wählt man in jedem Eigenvektorraum E_i eine Basis, so bilden diese Vektoren zusammen eine Basis von A; berechnet man das charakteristische Polynom der Abbildung φ in dieser Basis, so findet man

$$\chi(\lambda) = (-1)^n (\lambda - \lambda_1)^{k_1} \ldots (\lambda - \lambda_r)^{k_r} \qquad (\lambda_i \neq \lambda_k \text{ für } i \neq k)$$

wobei k_i die Dimension von E_i $(i = 1 \ldots r)$ bezeichnet. Hieraus folgt, daß die Dimension von E_i gleich der Vielfachheit des Eigenwertes λ_i als Wurzel des charakteristischen Polynoms ist.

7.9. Eigenwerte einer symmetrischen Matrix. Das Ergebnis von 7.7, auf Matrizen übersetzt, besagt, daß die charakteristische Gleichung

$$\det(\alpha_\nu^\mu - \lambda\delta_\nu^\mu) = 0$$

einer symmetrischen Matrix α_ν^μ lauter reelle Wurzeln hat. Erklärt man nämlich zu einer gegebenen Matrix (α_ν^μ) die Selbstabbildung φ durch die Zuordnungen

$$\varphi x_\nu = \sum_\mu \alpha_\nu^\mu x_\mu,$$

wobei die Vektoren x_ν $(\nu = 1 \ldots n)$ eine orthonormierte Basis eines Euklidischen Raumes bilden, so ist diese selbstadjungiert und somit gibt es eine orthonormierte Basis e_ν $(\nu = 1 \ldots n)$, in der φ die Form

$$\varphi e_\nu = \lambda_\nu e_\nu$$

hat. Vergleicht man die charakteristischen Polynome von φ in diesen beiden Basen, so folgt

$$\det(\alpha_\nu^\mu - \lambda\delta_\nu^\mu) = (\lambda_1 - \lambda) \ldots (\lambda_n - \lambda),$$

d. h. das charakteristische Polynom zerfällt in lauter reelle Linearfaktoren.

Aufgaben: 1. Man zeige auf direktem Weg, daß eine symmetrische zweireihige Matrix reelle Eigenwerte hat.

2. Man beweise für eine beliebige lineare Selbstabbildung φ die Ungleichung

$$\operatorname{Sp}(\tilde{\varphi}\varphi) \geq 0$$

und zeige, daß das Gleichheitszeichen nur für die Nullabbildung steht.

3. Man zeige, daß man zu einer antiselbstadjungierten Abbildung φ immer eine orthonormierte Basis konstruieren kann, in der die Matrix

von φ die Gestalt

$$\begin{pmatrix} 0 & \varkappa_1 & & & & & & \\ -\varkappa_1 & 0 & & & & & & \\ & & \ddots & & & & & \\ & & & 0 & \varkappa_p & & & \\ & & & -\varkappa_p & 0 & & & \\ & & & & & 0 & & \\ & & & & & & \ddots & \\ & & & & & & & 0 \end{pmatrix}$$

hat, wobei an den freigelassenen Stellen lauter Nullen stehen.

Anleitung. Man betrachte zunächst die Abbildung φ^2.

4. Es sei φ eine selbstadjungierte Abbildung mit den Eigenvektoren e_ν $(\nu = 1 \ldots n)$,

$$(e_\nu, e_\mu) = \delta_{\nu\mu}\,.$$

Setzt man dann

$$\varphi_\lambda x = \varphi x - \lambda x\,,$$

so gilt für jedes λ, das von allen Eigenwerten verschieden ist,

$$\varphi_\lambda^{-1} y = \sum_\nu \frac{(y, e_\nu)}{\lambda_\nu - \lambda} e_\nu\,.$$

Ferner zeige man, daß für einen Eigenwert λ_i die Gleichung

$$\varphi_{\lambda_i} x = y$$

genau dann lösbar ist, wenn y auf dem Eigenvektorraum E_{λ_i} orthogonal steht. In diesem Fall ist durch

$$x = \sum_{\lambda_\nu \neq \lambda_i} \frac{(y, e_\nu)}{\lambda_\nu - \lambda} e_\nu$$

eine Lösung der obigen Gleichung gegeben, und zwar ist dies diejenige (eindeutig bestimmte), die auf dem Eigenvektorraum E_{λ_i} orthogonal steht.

§ 3. Bilineare Funktionen im Euklidischen Raum

7.10. Beziehung zu den linearen Selbstabbildungen. Ist A, A^* ein Paar dualer Räume, so bestimmt eine bilineare Funktion $\Phi(x, y)$ in A zwei zueinander duale Abbildungen φ und φ^* von A in A^*. Diese hängen mit Φ durch die Beziehungen

$$\left.\begin{aligned} \Phi(x, y) &= \{\varphi x, y\} \\ \text{und} \qquad \Phi(x, y) &= \{\varphi^* y, x\} \end{aligned}\right\} \tag{7.6}$$

zusammen [vgl. (2.32)]. Ist der Raum A Euklidisch, so kann man für den dualen Raum A^* den Raum A selbst wählen und erhält so zu jeder Bilinearfunktion Φ zwei zueinander adjungierte Selbstabbildungen φ

und $\tilde{\varphi}$ des Raumes A, die durch die Gleichungen

$$\begin{aligned} \Phi(x, y) &= (\varphi x, y) \\ \Phi(x, y) &= (x, \tilde{\varphi} y) \end{aligned} \tag{7.7}$$

bestimmt sind. Speziell gehört somit zu einer symmetrischen Bilinearfunktion eine selbstadjungierte Abbildung und zu einer schiefsymmetrischen Bilinearfunktion eine antiselbstadjungierte Abbildung.

Wählt man im Raume A eine Basis x_ν $(\nu = 1 \ldots n)$, so erhält man eine einfache Beziehung zwischen den Matrizen der Bilinearfunktion Φ und der Abbildung φ bzw. $\tilde{\varphi}$. Bezeichnet man diese mit $a_{\nu\mu}$, α_ν^μ und β_ν^μ, so folgt aus (7.7)

$$a_{\nu\mu} = \sum_\lambda \alpha_\nu^\lambda g_{\lambda\mu}$$

und

$$a_{\nu\mu} = \sum_\lambda \beta_\mu^\lambda g_{\lambda\nu}.$$

Ist die Basis x_ν speziell orthonormiert, so vereinfachen sich diese Beziehungen zu

$$a_{\nu\mu} = \alpha_\nu^\mu = \beta_\mu^\nu.$$

7.11. Eigenwerte einer symmetrischen Bilinearfunktion. Auf Grund der umkehrbar eindeutigen Beziehung zwischen den symmetrischen Bilinearfunktionen und den selbstadjungierten Abbildungen kann man auch für eine solche Bilinearfunktion Eigenwerte und Eigenvektoren definieren. Man versteht darunter die Eigenwerte bzw. Eigenvektoren der zugehörigen Abbildung. Ist also x_1 ein Eigenvektor der Bilinearfunktion Φ und λ der zugehörige Eigenwert, so gilt für die entsprechende Abbildung φ

$$\varphi x_1 = \lambda x_1$$

und somit

$$\Phi(x_1, y) = \lambda (x_1, y), \tag{7.8}$$

und zwar identisch in y. Umgekehrt folgt aus der Beziehung (7.8), daß x_1 ein Eigenvektor der Abbildung φ sein muß; denn dann gilt für alle y

$$(\varphi x_1 - \lambda x_1, y) = \Phi(x_1, y) - \lambda (x_1, y) = 0$$

und hieraus folgt

$$\varphi x_1 = \lambda x_1.$$

Die Eigenvektoren und Eigenwerte einer symmetrischen Bilinearfunktion können somit auch durch die Beziehung (7.8) charakterisiert werden.

Wendet man nun das Ergebnis von § 2 an, so folgt, daß es zu jeder symmetrischen Bilinearfunktion Φ ein System von n paarweise orthogonalen Eigenvektoren e_ν gibt. Normiert man diese auf die Länge eins, so bilden sie eine orthonormierte Basis des Raumes A, in der die Bilinearfunktion Φ die Matrix

$$\Phi(e_\nu, e_\mu) = \lambda_\nu \, \delta_{\nu\mu}$$

hat. Zu einer symmetrischen Bilinearfunktion Φ in einem Euklidischen Raum gibt es somit immer eine orthonormierte Basis, in der die Matrix dieser Bilinearfunktion Diagonalgestalt hat.

Aufgabe: Man berechne die Eigenwerte der quadratischen Form

$$\Phi(x) = 2 \sum_{\nu < \mu} \xi^\nu \xi^\mu .$$

§ 4. Längentreue Abbildungen

7.12. Eine lineare Abbildung eines Euklidischen Raumes A in einen Euklidischen Raum B heißt *längentreu* oder *isometrisch*, wenn sie das Skalarprodukt erhält,

$$(\varphi x, \varphi y) = (x, y) . \tag{7.9}$$

Hieraus folgt speziell für $y = x$

$$|\varphi x| = |x| .$$

Umgekehrt ergibt sich aus dieser Gleichung wieder (7.9), denn dann wird

$$2(\varphi x, \varphi y) = |\varphi(x + y)|^2 - |\varphi x|^2 - |\varphi y|^2 = (|x + y|^2 - |x|^2 - |y|^2) = 2(x, y) .$$

Eine längentreue Abbildung ist immer regulär; geht nämlich ein Vektor x in den Nullvektor über, so folgt

$$|x| = |\varphi x| = 0$$

und hieraus $x = 0$, was die Regularität von φ bedeutet.

Wir nehmen im folgenden an, daß die Räume A und B dieselbe Dimension haben, so daß also φ eine Abbildung von A *auf* B ist. Dann ist φ^{-1} eine längentreue Abbildung von B auf A. Setzt man in (7.9) statt y $\varphi^{-1}(y)$ ein, so erhält man die Beziehung

$$(\varphi x, y) = (x, \varphi^{-1} y) ,$$

die besagt, daß die inverse Abbildung mit der adjungierten übereinstimmt,

$$\tilde{\varphi} = \varphi^{-1}. \tag{7.10}$$

Umgekehrt ist eine reguläre Abbildung mit dieser Eigenschaft längentreu, denn aus (7.10) folgt

$$(\varphi x, \varphi y) = (\tilde{\varphi} \varphi x, y) = (x, y) .$$

Eine längentreue Abbildung führt eine orthonormierte Basis von A in eine ebensolche Basis von B über. Umgekehrt ist eine Abbildung mit dieser Eigenschaft längentreu; ist nämlich x_ν $(\nu = 1 \ldots n)$ die orthonormierte Basis und

$$x = \sum_\nu \xi^\nu x_\nu$$

ein beliebiger Vektor, so folgt

$$|\varphi x|^2 = \sum_{\nu,\mu} \xi^\nu \xi^\mu (\varphi x_\nu, \varphi x_\mu) = \sum_{\nu,\mu} \xi^\nu \xi^\mu \delta_{\nu\mu} = \sum_\nu \xi^\nu \xi^\nu = |x|^2,$$

d. h. die Abbildung φ ist längentreu.

Hieraus folgt, daß sich je zwei Euklidische Räume derselben Dimension durch eine längentreue Abbildung ineinander überführen lassen; man wähle in diesen Räumen je eine orthonormierte Basis x_ν bzw. y_ν $(\nu = 1 \ldots n)$ und erkläre die Abbildung φ durch die Zuordnungen

$$\varphi: x_\nu \to y_\nu .$$

7.13. Bedingung für die Matrix. In den Räumen A und B wählen wir zwei beliebige Basen x_ν und y_ν $(\nu = 1 \ldots n)$. Dann bestimmt das Skalarprodukt je eine Matrix

$$g_{\nu\lambda} = (x_\nu, x_\lambda)$$

bzw.

$$h_{\mu\varkappa} = (y_\mu, y_\varkappa)$$

und die Abbildung φ eine Matrix α_ν^μ gemäß

$$\varphi x_\nu = \sum_\mu \alpha_\nu^\mu y_\mu . \tag{7.11}$$

Wenn φ längentreu ist, gilt

$$(\varphi x_\nu, \varphi x_\lambda) = (x_\nu, x_\lambda) . \tag{7.12}$$

Setzt man hier für φx_ν nach (7.11) ein, so folgt für die Matrix α_ν^μ die Bedingung

$$\sum_{\mu,\varkappa} \alpha_\nu^\mu \alpha_\lambda^\varkappa h_{\mu\varkappa} = g_{\nu\lambda} . \tag{7.13}$$

Umgekehrt ist eine Abbildung φ, deren Matrix der Bedingung (7.13) genügt, längentreu. Denn aus (7.13) folgt zunächst (7.12) und hieraus auf Grund der Bilinearität des Skalarproduktes

$$(\varphi x, \varphi y) = (x, y)$$

für je zwei Vektoren x und y.

Wählt man die Basen x_ν und y_μ insbesondere orthonormiert, so wird

$$g_{\nu\lambda} = \delta_{\nu\lambda} \quad \text{und} \quad h_{\mu\varkappa} = \delta_{\mu\varkappa}$$

und die Bedingungen (7.13) vereinfachen sich zu

$$\sum_{\mu} \alpha_{\nu}^{\mu} \alpha_{\lambda}^{\mu} = \delta_{\nu\lambda} .$$

Diese Gleichungen besagen, daß die Matrix (α_{ν}^{μ}) orthogonal ist.

7.14. Längentreue Selbstabbildungen. Von besonderem Interesse ist der Fall einer längentreuen Selbstabbildung des Raumes A. Eine solche Abbildung heißt eine *Drehung*. Nach (7.10) stimmt die Inverse einer längentreuen Abbildung mit der adjungierten Abbildung überein,

$$\varphi \tilde{\varphi} = \iota$$

und hieraus folgt, wenn man zur Determinante übergeht,

$$(\det \varphi)^2 = 1 .$$

Es ist somit

$$\det \varphi = \pm 1 ,$$

d. h. eine Drehung kann nur die Determinante ± 1 haben. Erhält φ überdies die Orientierung, so muß die Determinante positiv sein, also $\det \varphi = +1$. Eine solche Drehung heißt *eigentlich*. Entsprechend nennt man eine Drehung mit Umkehrung der Orientierung, deren Determinante also gleich -1 ist, *uneigentlich*.

7.15. Eigenwerte einer Drehung. Es sei x ein Eigenvektor der Drehung φ und λ der zugehörige Eigenwert,

$$\varphi x = \lambda x \qquad (x \neq 0) .$$

Dann folgt, wenn man zum Betrag übergeht,

$$|\varphi x| = |\lambda| \, |x|$$

und somit, da $|\varphi x| = |x|$

$$|\lambda| = 1 .$$

Eine Drehung kann somit nur die Eigenwerte ± 1 haben.

Wir setzen jetzt die Dimension des Raumes A als ungerade voraus. Dann muß eine eigentliche Drehung φ als orientierungserhaltende Abbildung einen positiven Eigenwert haben (vgl. 4.2) und dieser kann also nur $+1$ sein. Damit ist gezeigt: *Eine eigentliche Drehung eines Raumes ungerader Dimension hat immer den Eigenwert* $+1$. *Es gibt somit einen eindimensionalen Unterraum, dessen Vektoren festbleiben.*

Ebenso zeigt man, daß eine uneigentliche Drehung eines Raumes von ungerader Dimension den Eigenwert -1 haben muß. Der zugehörige Eigenvektorraum erfährt durch φ eine Spiegelung am Nullpunkt.

Im Falle *gerader Dimension* kann man für eine eigentliche Drehung keine Existenzaussage über Eigenvektoren machen. Dies sieht man schon am Beispiel der Drehungen einer Ebene. Dagegen muß eine uneigentliche Drehung mindestens einen positiven und einen negativen

Eigenwert haben. Es gibt daher in diesem Fall Vektoren, die festbleiben und Vektoren, die am Nullpunkt gespiegelt werden.

Aufgabe: Man zeige, daß eine Drehung genau dann selbstadjungiert ist, wenn ihr Quadrat die identische Abbildung ist.

§ 5. Drehungen der Ebene und des dreidimensionalen Raumes

7.16. Im folgenden soll speziell die Drehungen für die Dimensionen zwei und drei eingehender betrachtet werden. Es sei zunächst φ eine Drehung der Euklidischen Ebene A. Wir wählen eine orthonormierte Basis e_1, e_2 und schreiben den Vektor φe_1 in der Form

$$\varphi e_1 = \alpha e_1 + \beta e_2 , \tag{7.14}$$

wobei

$$\alpha^2 + \beta^2 = 1 .$$

Dann muß der Bildvektor φe_2 von der Form

$$\varphi e_2 = \pm (-\beta e_1 + \alpha e_2)$$

sein, denn er steht auf φe_1 orthogonal und hat die Länge eins. Dabei steht das positive oder das negative Zeichen, je nachdem φ eine eigentliche oder eine uneigentliche Drehung ist, denn aus den obigen Gleichungen erhält man für die Determinante von φ

$$\det \varphi = \pm (\alpha^2 + \beta^2).$$

Wir nehmen jetzt an, φ sei eine eigentliche Drehung, so daß also

$$\varphi e_2 = -\beta e_1 + \alpha e_2 . \tag{7.15}$$

e sei ein beliebiger Einheitsvektor und ω der Winkel zwischen e und φe. Diesen Winkel kann man im Intervall $-\pi < \omega \leqq \pi$ eindeutig normieren, wenn man die Ebene A vorher orientiert, was im folgenden angenommen ist. Dann ist ω durch die beiden Gleichungen

$$\cos\omega = (e, \varphi e) \quad \text{und} \quad \sin\omega = \Delta (e, \varphi e)$$

bestimmt, wobei die schiefsymmetrische Funktion Δ gemäß (6.13) normiert ist, so daß also die Identität

$$\Delta (x_1, x_2)^2 = (x_1, x_1)(x_2, x_2) - (x_1, x_2)^2$$

gilt. Das Vorzeichen von Δ ist so zu wählen, daß diese Funktion die gegebene Orientierung repräsentiert.

Der Einheitsvektor e habe in der betrachteten Basis die Komponenten ξ^1, ξ^2,

$$e = \xi^1 e_1 + \xi^2 e_2 .$$

Dann wird

$$\varphi e = e_1 (\alpha \xi^1 - \beta \xi^2) + e_2 (\beta \xi^1 + \alpha \xi^2)$$

und man erhält für den Winkel ω

$$\cos\omega = \alpha\,(\xi^1\xi^1 + \xi^2\xi^2) = \alpha$$

und (7.16)

$$\sin\omega = \beta\Delta\,(e_1, e_2) = \beta\varepsilon\,,$$

wobei $\varepsilon = \pm 1$, je nachdem die Basis e_1, e_2 die gegebene Orientierung repräsentiert oder nicht.

Die Gleichungen (7.16) besagen, daß der Drehwinkel ω für alle Einheitsvektoren e derselbe ist, da die Komponenten von e nicht mehr auftreten. Dieser Winkel ist somit durch die Abbildung φ (nach Wahl einer festen Orientierung) eindeutig bestimmt. Er heißt der *Drehwinkel* von φ. Kehrt man die Orientierung der Ebene A um, so ändert Δ und damit der Winkel ω sein Vorzeichen.

Drückt man in den Gleichungen (7.14) und (7.15) die Koeffizienten α und β durch ω aus, so erhält man für φ die Darstellung

$$\begin{aligned}\varphi e_1 &= e_1\cos\omega + \varepsilon e_2\sin\omega\\ \varphi e_2 &= -\varepsilon\, e_1\sin\omega + e_2\cos\omega\,.\end{aligned}\qquad(7.17)$$

Dabei ist, wie bereits erwähnt, $\varepsilon = \pm 1$, je nachdem die Basis e_1, e_2 die Orientierung der Ebene A repräsentiert oder nicht.

7.17. Drehungen des dreidimensionalen Raumes. Es sei jetzt φ eine eigentliche Drehung des dreidimensionalen Euklidischen Raumes A. Dann gibt es, wie in 7.15 gezeigt wurde, einen Vektor u ($u \neq 0$), der festbleibt und dasselbe gilt von den Vielfachen dieses Vektors. Andererseits sind dies die einzigen Vektoren, die festbleiben, wenn die Drehung φ von der identischen Abbildung verschieden ist. Um dies zu zeigen, sei v ein von u linear unabhängiger Vektor, der ebenfalls festbleibt. Dann bleiben auch alle Vektoren der von u und v erzeugten Ebene fest. Nun sei w ($w \neq 0$) ein Vektor, der auf dieser Ebene orthogonal steht. Dann muß dasselbe für den Bildvektor φw gelten und somit folgt

$$\varphi w = \varepsilon w \qquad (\varepsilon = \pm 1).$$

Ist $\varepsilon = +1$, so ist φ die Identität, was wir ausgeschlossen haben. Im Falle $\varepsilon = -1$ besteht φ in einer Spiegelung an der von u und v erzeugten Ebene und ist daher keine eigentliche Drehung.

Die festbleibenden Vektoren liegen somit in einer eindeutig bestimmten Geraden, der *Drehachse* von φ. Es bezeichne jetzt E die zu dieser Geraden orthogonalen Ebene. Ist y ein beliebiger Vektor von E, so gilt

$$(u, \varphi y) = (\varphi u, \varphi y) = (u, y) = 0\,,$$

d. h. auch der Bildvektor φy liegt in E. Die Abbildung φ induziert somit in der Ebene E eine (selbstverständlich wieder längentreue) Selbstabbildung; und zwar ist dies wieder eine *eigentliche* Drehung. Da nämlich φ eine eigentliche Drehung ist, gilt für jede Determinantenfunktion Δ

$$\Delta(\varphi x_1, \varphi x_2, \varphi x_3) = \Delta(x_1, x_2, x_3) \tag{7.18}$$

identisch in x_1, x_2 und x_3. Definiert man nun in der Ebene E eine Determinantenfunktion Δ_1 durch die Gleichung

$$\Delta_1(x_1, x_2) = \Delta(x_1, x_2, u),$$

wobei u einen festen Vektor der Drehachse bezeichnet, so folgt aus (7.18)

$$\Delta_1(\varphi x_1, \varphi x_2) = \Delta_1(x_1, x_2).$$

Diese Gleichung besagt, daß die von φ in E induzierte Abbildung die Determinante $+1$ hat, also wieder eine eigentliche Drehung ist.

7.18. Berechnung des Drehwinkels. Um den Winkel zu bestimmen, um den die Ebene E gedreht wird, legen wir zunächst in dieser Ebene eine Orientierung fest. Weiter wählen wir eine orthonormierte Basis e_ν $(\nu = 1, 2, 3)$ des Raumes A, so daß Vektoren e_1, e_2 in der Ebene E liegen und deren Orientierung repräsentieren. In dieser Basis hat die Abbildung φ nach (7.17) die Form

$$\begin{aligned} \varphi e_1 &= e_1 \cos\omega + e_2 \sin\omega \\ \varphi e_2 &= -e_1 \sin\omega + e_2 \cos\omega \qquad (-\pi < \omega \leqq \pi)\,. \\ \varphi e_3 &= e_3 \end{aligned} \tag{7.19}$$

Berechnet man hieraus die Spur, so erhält man

$$\operatorname{Sp}\varphi = 2\cos\omega + 1$$

und somit

$$\cos\omega = \tfrac{1}{2}(\operatorname{Sp}\varphi - 1)\,. \tag{7.20}$$

Mittels dieser Formel kann man den Cosinus des Drehwinkels aus der Matrix der Abbildung bezüglich einer beliebigen (nicht notwendig orthonomierten) Basis berechnen. Bezeichnet nämlich α_ν^μ diese Matrix, so ist andererseits

$$\operatorname{Sp}\varphi = \sum_\nu \alpha_\nu^\nu$$

und damit hat man die Formel

$$\cos\omega = \tfrac{1}{2}\left(\sum_\nu \alpha_\nu^\nu - 1\right)$$

Durch die Formel (7.20) ist der Winkel ω erst bis aufs Vorzeichen festgelegt. Um dieses noch zu bestimmen, soll noch eine Formel für $\sin\omega$ angegeben werden. Dazu betrachten wir die Abbildung

$$\psi = \varphi - \tilde{\varphi}\,. \tag{7.21}$$

Diese ist antiselbstadjungiert und somit in der Form

$$\psi x = [a, x] \tag{7.22}$$

darstellbar (vgl. § 1, Aufgabe 1). Dabei ist angenommen, daß der Raum A (unabhängig von der Ebene E) orientiert ist, damit das Vektorprodukt eindeutig definiert ist. Wir können voraussetzen, daß $a \neq 0$, denn sonst ist ψ die Nullabbildung, also φ selbstadjungiert und es folgt aus (7.19), daß $\sin \omega = 0$.

Setzt man in (7.21) für x den Vektor e_3 ein, so wird

$$\psi e_3 = \varphi e_3 - \tilde{\varphi} e_3 = \varphi e_3 - \varphi^{-1} e_3 = 0$$

und es ist somit nach (7.22)

$$[a, e_3] = 0 .$$

Dies besagt, daß der Vektor a in der Drehachse liegt.

Setzt man ferner in (7.21) $x = e_1$, so erhält man nach (7.19)

$$\psi e_1 = \varphi e_1 - \tilde{\varphi} e_1 = 2\, e_2 \sin \omega$$

und hieraus

$$\sin \omega = \tfrac{1}{2} (e_2, \psi e_1) .$$

Andererseits ist nach (7.22)

$$\psi e_1 = [a, e_1]$$

und somit folgt

$$\sin \omega = \tfrac{1}{2} (e_2, [a, e_1]) = \tfrac{1}{2} \Delta (e_2, a, e_1) = \tfrac{1}{2} \Delta (e_1, e_2, a) , \qquad (7.23)$$

d. h. der Sinus des Drehwinkels hat dasselbe Vorzeichen wie $\Delta(e_1, e_2, a)$, ist also positiv oder negativ, je nachdem die Ebene E zusammen mit dem Vektor a die Orientierung des Raumes A bestimmt oder nicht.

Für den Betrag von $\sin \omega$ erhält man aus (7.23) noch die Formel

$$|\sin \omega| = \tfrac{1}{2} |\Delta (e_1, e_2, a)| = \tfrac{1}{2} |a| .$$

Der aus der Abbildung ψ nach (7.22) bestimmte Vektor a gibt somit seiner Richtung nach die Drehachse und seinem Betrage nach den doppelten Sinus des Drehwinkels an.

Aufgaben: 1. Bezeichnet (α_ν^μ) die Matrix der Drehung φ in bezug auf eine orthonormierte Basis, welche die Orientierung des Raumes A repräsentiert, so erhält man die Koordinaten des Vektors a nach der Formel

$$\xi^1 = \alpha_3^2 - \alpha_2^3 , \quad \xi^2 = \alpha_1^3 - \alpha_3^1 , \quad \xi^3 = \alpha_2^1 - \alpha_1^2 .$$

Man bestimme speziell Achse und Drehwinkel der orthogonalen Abbildung, welche zur Matrix

$$\begin{pmatrix} -\frac{1}{3} & \frac{2}{3} & -\frac{2}{3} \\ \frac{2}{3} & \frac{2}{3} & \frac{1}{3} \\ \frac{2}{3} & -\frac{1}{3} & -\frac{2}{3} \end{pmatrix}$$

gehört.

2. Man beweise für den Drehwinkel die Formel

$$4\,(1+\cos\omega)=\det\,(\varphi+\iota)\,.$$

3. Man zeige, daß eine orthogonale Matrix mit der Determinante $+1$ der Indentität

$$\Bigl(\sum_\nu \alpha_\nu^\nu-1\Bigr)^2+\sum_{\nu<\mu}(\alpha_\mu^\nu-\alpha_\nu^\mu)^2=4$$

genügt.

4. Man zeige, daß sich eine uneigentliche Drehung der Ebene in einer passenden Basis in der Form

$$\varphi x_1=x_1\,,\quad \varphi x_2=-x_2$$

darstellen läßt.

5. Es sei φ eine uneigentliche Drehung des dreidimensionalen Raumes, die von der Abbildung $x\to -x$ verschieden ist. Dann gibt es eine eindeutig bestimmte Gerade, die am Nullpunkt gespiegelt wird. Dabei wird in der zu ihr orthogonalen Ebene eine eigentliche Drehung induziert, deren Winkel durch die Gleichung

$$\cos\omega=\tfrac{1}{2}\,(\mathrm{Sp}\,\varphi+1)$$

bestimmt ist.

6. Es sei φ eine von ι und $-\iota$ verschiedene reguläre Selbstabbildung eines zweidimensionalen linearen Raumes A. Man zeige, daß man genau dann in den Raum A ein Skalarprodukt einführen kann, so daß φ eine eigentliche Drehung wird, wenn

$$\det\varphi=1\quad\text{und}\quad|\mathrm{Sp}\,\varphi|<2\,.$$

7. Eine lineare Selbstabbildung eines Euklidischen Raumes heißt *normal*, wenn sie mit der adjungierten Abbildung vertauschbar ist. Man zeige, daß eine normale Abbildung φ der Ebene entweder selbstadjungiert oder von der Form $\varphi=\lambda\tau$ ist, wobei τ eine Drehung und λ eine Zahl bezeichnet.

Achtes Kapitel

Symmetrische Bilinearfunktionen

Es war schon mehrfach von symmetrischen bilinearen Funktionen in einem linearen Räume die Rede. Zum Beispiel beruhen alle in Kap. VI hergeleiteten Eigenschaften des Euklidischen Raumes auf der Bilinearität, der Symmetrie und der Definitheit des skalaren Produktes. Man kann sich fragen, welche dieser Eigenschaften von der Definitheit unabhängig sind und somit auch für Räume mit einem allgemeineren Skalarprodukt gelten; wir werden darauf in § 4 zurückkommen. Zunächst sollen die symmetrischen Bilinearfunktionen in einem linearen Raume systematisch untersucht werden. Dabei legen wir einen reellen linearen Raum zugrunde.

§ 1. Bilineare und quadratische Funktionen

8.1. Es sei also $\Phi(x, y)$ eine symmetrische bilineare Funktion im reellen linearen Raume A. Setzt man $y = x$, so erhält man eine Funktion

$$\Phi(x) = \Phi(x, x)$$

eines Vektors x, welche die zu $\Phi(x, y)$ gehörige *quadratische Funktion* heißen soll. Umgekehrt läßt sich die bilineare Funktion $\Phi(x, y)$ durch die quadratische Funktion ausdrücken nach der Gleichung

$$\Phi(x, y) = \tfrac{1}{2}\{\Phi(x + y) - \Phi(x) - \Phi(y)\}, \tag{8.1}$$

woraus insbesondere hervorgeht, daß zu verschiedenen symmetrischen Bilinearfunktionen auch verschiedene quadratische Funktionen gehören.

Wählt man im Raume A eine Basis x_ν $(\nu = 1 \ldots n)$, so bestimmt die bilineare Funktion Φ eine Matrix $\alpha_{\nu\mu}$ gemäß

$$\alpha_{\nu\mu} = \Phi(x_\nu, x_\mu) \qquad (\alpha_{\nu\mu} = \alpha_{\mu\nu}).$$

Dann drückt sich der Funktionswert $\Phi(x, y)$ durch die Komponenten dieser Vektoren als die *symmetrische bilineare Form*

$$\Phi(x, y) = \sum_{\nu,\mu} \alpha_{\nu\mu}\, \xi^\nu \eta^\mu$$

aus. Hieraus erhält man für $y = x$ die *quadratische Form*

$$\Phi(x) = \sum_{\nu,\mu} \alpha_{\nu\mu} \xi^\nu \xi^\mu .$$

8.2. Die Funktionalgleichung der quadratischen Funktionen. Es erhebt sich die Frage, wann eine gegebene Funktion $\Phi(x)$ quadratisch ist, d. h. von der Form

$$\Phi(x) = \Phi(x, x),$$

wobei $\Phi(x, y)$ eine symmetrische bilineare Funktion bezeichnet. Notwendig hierfür ist jedenfalls die Beziehung

$$\Phi(x + y) + \Phi(x - y) = 2\,\Phi(x) + 2\,\Phi(y), \tag{8.2}$$

die sich direkt aus der Bilinearität von $\Phi(x, y)$ ergibt. Eine zweite notwendige Bedingung ist die Stetigkeit; denn eine bilineare Funktion ist in beiden Argumenten stetig (vgl. 4.5) und somit muß die Funktion $\Phi(x)$ ebenfalls stetig sein.

Wir zeigen jetzt umgekehrt, daß jede stetige Funktion $\Phi(x)$, die der Beziehung (8.2) genügt, eine quadratische Funktion ist. Zunächst folgt aus (8.2), wenn man $x = y = 0$ setzt,

$$\Phi(0) = 0 .$$

Hieraus ergibt sich nach (8.2) weiter für beliebiges y und $x = 0$

$$\Phi(-y) = \Phi(y).$$

Wir suchen nun eine symmetrische bilineare Funktion $\Phi(x, y)$ zu bestimmen, die für $y = x$ in die gegebene Funktion $\Phi(x)$ übergeht. Diese muß dann notwendig durch den Ausdruck

$$\Phi(x, y) = \frac{1}{2}\{\Phi(x + y) - \Phi(x) - \Phi(y)\} \tag{8.3}$$

gegeben sein. Es bleibt also zu zeigen, daß die so definierte Funktion tatsächlich bilinear und symmetrisch ist. Die Symmetrie folgt unmittelbar aus (8.3) und es genügt daher, die Linearität in bezug auf x zu beweisen.

Aus (8.3) ergeben sich die Gleichungen

$$\begin{aligned} 2\Phi(x_1 + x_2, y) &= \Phi(x_1 + x_2 + y) - \Phi(x_1 + x_2) - \Phi(y) \\ 2\Phi(x_1, y) &= \Phi(x_1 + y) \qquad - \Phi(x_1) \qquad - \Phi(y) \\ 2\Phi(x_2, y) &= \Phi(x_2 + y) \qquad - \Phi(x_2) \qquad - \Phi(y) \end{aligned}$$

und hieraus folgt

$$\begin{gathered} 2\{\Phi(x_1 + x_2, y) - \Phi(x_1, y) - \Phi(x_2, y)\} = \{\Phi(x_1 + x_2 + y) + \\ + \Phi(y)\} - \{\Phi(x_1 + y) + \Phi(x_2 + y)\} - \{\Phi(x_1 + x_2) - \Phi(x_1) - \Phi(x_2)\}. \end{gathered} \tag{8.4}$$

Nun ist nach (8.2)

$$\Phi(x_1 + x_2 + y) + \Phi(y) = \frac{1}{2}\{\Phi(x_1 + x_2 + 2y) + \Phi(x_1 + x_2)\}$$

und

$$\Phi(x_1 + y) + \Phi(x_2 + y) = \frac{1}{2}\{\Phi(x_1 + x_2 + 2y) + \Phi(x_1 - x_2)\}$$

und somit wird die rechte Seite von (8.4) gleich

$$\frac{1}{2}\{-\Phi(x_1 + x_2) - \Phi(x_1 - x_2) + 2\Phi(x_1) + 2\Phi(x_2)\}.$$

Dies verschwindet aber nach der Funktionalgleichung (8.2) und man hat

$$\Phi(x_1 + x_2, y) = \Phi(x_1, y) + \Phi(x_2, y). \tag{8.5}$$

Es bleibt noch die Linearität von $\Phi(x, y)$ bezüglich der Multiplikation mit λ zu beweisen,

$$\Phi(\lambda x, y) = \lambda\Phi(x, y). \tag{8.6}$$

Dabei können wir uns auf positive Faktoren λ beschränken, denn nach (8.3) ist

$$\Phi(-x, y) = \frac{1}{2}\{\Phi(-x + y) - \Phi(x) - \Phi(y)\}$$

und somit wegen (8.2)

$$\Phi(-x, y) = -\Phi(x, y).$$

Es sei nun zunächst k eine natürliche Zahl; dann folgt nach (8.5)

$$\Phi(kx, y) = k\Phi(x, y), \qquad (k = 1, 2 \ldots)$$

die Beziehung (8.6) gilt somit für ganze Zahlen λ. Zweitens sei λ eine rationale Zahl,

$$\lambda = \frac{p}{q}.$$

Dann gilt

$$q\Phi\left(\frac{p}{q}x, y\right) = \Phi(px, y) = p\Phi(x, y)$$

und hieraus erhält man wieder (8.6). Ist schließlich λ eine irrationale Zahl, so sei $\lambda_n (n = 1, 2 \ldots)$ eine Folge von rationalen Zahlen die nach λ konvergiert. Dann gilt, wie eben gezeigt

$$\Phi(\lambda_n x, y) = \lambda_n \Phi(x, y). \tag{8.7}$$

Nun ist $\Phi(x)$ nach Voraussetzung stetig und damit auch die Funktion $\Phi(x, y)$. Daher erhält man aus (8.7) für $n \to \infty$

$$\Phi(\lambda x, y) = \lambda\Phi(x, y),$$

womit die Beziehung (8.6) allgemein bewiesen ist.

8.3. Ausartungsraum. Die Gesamtheit der Vektoren x_1, für die Φ identisch in y verschwindet,

$$\Phi(x_1, y) = 0 \tag{8.8}$$

bildet offenbar einen Unterraum A_0 von A, den wir den *Ausartungsraum* von Φ nennen. Reduziert sich dieser auf den Nullvektor, besteht also die Gleichung (8.8) identisch in y nur für $x_1 = 0$, so heißt Φ nichtausgeartet, andernfalls ausgeartet. Ist Φ nicht ausgeartet, so kann man den Raum A als zu sich selbst dual auffassen. Tatsächlich sind die Bedingungen I und II von 2.26 erfüllt, wenn man

$$\{x, y\} = \Phi(x, y)$$

setzt. Die Bedingung II besagt gerade, daß Φ nichtausgeartet ist.

Unter dem *Rang* einer Bilinearfunktion versteht man die Differenz $r = n - k$, wobei k die Dimension des Ausartungsraumes bezeichnet. Die nichtausgearteten Bilinearfunktionen sind somit durch den Rang n charakterisiert. Man kann den Rang einer Bilinearfunktion auch als den Rang einer linearen Abbildung auffassen; bezeichnet nämlich A^* irgend einen zu A dualen Raum, so bestimmt die Bilinearfunktion Φ eine lineare Abbildung φ von A in A^*, mit der sie durch die Beziehung

$$\Phi(x, y) = \{\varphi x, y\}$$

zusammenhängt. Hieraus sieht man, daß der Kern von φ mit dem Ausartungsraum von Φ zusammenfällt und somit ist der Rang von φ gleich $n - k$, also gleich dem Rang von Φ.

Aus diesem Zusammenhang ergibt sich weiter, daß der Rang von Φ gleich dem Rang der Matrix

$$\alpha_{\nu\mu} = \Phi(x_\nu, x_\mu)$$

ist, wenn x_ν ($\nu = 1 \ldots n$) eine beliebige Basis des Raumes A bezeichnet. Denn $(\alpha_{\nu\mu})$ ist auch die Matrix der Abbildung φ, wenn man im dualen Raum A^* die zu x_ν ($\nu = 1 \ldots n$) duale Basis wählt und somit ist ihr Rang gleich dem Rang von φ.

8.4. Definitheitscharakter einer quadratischen Funktion. Für eine quadratische Funktion $\Phi(x)$ bestehen folgende Möglichkeiten, die sich gegenseitig ausschließen:

1. Es ist $\Phi(x) \geqq 0$ für alle x und $\Phi(x) = 0$ gilt nur für den Nullvektor. Dann heißt die quadratische Funktion Φ *positiv definit.* Die bilineare Funktion $\Phi(x, y)$ ist in diesem Fall nicht ausgeartet und genügt der Schwarzschen Ungleichung

$$\Phi(x, y)^2 \leqq \Phi(x)\,\Phi(y)\,.$$

Das zeigt man entweder wie in Kap. VI, § 1 oder, indem man die Funktion

$$\Phi(x + \lambda y) = \lambda^2 \Phi(y) + 2\lambda \Phi(x, y) + \Phi(x)$$

der reellen Veränderlichen λ betrachtet. Da für alle λ

$$\Phi(x + \lambda y) \geqq 0\,,$$

muß die Diskriminante negativ oder Null sein, also

$$\Phi(x, y)^2 \leqq \Phi(x)\,\Phi(y)\,.$$

Hier steht das Gleichheitszeichen genau dann, wenn die Vektoren x und y linear abhängig sind.

2. Es ist $\Phi(x) \geqq 0$ aber $\Phi(x) = 0$ für gewisse Vektoren $x \neq 0$. Eine solche quadratische Funktion heißt *positiv semidefinit.* Hier gilt die Schwarzsche Ungleichung immer noch, wie man aus dem obigen Beweis ersieht. Die zugehörige bilineare Funktion ist immer ausgeartet; bezeichnet nämlich x_1 ($x_1 \neq 0$) einen Vektor, für den $\Phi(x_1) = 0$, so folgt nach der Schwarzschen Ungleichung

$$\Phi(x_1, y)^2 \leqq 0$$

und somit

$$\Phi(x_1, y) \;= 0\,.$$

für alle y.

Das Gleichheitszeichen in der Schwarzschen Ungleichung kann jetzt auch dann stehen, wenn die beiden Vektoren linear unabhängig sind; man braucht nur für x einen Vektor des Ausartungsraumes einzusetzen und y beliebig zu lassen.

Entsprechendes gilt für negativ definite bzw. negativ semidefinite Funktionen.

3. Die Funktion Φ nimmt sowohl positive als auch negative Werte an. Dann heißt sie *indefinit*. Für alle indefinite quadratische Funktion gilt die Schwarzsche Ungleichung nicht. Die Bilinearfunktion $\Phi(x, y)$ kann in diesem Fall ausgeartet oder nichtausgeartet sein.

Aufgaben: 1. Es sei $\Phi(x, y)$ eine beliebige (nicht notwendig symmetrische) bilineare Funktion. A_1 bezeichne die Menge der Vektoren x_1, so daß

$$\Phi(x_1, y) = 0$$

identisch in y und A_2 die Menge der Vektoren y_1, so daß

$$\Phi(x, y_1) = 0$$

identisch in x. Man zeige, daß die Unterräume A_1 und A_2 dieselbe Dimension haben.

2. Man zeige, daß eine bilineare Funktion $\Phi(x, y)$ eine quadratische Funktion Ψ im Produktraum $A \times A$ bestimmt, wenn man

$$\Psi[(x, y)] = \Phi(x, y)$$

setzt.

§ 2. Zerlegung des Raumes A

8.5. Im folgenden wird gezeigt, daß man zu einer gegebenen quadratischen Funktion Φ immer eine direkte Zerlegung des Raumes A in drei Unterräume A^+, A^- und A_0 angeben kann, so daß Φ in A^+ positiv definit, in A^- negativ definit und in A_0 identisch Null ist. Dabei nehmen wir zunächst an, daß die zu Φ gehörige symmetrische Bilinearfunktion nicht ausgeartet ist.

Wir können voraussetzen, daß Φ wirklich indefinit ist, denn sonst braucht der Raum A nicht mehr zerlegt zu werden. Es gibt somit gewisse Unterräume von A, in denen $\Phi(x)$ positiv definit ist. Zum Beispiel erzeugt jeder Vektor, in dem Φ einen positiven Wert hat, einen solchen Unterraum. Nun sei A^+ ein Unterraum größter Dimension, so daß Φ in A^+ positiv definit ist.

Da Φ als nichtausgeartet vorausgesetzt ist, können wir den Raum A als seinen eigenen dualen auffassen und daher gehört zum Unterraum A^+ ein orthogonales Komplement A^-. Dieses besteht aus allen Vektoren x^-, so daß

$$\Phi(x^+, x^-) = 0 \tag{8.9}$$

für jedes x^+ aus A^+.

Da Φ in A^+ positiv definit ist, können die Räume A^+ und A^- nur den Nullvektor gemeinsam haben. Andererseits ist die Summe ihrer Dimensionen gleich n (vgl. 2.28) und somit besteht die direkte Zerlegung

$$A = A^+ \oplus A^-.$$

Wir zeigen jetzt, daß Φ in A^- negativ definit ist. Dazu sei $x^-(x^- \neq 0)$ ein beliebiger Vektor von A^-. Wir betrachten den Unterraum U, der von x^- zusammen mit A^+ erzeugt wird. Seine Vektoren sind von der Form

$$x = x^+ + \lambda x^-,$$

wobei x^+ den Raum A^+ durchläuft. Daraus folgt wegen (8.9)

$$\Phi(x) = \Phi(x^+) + \lambda^2 \Phi(x^-).$$

Wäre nun $\Phi(x^-) > 0$, so müßte somit Φ auch im Raume U positiv definit sein, im Widerspruch dazu, daß A^+ ein Raum maximaler Dimension mit dieser Eigenschaft ist. Somit folgt

$$\Phi(x^-) \leqq 0,$$

d. h. Φ ist in A^- negativ semidefinit.

Hieraus kann man nun schließen, daß Φ sogar negativ definit sein muß. Dazu gehen wir von der Schwarzschen Ungleichung

$$\Phi(x_1^-, x^-)^2 \leqq \Phi(x_1^-)\, \Phi(x^-) \tag{8.10}$$

aus, die für je zwei Vektoren von A^- gilt.

Ist nun für einen Vektor von A^-,

$$\Phi(x_1^-) = 0,$$

so folgt nach (8.10)

$$\Phi(x_1^-, x^-) = 0$$

für alle Vektoren aus A^-. Andererseits ist aber auch

$$\Phi(x_1^-, x^+) = 0$$

für alle Vektoren aus A^+, da diese beiden Räume bezüglich Φ zueinander orthogonal sind. Somit folgt

$$\Phi(x_1^-, x) = 0$$

für alle Vektoren x und dies ist nur für $x_1^- = 0$ möglich, da Φ nichtausgeartet ist. Damit ist die Definitheit von Φ in A^- gezeigt.

8.6. Der ausgeartete Fall. Ist die bilineare Funktion Φ ausgeartet, so spaltet man zunächst den Ausartungsraum A_0 ab; d. h. man wählt einen zweiten direkten Summanden A_1 zu A_0, so daß

$$A = A_1 \oplus A_0.$$

Dann ist Φ in A_1 nichtausgeartet; gilt nämlich für einen Vektor x_1 von A_1

$$\Phi(x_1, y) = 0$$

für alle y aus in A_1, so gilt dies auch identisch in A und es folgt, daß x_1 im Ausartungsraum enthalten ist. Somit liegt x_1 im Durchschnitt $A_0 \cap A_1$ und daraus folgt $x_1 = 0$.

Auf den Raum A_1 kann man nun die Konstruktion von 8.5 anwenden und erhält so schließlich eine Zerlegung

$$A = A^+ \oplus A^- \oplus A_0, \tag{8.11}$$

so daß Φ in A^+ positiv definit, in A^- negativ definit und in A_0 identisch Null ist. Damit ist die zu Anfang dieses Paragraphen aufgestellte Behauptung bewiesen.

Wir wählen nun in den Räumen A^+, A^- und A_0 je eine Basis, etwa

$$A^+: (x_1 \ldots x_t), \quad A^-: (x_{t+1} \ldots x_r), \quad A_0: (x_{r+1} \ldots x_n).$$

Dann gilt

$$\Phi(x_\nu, x_\mu) = 0 \quad \text{für } \nu \neq \mu,$$

während

$$\Phi(x_\nu, x_\nu) > 0 \ (\nu = 1 \ldots t), \quad \Phi(x_\nu, x_\nu) < 0 \ (\nu = t+1 \ldots r),$$
$$\Phi(x_\nu, x_\nu) = 0 \ (\nu = r+1 \ldots n).$$

Erklärt man nun die Vektoren e_ν durch die Gleichungen

$$e_\nu = \frac{x_\nu}{\sqrt{|\Phi(x_\nu)|}} \ (\nu = 1 \ldots r), \quad e_\nu = x_\nu \ (\nu = r+1 \ldots n),$$

so hat die Matrix von Φ in der Basis e_ν die Form

$$\Phi(e_\nu, e_\mu) = \varepsilon_\nu \delta_{\nu\mu}, \text{ wobei } \varepsilon_\nu = \begin{cases} +1 \text{ für } \nu = 1 \ldots t \\ -1 \text{ für } \nu = t+1 \ldots r \\ \ \ 0 \text{ für } \nu = r+1 \ldots n \end{cases}$$

8.7. Trägheitsindex. In der Zerlegung (8.11) sind die Räume A^+ und A^- durch Φ offenbar nicht eindeutig bestimmt. Dagegen kann man zeigen, daß die Dimensionen von A^+ und A^- von der Zerlegung (8.11) unabhängig sind. Zum Beweis seien

$$A = A_0 \oplus A_1^+ \oplus A_1^- \tag{8.12}$$

und

$$A = A_0 \oplus A_2^+ \oplus A_2^- \tag{8.13}$$

zwei Zerlegungen, so daß Φ in A_1^+ bzw. A_2^+ positiv und in A_1^- bzw. A_2^- negativ definit ist. Dann besteht der Durchschnitt $A_1^+ \cap A_2^-$ nur aus dem Nullvektor. Nun bezeichne r den Rang von Φ und t_j $(j = 1, 2)$ die Dimension von A_j^+. Dann hat der Raum A_2^- die Dimension $r - t_2$ und es folgt

$$r - t_2 + t_1 \leq r,$$

denn sonst müßte der Durchschnitt $A_1^+ \cap A_2^-$ mindestens eindimensional sein. Damit hat man

$$t_1 \leq t_2$$

und ebenso folgt

$$t_2 \leq t_1.$$

Es ist somit, wie behauptet $t_1 = t_2$. Die Dimension t von A^+, die durch die Bilinearfunktion Φ eindeutig bestimmt ist, heißt der *Trägheitsindex* von Φ.

8.8. Bestimmung des Trägheitsindex. Es bleibt schließlich die Frage zu beantworten, wie man Rang und Trägheitsindex einer quadratischen Funktion Φ aus der zugehörigen quadratischen Form

$$\Phi(x) = \sum_{\nu,\mu} \alpha_{\nu\mu} \xi^\nu \xi^\mu \tag{8.14}$$

berechnet. Dabei kann man annehmen, daß die Koeffizienten der rein quadratischen Glieder nicht alle verschwinden; sind nämlich alle $\alpha_{\nu\nu}$ gleich Null und etwa $\alpha_{12} \neq 0$, so erhält man durch die Substitution

$$\xi^1 = \eta^1 + \eta^2$$
$$\xi^2 = \eta^1 - \eta^2$$

für die Funktion Φ eine neue quadratische Form, in der $\alpha_{11} \neq 0$. Es sei also etwa $\alpha_{11} \neq 0$; dann schreiben wir Φ in der Form

$$\Phi(x) = \alpha_{11}\left\{(\xi^1)^2 + 2\sum_{\mu=2}^{n} \frac{\alpha_{1\mu}}{\alpha_{11}} \xi^1 \xi^\mu\right\} + \sum_{\nu,\mu=2}^{n} \alpha_{\nu\mu} \xi^\nu \xi^\mu$$

und führen die neuen Veränderlichen η^ν $(\nu = 1 \ldots n)$ durch die Gleichungen

$$\eta^1 = \xi^1 + \sum_{\mu=2}^{n} \frac{\alpha_{1\mu}}{\alpha_{11}} \xi^\mu$$
$$\eta^\nu = \xi^\nu \qquad (\nu = 2 \ldots n)$$

ein. So erhält man für Φ den Ausdruck

$$\Phi(x) = \alpha_{11}(\eta^1)^2 + \sum_{\nu,\mu=2}^{n} \beta_{\nu\mu} \eta^\nu \eta^\mu\,,$$

wobei unter der Summe jetzt η^1 nicht mehr auftritt. Auf diese kann man nun dasselbe Reduktionsverfahren anwenden, indem man nötigenfalls zuerst dafür sorgt, daß $\alpha_{22} \neq 0$. Indem man dieses Verfahren fortsetzt, erhält man für Φ schließlich einen Ausdruck der Form

$$\Phi(x) = \sum_{\nu} \lambda_\nu (\xi^\nu)^2.$$

Hieraus kann man Rang und Trägheitsindex direkt ablesen:
Der Rang ist gleich der Anzahl der von Null verschiedenen und der Trägheitsindex gleich der Anzahl der positiven Koeffizienten λ_ν.

Offenbar kann man die quadratische Form Φ auf verschiedene Arten auf Diagonalgestalt bringen. Dabei ist jedoch die Anzahl der positiven Koeffizienten immer dieselbe, denn sie ist gleich dem Trägheitsindex der quadratischen Funktion $\Phi(x)$. Das ist der Inhalt des *Sylvesterschen Trägheitssatzes* für quadratische Formen.

Aufgaben: 1. Im Raume der linearen Selbstabbildungen φ von A werde eine symmetrische bilineare Funktion durch die Gleichung

$$\Phi(\varphi, \psi) = \mathrm{Sp}\,(\psi\varphi)$$

definiert. Man zeige, daß diese nicht ausgeartet ist und den Trägheitsindex

$$t = \frac{n}{2}(n+1)$$

hat.

2. Man bestimme den Trägheitsindex der quadratischen Form

$$\Phi(x) = \sum_{i<k} x_i x_k .$$

§ 3. Gleichzeitige Reduktion zweier quadratischer Funktionen auf Diagonalgestalt

8.9. Bei einigen Untersuchungen stellt sich die Aufgabe, zwei gegebene quadratische Funktionen Φ und Ψ in ein und derselben Basis des Raumes A auf Diagonalform zu bringen. Wenn eine von diesen, etwa Ψ, positiv definit ist, kann man das nach dem Ergebnis von Kapitel VII, § 3 dadurch erreichen, daß man Ψ im Raume A als Skalarprodukt einführt; dann gibt es nämlich eine orthonormierte Basis x_ν $(\nu = 1 \ldots n)$, in der Φ Diagonalgestalt hat (vgl. 7.11) und damit wird insgesamt

$$\Psi(x_\nu, x_\mu) = \delta_{\nu\mu} \quad \text{und} \quad \Phi(x_\nu, x_\mu) = \lambda_\nu\,\delta_{\nu\mu}.$$

Wir zeigen jetzt, daß dieser Satz richtig bleibt, wenn man die Definitheit von Ψ dadurch abschwächt, daß man nur verlangt, daß die quadratischen Funktionen Φ und Ψ für keinen Vektor $x \neq 0$ gleichzeitig den Wert Null annehmen, vorausgesetzt, daß der Raum A mindestens die Dimension drei hat.

Daß dieser Satz in der Ebene nicht gilt, sieht man an den quadratischen Formen

$$\Phi(x) = (\xi^1)^2 - (\xi^2)^2 \quad \text{und} \quad \Psi(x) = \xi^1\xi^2.$$

Diese sind für $x \neq 0$ niemals beide Null, lassen sich aber nicht gleichzeitig auf Diagonalgestalt bringen, wie man leicht durch Rechnung bestätigt.

8.10. Um nun den obigen Satz für $n \geq 3$ zu beweisen, kann man annehmen, daß die Bilinearfunktionen $\Phi(x, y)$ und $\Psi(x, y)$ nicht beide ausgeartet sind; bezeichnet nämlich A_0 bzw. B_0 den Ausartungsraum von Φ bzw. Ψ, so bilden wir den Durchschnitt $A_0 \cap B_0$ und wählen einen zweiten direkten Summanden C zum ganzen Raum A, so daß also

$$A = A_0 \cap B_0 \oplus C .$$

Dann sind die Funktionen Φ und Ψ in C nicht beide ausgeartet. Hat man nun eine Basis von C, in der Φ und Ψ gleichzeitig Diagonalform haben und so bildet diese zusammen mit einer Basis von $A_0 \cap B_0$ eine Basis des Raumes A, in der Φ und Ψ wieder diese Eigenschaft haben.

Im folgenden wird die Bilinearfunktion Ψ nichtausgeartet angenommen. Dann verstehen wir unter einem *Eigenvektor* von Φ in bezug auf Ψ einen Vektor $e \neq 0$, so daß

$$\Phi(e, y) = \lambda \Psi(e, y) \tag{8.15}$$

identisch in y, wobei λ einen konstanten Faktor bezeichnet. Da Ψ nichtausgeartet ist, ist dieser durch den Vektor e bestimmt; er soll der zu e gehörige Eigenwert heißen. Wenn Ψ positiv definit ist und als Skalarprodukt im Raume A verwendet wird, stimmen die so erklärten Eigenvektoren mit den in 7.11 definierten Eigenvektoren der Bilinearfunktion Φ in einem Euklidischen Raum überein.

Sind $\alpha_{\nu\mu}$ und $\beta_{\nu\mu}$ die Matrizen von Φ bzw. Ψ in bezug auf eine Basis x_ν $(v = 1, \ldots, n)$ des Raumes A, so kann man die Bedingung (8.15) in der Form

$$\sum_\nu (\alpha_{\nu\mu} - \lambda \beta_{\nu\mu}) \xi^\nu = 0 \qquad (\mu = 1 \ldots n)$$

schreiben, wobei $e = \sum_\nu \xi^\nu x_\nu$ gesetzt ist. Daraus folgt, daß die Eigenwerte der Gleichung n-ten Grades

$$\det(\alpha_{\nu\mu} - \lambda \beta_{\nu\mu}) = 0$$

genügen müssen.

8.11. Konstruktion der Eigenvektoren. Wenn es gelingt, n bezüglich Ψ paarweise orthogonale Eigenvektoren e_ν anzugeben, für die überdies

$$\Psi(e_\nu) \neq 0, \tag{8.16}$$

so hat man damit eine Basis, in der Φ und Ψ beide Diagonalform haben. Zunächst folgt nämlich aus (8.16) und der Relation

$$\Psi(e_\nu, e_\mu) = 0, \qquad (\nu \neq \mu)$$

daß die Vektoren e_ν linear unabhängig sind und somit eine Basis bilden. Weiter ist

$$\Phi(e_\nu, e_\mu) = \lambda_\nu \Psi(e_\nu, e_\mu)$$

und somit

$$\Phi(e_\nu, e_\mu) = 0 \quad \text{für } \nu \neq \mu,$$

d. h. Φ und Ψ haben in dieser Basis gleichzeitig Diagonalgestalt.

Es kommt also darauf an, die Eigenvektoren e_ν zu konstruieren. Wäre Ψ positiv definit, so erhielte man diese nach der Methode von (7.6) als die Vektoren, in denen die Funktion

$$\frac{\Phi(x)}{\Psi(x)}$$

ihre Extremwerte annimmt.

Da nun aber der Nenner für gewisse Vektoren $x \neq 0$ verschwinden kann, ist diese Funktion nicht mehr im ganzen Raum $x \neq 0$ definiert. Dennoch läßt sich die Methode von Kap. VII auf den jetzt betrachteten allgemeineren Fall übertragen, wenn man die Funktion

$$\operatorname{arctang} \frac{\Phi(x)}{\Psi(x)} \tag{8.17}$$

betrachtet, die auch an den Stellen regulär bleibt, wo $\Psi(x) = 0$*). Dazu hat man sich zunächst klar zu machen, daß die Funktion (8.17) im ganzen Raume $x \neq 0$ eindeutig definiert werden kann, da der Arcus Tangens zunächst unendlich vieldeutig ist. Dabei wird auch die Voraussetzung $n \geqq 3$ wesentlich sein.

8.12. Wir schreiben (8.17) als das Kurvenintegral

$$I = \int_a^x \frac{\Phi(x)\,\Psi(x, \dot{x}) - \Psi(x)\,\Phi(x, \dot{x})}{\Phi(x)^2 + \Psi(x)^2}\, dt \qquad \left(\dot{x} = \frac{dx}{dt}\right) \tag{8.18}$$

erstreckt von einem festen Vektor a nach x längs einer beliebigen differenzierbaren Kurve $c\colon x = x(t)$, die den Nullpunkt nicht trifft. Dieses Integral ist von der Wahl der Verbindungskurve c unabhängig; um dies zu zeigen, gehen wir zunächst vom Raume A in die komplexe w-Ebene über, indem wir jedem Vektor x die komplexe Zahl

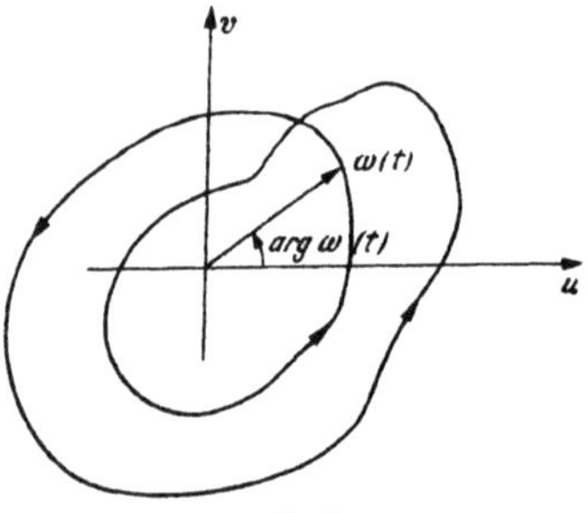

Abb. 4

$$w = \Phi(x) + i\,\Psi(x)$$

zuordnen. Dann geht die Kurve c in eine Kurve

$$w(t) = u(t) + i\,v(t)$$

der w-Ebene über, die ebenfalls nicht durch den Nullpunkt geht (Abb. 4). Nun kann man das Integral (8.18) in der Form

$$I = \int_{w_0}^{w} \frac{u\dot{v} - \dot{u}v}{u^2 + v^2}\, dt$$

schreiben; es bedeutet somit die Änderung des Winkelargumentes längs der Kurve $w(t)$,

$$I = \arg w - \arg w_0 \qquad (\operatorname{mod} 2\pi)\,.$$

Ist nun $\bar{c}$ eine andere von a nach x führende Kurve, so wird entsprechend, wenn $\bar{I}$ das Integral (8.18) längs $\bar{c}$ bezeichnet,

$$\bar{I} = \arg w - \arg w_0 \qquad (\operatorname{mod} 2\pi)\,.$$

Die Differenz $\bar{I} - I$ muß daher ein ganzzahliges Vielfaches von 2π sein.

*) Der vorliegende Beweis stammt von John Milnor.

Nun kann man, da der Raum A mindestens dreidimensional ist, die Kurve c in die Kurve $\bar{c}$ stetig deformieren, ohne dabei den Nullpunkt zu überstreichen*). Genauer gesagt, es gibt eine stetige Schar c_τ $(0 \leqq \tau \leqq 1)$ von Kurven, die von a nach x führen, so daß $c_0 = c$ und $c_1 = \bar{c}$ und keine Kurve c_τ durch den Nullpunkt geht. Das Integral (8.18), erstreckt längs c_τ, wird dann ebenfalls eine stetige Funktion $I(\tau)$ von τ. Andererseits muß die Differenz $I(\tau) - I(0)$ für jedes feste τ ein ganzzahliges Vielfaches von 2π sein. Das ist aber nur möglich, wenn sie überhaupt konstant, also gleich Null ist und somit folgt, wie behauptet,

$$I(1) = I(0)\,, \text{ d. h. } \bar{I} = I\,.$$

Das Integral (8.18) stellt somit eine eindeutige Funktion $F(x)$ im Raume A dar, die für alle $x \neq 0$ definiert ist,

$$F(x) = \int_a^x \frac{\Phi(x)\,\Psi(x, \dot{x}) - \Psi(x)\,\Phi(x, \dot{x})}{\Phi(x)^2 + \Psi(x)^2}\,dt, \tag{8.19}$$

Diese genügt der Homogenitätsbedingung

$$F(\lambda x) = F(x) \qquad (\lambda > 0)\,, \tag{8.20}$$

denn die Differenz $F(\lambda x) - F(x)$ ist gleich dem Integral (8.18), erstreckt über eine beliebige von x nach λx führende Kurve, die den Nullpunkt nicht trifft. Wählt man für diese die Strecke

$$x(t) = x(1 - t) + \lambda x t \qquad (0 \leqq t \leqq 1)\,,$$

so wird $\dot{x} = (1 - \lambda)\,x$, also

$$\Phi(x)\,\Psi(x, \dot{x}) - \Psi(x)\,\Phi(x, \dot{x}) = 0$$

und somit wird auch das Integral gleich Null.

8.13. Extremwerte von F. Wir denken uns jetzt in den Raum A ein positiv definites Skalarprodukt eingeführt und betrachten die Funktion F auf der Sphäre $|x| = 1$. Als stetige Funktion muß sie dort ein Maximum annehmen, d. h. es gibt einen Einheitsvektor e_1, so daß

$$F(x) \geqq F(e_1)$$

für alle Einheitsvektoren x.

Aus der Homogenitätsbeziehung (8.20) folgt nun aber, daß dies ein Maximum bezüglich aller Vektoren ist, so daß also

$$F(x) \geqq F(e_1)$$

für alle $x \neq 0$.

Es gilt somit für jeden beliebigen Vektor y

$$F(e_1 + \tau y) \geqq F(e_1)\,,$$

*) Vgl. Seifert-Threlfall, Lehrbuch der Topologie, Kap. VII.

die Funktion

$$f(\tau) = F(e_1 + \tau y)$$

der Veränderlichen τ muß daher für $\tau = 0$ ein Minimum besitzen und ihre Ableitung muß daher an dieser Stelle verschwinden.

Durch Differenzieren erhält man

$$f'(0) = \frac{\Phi(e_1, y)\, \Psi(e_1) - \Phi(e_1)\, \Psi(e_1, y)}{\Phi(e_1)^2 + \Psi(e_1)^2}$$

und somit folgt

$$\Phi(e_1, y)\, \Psi(e_1) = \Phi(e_1)\, \Psi(e_1, y)\,.$$

Da y ein beliebiger Vektor war, muß dies identisch in y gelten. Diese Gleichung darf man durch $\Psi(e_1)$ dividieren; wäre nämlich $\Psi(e_1) = 0$, so müßte für alle y

$$\Psi(e_1, y) = 0$$

gelten, d. h. Ψ wäre ausgeartet. Man erhält somit, wenn man noch

$$\lambda_1 = \frac{\Phi(e_1)}{\Psi(e_1)}$$

setzt,

$$\Phi(e_1, y) = \lambda_1\, \Psi(e_1, y)\,. \tag{8.21}$$

8.14. Durch Wiederholung dieser Überlegung kann man nun weitere Eigenvektoren erhalten. Dazu betrachten wir den $(n - 1)$-dimensionalen Unterraum A_1, der durch die Gleichung

$$\Psi(e_1, z) = 0$$

definiert ist. In diesem Unterraum muß es wieder einen Einheitsvektor e_2 geben, so daß

$$\Phi(e_2, z)\, \Psi(e_2) = \Phi(e_2)\, \Psi(e_2, z)$$

für alle z aus A_1. Diese Gleichung gilt sogar für alle Vektoren y des Raumes A, denn jeder solche Vektor ist in der Form

$$y = \mu e_1 + z$$

zerlegbar, wobei z in A_1 liegt, und hieraus folgt

$$\begin{aligned}\Phi(e_2, y)\, \Psi(e_2) - \Phi(e_2)\, \Psi(e_2, y) &= \mu\, \{\Phi(e_2, e_1)\, \Psi(e_2) - \Phi(e_2)\, \Psi(e_2, e_1)\}\\ &= \mu\, \{\Phi(e_1, e_2)\, \Psi(e_2) - \Phi(e_2)\, \Psi(e_1, e_2)\}\\ &= \mu\, \{\lambda_1 \Psi(e_1, e_2)\, \Psi(e_2) - \lambda_1 \Psi(e_2)\, \Psi(e_1, e_2)\} = 0\,.\end{aligned}$$

Dabei ist wieder $\Psi(e_2) \neq 0$ und man erhält, wenn man noch

$$\lambda_2 = \frac{\Phi(e_2)}{\Psi(e_2)}$$

setzt,

$$\Phi(e_2, y) = \lambda_2 \Psi(e_2, y)\,.$$

Indem man dieses Verfahren fortsetzt, erhält man schließlich n Vektoren e_ν, so daß

$$\Phi(e_\nu, y) = \lambda_\nu \Psi(e_\nu, y) \qquad (\nu = 1 \ldots n)$$

und

$$\Psi(e_\nu, e_\mu) = 0 \ (\nu \neq \mu) \ , \ \Psi(e_\nu, e_\nu) \neq 0 \ .$$

Aus den beiden letzten Beziehungen folgt, daß die Vektoren e_ν linear unabhängig sind und somit eine Basis des Raumes A bilden. Für diese Basis gilt

$$\Phi(e_\nu, e_\mu) = 0 \quad \text{und} \quad \Psi(e_\nu, e_\mu) = 0 \quad \text{falls } \nu \neq \mu \ ,$$

d. h. die Bilinearfunktionen Φ und Ψ haben beide Diagonalgestalt.

Für Matrizen besagt das erhaltene Ergebnis: Sind $\alpha_{\nu\mu}$ und $\beta_{\nu\mu}$ zwei mindestens dreireihige symmetrische Matrizen, so daß die quadratischen Formen

$$\sum_{\nu,\mu} \alpha_{\nu\mu} \xi^\nu \xi^\mu \quad \text{und} \quad \sum_{\nu,\mu} \beta_{\nu\mu} \xi^\nu \xi^\mu$$

außer dem Nullvektor keine gemeinsame Nullstelle haben, so hat die Gleichung

$$\det(\alpha_{\nu\mu} - \lambda \beta_{\nu\mu}) = 0$$

lauter reelle Wurzeln.

§ 4. Räume mit indefinitem Skalarprodukt

8.15. Die in Kapitel VI bewiesenen Eigenschaften des Euklidischen Raumes beruhen nur zum Teil auf der Definitheit des Skalarproduktes. Für einige ist es nur wesentlich, daß (x, y) eine nichtausgeartete symmetrische Bilinearfunktion ist und diese bestehen daher auch in einem Raume mit *indefinitem Skalarprodukt*. Dies soll nun näher ausgeführt werden.

Wir wählen also im linearen Raume A eine nichtausgeartete symmetrische Bilinearfunktion (x, y) als Skalarprodukt, die als indefinit vorausgesetzt werden soll.

Das skalare Produkt eines Vektors mit sich selbst kann jetzt positiv, negativ oder Null sein. Im Hinblick auf die Bedeutung in der speziellen Relativitätstheorie heißt ein Vektor x $(x \neq 0)$

raumartig, wenn $(x, x) > 0$,

zeitartig, wenn $(x, x) < 0$,

lichtartig, wenn $(x, x) = 0$.

Der Nullvektor soll zu den raumartigen Vektoren gezählt werden. Da das Skalarprodukt (x, y) nichtausgeartet vorausgesetzt wird, kann man den Raum A wie im Euklidischen Falle als zu sich dual betrachten. Damit erhält insbesondere der Begriff der Orthogonalität einen Sinn. Die Lichtvektoren sind zu sich selbst orthogonal.

Zu einem r-dimensionalen Unterraum U von A gehört ein $(n-r)$-dimensionales orthogonales Komplement $U^{\perp}$ (vgl. 2.28). Der Durchschnitt $UU^{\perp}$ braucht jedoch nicht, wie im definiten Falle, nur aus dem Nullvektor zu bestehen. Wählt man z. B. für U den von einem Lichtvektor erzeugten Unterraum, so besteht der Durchschnitt $UU^{\perp}$ aus ganz U. Wenn man aber den Unterraum U so wählt, daß das Skalarprodukt in U nichtausgeartet ist*), besteht der Durchschnitt $UU^{\perp}$ nur aus dem Nullvektor; ist nämlich y ein Vektor dieses Durchschnittes, so muß y auf U orthogonal stehen und andererseits liegt y selbst in U. Hieraus folgt aber $y = 0$, wenn (x, y) in U nichtausgeartet ist. In diesem Fall besteht somit, wie im Euklidischen Raum, die direkte Zerlegung

$$A = U \oplus U^{\perp}$$

8.16. Eine orthonormierte Basis eines Raumes mit indefinitem Skalarprodukt ist eine solche, für welche die Relationen

$$(x_\nu, x_\mu) = \varepsilon_\nu \delta_{\nu\mu}$$

bestehen, wobei

$$\varepsilon_\nu = \begin{cases} +1 \ (\nu = 1 \dots t) & t \text{ Trägheitsindex} \\ -1 \ (\nu = t+1 \dots n) \,. \end{cases}$$

In einer solchen Basis erhält man für das Skalarprodukt den Ausdruck

$$(x, y) = \sum_\nu \varepsilon_\nu \xi^\nu \eta^\nu .$$

Daß man im Raume A immer eine orthonormierte Basis einführen kann, folgt aus dem Ergebnis von 8.5. Je zwei orthonormierte Basen hängen durch eine Matrix (α_ν^μ) zusammen, die den Bedingungen

$$\sum_\mu \varepsilon_\mu \alpha_\nu^\mu \alpha_\lambda^\mu = \varepsilon_\nu \delta_{\nu\lambda}$$

genügt. Diese entsprechen den Orthogonalitätsrelationen (6.11) im definiten Fall.

Schließlich soll gezeigt werden, daß es in einem Raum A mit indefiniter Metrik eine ausgezeichnete Normierung der Determinantenfunktion gibt entsprechend wie im Euklidischen Fall. Wählt man in A eine beliebige Determinantenfunktion Δ, so besteht die Relation

$$\det(x_i, y_k) = \lambda\, \Delta(x_1, \dots x_n)\, \Delta(y_1 \dots y_n) \,, \tag{8.22}$$

wobei λ ($\lambda \neq 0$) eine Konstante bezeichnet. Setzt man hier $x_i = y_i = e_i$, wobei die Vektoren e_i eine orthonormierte Basis bilden, so folgt

$$\det(e_i, e_k) = \lambda \Delta(e_1 \dots e_n)^2 .$$

*) Man beachte, daß das Skalarprodukt in einem Unterraum ausgeartet sein kann, auch wenn es im ganzen Raum nichtausgeartet ist. Zum Beispiel erzeugt jeder Lichtvektor einen solchen Unterraum.

Nun ist

$$\det(e_i, e_k) = \varepsilon_1 \ldots \varepsilon_n = \varepsilon,$$

wobei $\varepsilon = \pm 1$, je nachdem die Differenz $n - t$ (t Trägheitsindex) gerade oder ungerade ist. Das Produkt $\lambda\varepsilon$ ist somit stets positiv und man kann die Determinantenfunktion umnormieren, indem man sie mit dem Faktor $\sqrt{\lambda\varepsilon}$ multipliziert. Dann erhält man aus (8.22) die Relation

$$\det(x_i, y_k) = \varepsilon \Delta(x_1, \ldots x_n) \Delta(y_1 \ldots y_n),$$

die der Beziehung (6.13) in einem Euklidischen Raum entspricht.

8.17. Beispiele. Das einfachste Beispiel eines Raumes mit indefinitem Skalarprodukt erhält man, wenn man in der Ebene das Skalarprodukt durch den Ausdruck

$$(x, y) = \xi^1\eta^1 - \xi^2\eta^2$$

$$(x = \xi^1 x_1 + \xi^2 x_2, \ y = \eta^1 x_1 + \eta^2 x_2)$$

definiert, wobei x_1, x_2 eine feste Basis bezeichnet. Die Vektoren der Länge Null liegen auf den beiden Geraden

$$\xi^2 = \pm \xi^1. \qquad (8.21)$$

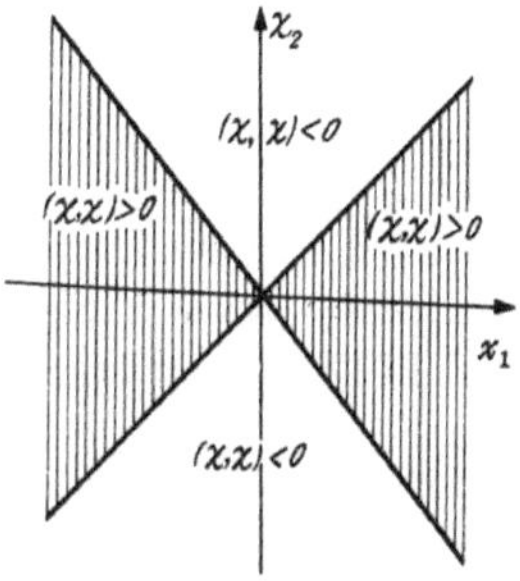

Abb. 5

Durch diese zerfällt die Ebene in vier Sektoren (Abb. 5). Dabei ist

$$(x, x) > 0 \quad \text{für} \quad |\xi^1| > |\xi^2|$$

und

$$(x, x) < 0 \quad \text{für} \quad |\xi^1| < |\xi^2|.$$

Die Vektoren der Länge Eins liegen auf der Hyperbel

$$(\xi^1)^2 - (\xi^2)^2 = 1,$$

welche die Geraden (8.21) zu Asymptoten hat.

Das orthogonale Komplement einer Geraden

$$\xi^1 = \alpha\tau, \ \xi^2 = \beta\tau \qquad (-\infty < \tau < \infty)$$

ist die Gerade

$$\xi^1 = \beta\tau, \quad \xi^2 = \alpha\tau.$$

Speziell sieht man hieraus, daß jede der Geraden (8.21) ihr eigenes orthogonales Komplement ist.

Eine beliebige orthonormierte Basis $\bar{x}_1$, $\bar{x}_2$ hängt mit der Basis x_1, x_2 durch die Gleichungen

$$\bar{x}_1 = \alpha x_1 + \beta x_2$$

$$\bar{x}_2 = \pm(\beta x_1 + \alpha x_2)$$

zusammen, wobei die Zahlen α, β noch der Bedingung

$$\alpha^2 - \beta^2 = 1$$

genügen. Man kann sie daher mit Hilfe der Hyperbelfunktionen in der Form

$$\alpha = \operatorname{Cos}\omega\,, \quad \beta = \operatorname{Sin}\omega$$

darstellen. Damit erhält die Koordinatentransformation die Form (vgl. Kap. VI, § 2, Aufgabe 13)

$$\bar{x}_1 = x_1 \operatorname{Cos}\omega + x_2 \operatorname{Sin}\omega$$

$$\bar{x}_2 = \pm (x_1 \operatorname{Sin}\omega + x_2 \operatorname{Cos}\omega)\,.$$

8.18. Der Minkowskische Raum. Als zweites Beispiel betrachten wir einen vierdimensionalen Raum A mit einem Skalarprodukt vom Trägheitsindex drei. Wählt man eine orthonormierte Basis x_ν $(\nu = 1 \ldots 4)$, so gilt die Darstellung

$$(x, x) = (\xi^1)^2 + (\xi^2)^2 + (\xi^3)^2 - (\xi^4)^2\,,$$

woraus man ersieht, daß die raumartigen Vektoren durch die Ungleichung

$$(\xi^1)^2 + (\xi^2)^2 + (\xi^3)^2 > (\xi^4)^2$$

charakterisiert sind und die zeitartigen durch die Ungleichung

$$(\xi^1)^2 + (\xi^2)^2 + (\xi^3)^2 < (\xi^4)^2\,.$$

Die Lichtvektoren erfüllen die Gleichung

$$(\xi^1)^2 + (\xi^2)^2 + (\xi^3)^2 = (\xi^4)^2\,,$$

welche einen Kegel im Raume A darstellt.

Wir wählen jetzt einen festen zeitartigen Vektor z und betrachten sein orthogonales Komplement $U_z^\perp$. Dieses besteht aus lauter raumartigen Vektoren, da das Skalarprodukt den Trägheitsindex drei hat (vgl. den Beweis in 8.5). Jeder Vektor x von A ist somit in der Form

$$z = y + \tau z$$

darstellbar, wobei y einen eindeutig bestimmten raumartigen Vektor bezeichnet. Danach entspricht jedem „Weltvektor" x ein Raumvektor y und eine Zahl τ, die man als die Zeit relativ zur Aufspaltung nach dem Vektor z deuten kann.

8.19. Vor- und Nachkegel. Unterdrückt man in der Gleichung der Lichtvektoren eine räumliche Dimension, etwa x_3, so lautet diese

$$(\xi^1)^2 + (\xi^2)^2 - (\xi^4)^2 = 0$$

und stellt somit einen Kegel im $x_1\,x_2\,x_4$-Raum mit x_4 als Achse dar (Abb. 6). Dieser zerlegt die Gesamtheit der zeitartigen Vektoren in zwei Teile, diejenigen mit positiver ξ^4- und diejenigen mit negativer ξ^4-Komponente. Wir zeigen jetzt, daß man diese Einteilung der zeitartigen Vektoren unabhängig von der obigen Komponentendarstellung erhalten kann. Dazu erklären wir zwei zeitartige Vektoren z_1 und z_2 äquivalent, wenn

$$(z_1, z_2) < 0\,. \qquad (8.23)$$

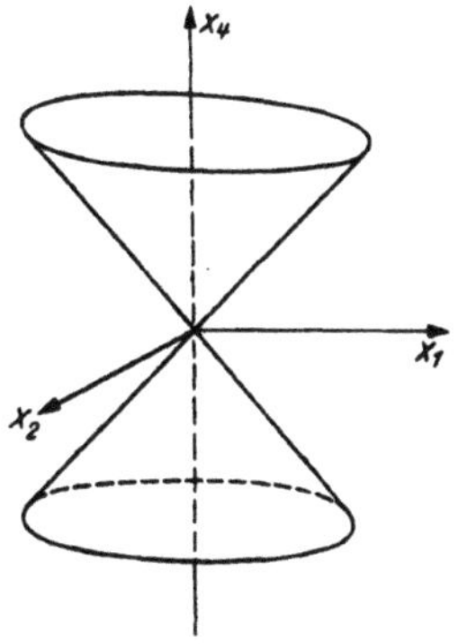

Abb, 6

Diese Relation hat tatsächlich die Eigenschaften einer Äquivalenz; die Reflexivität und Kommutativität folgt unmittelbar. Um die Transitivität zu zeigen, seien z_1, z_2, z_3 drei zeitartigen Vektoren, so daß

$$(z_1, z_3) < 0 \quad \text{und} \quad (z_2, z_3) < 0\,. \qquad (8.24)$$

Es ist zu zeigen, daß dann auch

$$(z_1, z_2) < 0\,.$$

Dabei können wir z_3 als zeitartigen Einheitsvektor annehmen,

$$(z_3, z_3) = -1\,.$$

Nun zerlegen wir z_1 und z_2 in der Form

$$z_i = (z_i, z_3)\, z_3 + y_i \qquad (i = 1, 2)\,.$$

Hieraus erhält man

$$(z_1, z_2) = -(z_1, z_3)\,(z_2, z_3) + (y_1, y_2) \qquad (8.25)$$

und

$$(z_i, z_i) = -(z_i, z_3)^2 + (y_i, y_i) \qquad (i = 1, 2)\,.$$

Aus der letzten Gleichung folgt, da z_i zeitartig ist,

$$(y_i, y_i) < (z_i, z_3)^2 \qquad (i = 1,2)\,. \qquad (8.26)$$

Weiter ist nach der Schwarzschen Ungleichung, angewandt auf die raumartigen Vektoren y_1 und y_2,

$$(y_1, y_2)^2 \leqq (y_1, y_1)\,(y_2, y_2)\,. \qquad (8.27)$$

Aus (8.26) und (8.27) folgt

$$(y_1, y_2)^2 < (z_1, z_3)^2\,(z_2, z_3)^2$$

und somit muß auf der rechten Seite von (8.25) der erste Summand den Ausschlag für das Vorzeichen geben. Dieser ist aber wegen (8.24) negativ und es folgt

$$(z_1, z_2) < 0\,,$$

womit die Transitivität der Relation (8.23) bewiesen ist.

Faßt man nun alle äquivalenten zeitartigen Vektoren zusammen, so erhält man zwei Klassen, die durch Spiegelung am Nullpunkt auseinander hervorgehen.

In einer festen orthonormierten Basis x_ν ($\nu = 1 \ldots 4$) sind diese beiden Klassen durch die Ungleichungen

$$\xi^4 > 0 \quad \text{bzw.} \quad \xi^4 < 0$$

charakterisiert. Bezeichnet nämlich

$$x = \xi^1 x_1 + \xi^2 x_2 + \xi^3 x_3 + \xi^4 x_4$$

einen beliebigen zeitartigen Vektor, so ist dieser genau dann zu x_4 äquivalent, wenn (x, x_4) negativ und somit $\xi^4 = -(x, x_4)$ positiv ist.

Aufgaben: 1. Zu jeder linearen Selbstabbildung φ eines Raumes mit indefinitem Skalarprodukt gehört wie im definiten Falle eine adjungierte Abbildung $\tilde{\varphi}$, die mit φ durch die Beziehung

$$(\varphi x, y) = (x, \tilde{\varphi} y)$$

zusammenhängt. Man zeige an einem Beispiel, daß es zu einer selbstadjungierten Abbildung nicht n linear unabhängige Eigenvektoren geben muß.

2. Man beweise, daß sich zwei Räume mit indefinitem Skalarprodukt und derselben Dimension genau dann längentreu aufeinander abbilden lassen, wenn die skalaren Produkte denselben Trägheitsindex haben.

3. Man zeige, daß eine längentreue Selbstabbildung eines Raumes mit indefinitem Skalarprodukt die Determinante ± 1 hat.

4. Es seien z_1 und z_2 zwei zeitartige Vektoren des Minkowskischen Raumes. Man beweise:

a) Der Vektor $z_1 + z_2$ ist zeitartig oder raumartig, je nachdem die Vektoren z_1 und z_2 in demselben oder in verschiedenen Kegeln (s. 8.19) liegen.

b) Die Schwarzsche Ungleichung gilt in der umgekehrten Form

$$(z_1, z_2)^2 \geqq (z_1, z_1)(z_2, z_2)$$

und das Gleichheitszeichen steht genau dann, wenn z_1 und z_2 linear abhängig sind.

Neuntes Kapitel

Flächen zweiter Ordnung

§ 1. Der affine Raum

Als Anwendung der quadratischen Formen (Kap. VIII) sollen jetzt die Mittelpunktsflächen zweiter Ordnung untersucht werden. Dazu empfiehlt es sich, zunächst den Begriff des affinen Raumes einzuführen.

9.1. Punkte und Vektoren. Wir gehen von zwei verschiedenen Grundobjekten aus. Erstens sei eine Menge A gegeben, deren Elemente Punkte heißen sollen und mit P, Q, R usw. bezeichnet werden sollen. Neben diesen Punkten betrachten wir einen reellen n-dimensionalen linearen Raum V mit den Vektoren x, y usw. Zwischen diesen beiden Mengen sei eine Verknüpfung durch folgende Axiome festgelegt:

1. Jedem geordneten Punktepaar (P, Q) ist ein Vektor x des linearen Raumes V zugeordnet, den wir mit $\overrightarrow{PQ}$ bezeichnen.
2. Umgekehrt gibt es zu jedem Punkte P und jedem Vektor x einen eindeutig bestimmten Punkt Q, so daß $\overrightarrow{PQ} = x$. Wir sagen kurz, daß sich jeder Vektor x vom Punkte P aus „abtragen" lassen soll.
3. Für je drei Punkte P, Q, R gilt

$$\overrightarrow{PQ} + \overrightarrow{QR} = \overrightarrow{PR}. \tag{9.1}$$

Eine Punktmenge A mit einer solchen Struktur heißt ein *n-dimensionaler affiner Raum.*

Setzt man in (9.1) $P = Q$, so folgt $\overrightarrow{PP} + \overrightarrow{PR} = \overrightarrow{PR}$ und somit $\overrightarrow{PP} = 0$. Weiter erhält man aus (9.1) für $P = R$

$$\overrightarrow{PQ} + \overrightarrow{QP} = 0$$

und somit

$$\overrightarrow{QP} = -\overrightarrow{PQ}.$$

9.2. Affines Koordinatensystem. Wird in einem affinen Raum A ein fester Punkt O als „Anfangspunkt" ausgezeichnet, so ist jeder Punkt P durch den Vektor $x = \overrightarrow{OP}$ bestimmt; dieser heißt der *Ortsvektor* von P bezüglich des Anfangspunktes O.

Wählt man nun noch eine Basis x_ν $(\nu = 1 \ldots n)$ des Vektorraumes V, so kann man den Ortsvektor $\overrightarrow{OP}$ in Komponenten zerlegen,

$$\overrightarrow{OP} = \sum_\nu \xi^\nu x_\nu .$$

Der Punkt P ist dann unkehrbar eindeutig durch die Zahlen $(\xi^1, \ldots \xi^n)$ bestimmt. Diese heißen seine *Koordinaten* in bezug auf das affine Koordinatensystem $(O, x_1 \ldots x_n)$.

Es seien jetzt zwei affine Koordinatensysteme

$$(O; x_1, \ldots x_n) \quad \text{und} \quad (\bar{O}; \bar{x}_1, \ldots \bar{x}_n)$$

gegeben. Dabei bezeichne β_ν^μ die Matrix, mittels derer die Basis x_ν aus der Basis $\bar{x}_\nu$ hervorgeht,

$$x_\nu = \sum_\mu \beta_\nu^\mu \bar{x}_\mu .$$

Für die Koordinaten ξ^ν bzw. $\bar{\xi}^\nu$ $(\nu = 1 \ldots n)$ eines beliebigen Punktes P gilt dann

$$\overrightarrow{OP} = \sum_\nu \xi^\nu x_\nu = \sum_{\nu,\mu} \beta^\mu_\nu \xi^\nu \bar{x}_\mu$$

und

$$\overrightarrow{\bar{O}P} = \sum_\nu \bar{\xi}^\nu \bar{x}_\nu .$$

Setzt man dies in die Beziehung

$$\overrightarrow{\bar{O}P} = \overrightarrow{OP} - \overrightarrow{O\bar{O}}$$

ein und bezeichnet noch die Komponenten des Verschiebungsvektors $\overrightarrow{O\bar{O}}$, in bezug auf die Basis x_ν mit α^ν, so erhält man

$$\sum_\mu \bar{\xi}^\mu \bar{x}_\mu = \sum_\mu \beta^\mu_\nu (\xi^\nu - \alpha^\nu) \bar{x}_\mu .$$

Hieraus erhält man für die Transformation der Koordinaten die Formeln

$$\bar{\xi}^\mu = \sum_\nu \beta^\mu_\nu (\xi^\nu - \alpha^\nu) .$$

9.3. Affine Unterräume. Eine Teilmenge A_1 des affinen Raumes A heißt ein *affiner Unterraum*, wenn die Vektoren, die zu den Punktepaaren von A_1 gehören, einen Unterraum V_1 von V bilden. Jeder lineare Unterraum L_1 von L bestimmt zusammen mit einem Punkt P_1 von A einen affinen Unterraum, indem man die Vektoren von V_1 von diesem Punkte aus abträgt. Bezeichnet x_ν $(\nu = 1 \ldots r)$ eine Basis des Unterraumes V_1 und O den Anfangspunkt von A, so sind die Punkte des affinen Unterraumes A_1 durch die Ortsvektoren

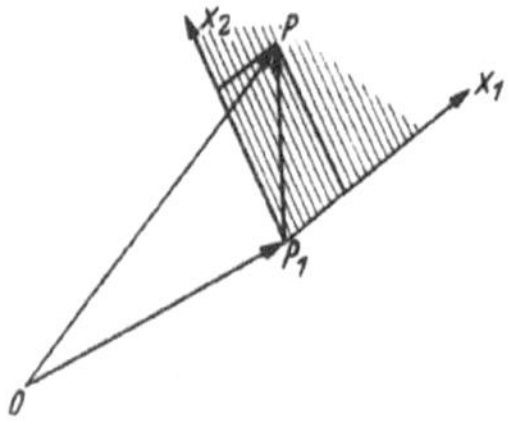

Abb. 7

$$\overrightarrow{OP} = \overrightarrow{OP_1} + \sum_{\nu=1}^{r} \xi^\nu x_\nu \tag{9.2}$$

gegeben. Variiert man hier die Koordinaten ξ^ν $(\nu = 1 \ldots r)$ unabhängig voneinander, so erhält man alle Punkte des Unterraumes A_1. Speziell lautet (9.2) für einen eindimensionalen Unterraum (eine Gerade)

$$\overrightarrow{OP} = \overrightarrow{OP_1} + \xi x_1$$

und für einen zweidimensionalen (eine Ebene) (Abb. 7)

$$\overrightarrow{OP} = \overrightarrow{OP_1} + \xi^1 x_1 + \xi^2 x_2 .$$

Zwei affine Unterräume A_1 und A_2 heißen *parallel*, wenn von den zugehörigen linearen Unterräumen V_1 und V_2 einer im anderen enthalten ist. Parallele Unterräume sind entweder punktfremd oder ineinander enthalten; ist nämlich Q ein gemeinsamer Punkt von A_1 und A_2, so sind für je zwei Punkte P_1 und P_2 aus A_1 bzw. A_2 die Vektoren $\overrightarrow{P_1Q}$ und $\overrightarrow{P_2Q}$ beide in ein und demselben der Räume V_j $(j = 1, 2)$, etwa in V_1, enthalten und damit auch der Vektor $\overrightarrow{P_1P_2}$. Somit muß P_2 in A_1 liegen und damit der ganze Unterraum A_2, w. z. b. w.

9.4. Affine Abbildungen. Jede lineare Selbstabbildung φ des Vektorraumes V bestimmt eine Selbstabbildung des affinen Raumes A, wenn man noch für einen festen Punkt P_1 den Bildpunkt P_1' vorschreibt. Der Bildpunkt P' eines beliebigen Punktes P ist dann definitionsgemäß dadurch bestimmt, daß man den Bildvektor $\varphi(\overrightarrow{P_1P})$ von P_1' aus abträgt, so daß also

$$\overrightarrow{P_1'P'} = \varphi(\overrightarrow{P_1P}) . \tag{9.3}$$

Eine derartige Selbstabbildung des Raumes A heißt eine *affine Selbstabbildung*. Wählt man einen Anfangspunkt O und bezeichnet die Ortsvektoren der Punkte P_1 und P_1' mit x_1 bzw. x_1', so erhält man aus (9.3) für den Ortsvektor des Bildpunktes P'

$$\overrightarrow{OP'} = \overrightarrow{OP_1'} + \overrightarrow{P_1'P'} = \overrightarrow{OP_1'} + \varphi(\overrightarrow{P_1P}) = \overrightarrow{OP_1'} + \varphi(\overrightarrow{OP} - \overrightarrow{OP_1}) ,$$

also

$$x' = x_1' + \varphi(x - x_1) .$$

Ist die lineare Selbstabbildung φ regulär, so ist die zugehörige affine Abbildung umkehrbar eindeutig; sie soll in diesem Falle auch regulär genannt werden.

Ist φ speziell die Identität, so erhält man für die zugehörige affine Abbildung

$$x' = x + (x_1' - x_1) .$$

Diese besteht also darin, daß man zu jedem Ortsvektor x einen festen „Verschiebungsvektor" $x_1' - x_1 = \overrightarrow{P_1P_1'}$ addiert. Eine solche affine Abbildung heißt eine *Translation*.

9.5. Der Euklidisch-affine Raum. Wenn man für die Vektoren des Raumes V ein Skalarprodukt definiert, wird auch im Raume A eine Längenmessung bestimmt. Unter der *Entfernung* $\overline{PQ}$ zweier Punkte P und Q versteht man die Norm des Vektors $\overrightarrow{PQ}$,

$$\overline{PQ} = |\overrightarrow{PQ}| .$$

Für je drei Punkte P, Q, R gilt dann die Dreiecksungleichung

$$\overline{PQ} \leqq \overline{PR} + \overline{RQ} .$$

Unter einer *Bewegung* eines Euklidisch-affinen Raumes versteht man eine affine Selbstabbildung $P \rightarrow P'$ von A, bei welcher die Längen erhalten bleiben. Schreibt man die affine Abbildung $P \rightarrow P'$ in der Form

$$\overrightarrow{O'P'} = \varphi(\overrightarrow{OP}), \tag{9.4}$$

so folgt

$$|\varphi(\overrightarrow{OP})| = |\overrightarrow{OP}|,$$

die lineare Abbildung φ muß somit eine Drehung des Vektorraumes V sein. Umgekehrt erhält man aus jeder Drehung φ mittels (9.4) eine Bewegung des Raumes A, wobei man noch den Bildpunkt O' beliebig wählen darf.

§ 2. Mittelpunktsflächen zweiter Ordnung

9.6. Bereits in der analytischen Geometrie der Ebene werden die *Kurven zweiter Ordnung* diskutiert. Man versteht darunter die Gesamtheit aller Punkte P, deren Koordinaten einer homogenen quadratischen Gleichung

$$\alpha_{11}(\xi^1)^2 + 2\,\alpha_{12}\xi^1\xi^2 + \alpha_{22}(\xi^2)^2 = 1$$

mit bestimmten Koeffizienten α_{11}, α_{12}, α_{22} genügen. Durch eine passende Drehung des Koordinatensystems kann man das gemischte Glied zum Verschwinden bringen und erhält für die Kurve die Gleichung

$$\lambda_1(\eta^1)^2 + \lambda_2(\eta^2)^2 = 1\,. \tag{9.5}$$

Diese stellt je nach dem Vorzeichen von λ_1 und λ_2, von gewissen ausgearteten Fällen abgesehen, eine Ellipse (bzw. Kreis) oder eine Hyperbel dar.

Entsprechend erklärt man im dreidimensionalen affinen Raum eine Fläche zweiter Ordnung durch die Gleichung

$$\sum_{i,k=1}^{3} \alpha_{ik}\xi^i\xi^k = 1\,. \tag{9.6}$$

Auch diese kann man in einem geeigneten Koordinatensystem in der Hauptdiagonalgestalt

$$\lambda_1(\eta^1)^2 + \lambda_2(\eta^2)^2 + \lambda_3(\eta^3)^2 = 1$$

schreiben und erhält so, wieder bis auf ausgeartete Flächen, ein Ellipsoid (bzw. eine Kugel), und die beiden Hyperboloide.

Das Gemeinsame der Gleichungen (9.5) und (9.6) besteht darin, daß auf der linken Seite eine quadratische Form der Koordinaten steht. Es liegt daher nahe, auch in einem n-dimensionalen affinen Raum durch eine solche Gleichung die Flächen zweiter Ordnung zu definieren und die Eigenschaften dieser Flächen zu untersuchen.

9.7. Mittelpunktsflächen zweiter Ordnung. Es sei jetzt wieder A ein n-dimensionaler affiner Raum und O ein fester Punkt von A, den wir als Anfangspunkt wählen. Unter einer Fläche zweiter Ordnung mit dem Mittelpunkt O versteht man die Gesamtheit aller Punkte P, deren Ortsvektoren x einer Gleichung der Form

$$\Phi(x) = 1 \tag{9.7}$$

genügen*), wobei Φ eine quadratische Funktion bezeichnet. Dabei wird vorausgesetzt, daß es überhaupt solche Punkte gibt, m. a. W., daß Φ nicht negativ definit ist.

Wählt man in A ein affines Koordinatensystem mit dem Anfangspunkt O, so erhält die Flächengleichung (9.7) die Form

$$\sum_{\nu,\mu} \alpha_{\nu\mu} \xi^\nu \xi^\mu = 1 ,$$

die eine Verallgemeinerung der eingangs erwähnten Gleichungen in der Ebene und im dreidimensionalen Raum darstellt.

9.8. Mittelpunkte einer Fläche zweiter Ordnung. Die Flächengleichung (9.7) geht in sich über, wenn man x durch $-x$ ersetzt. Die Fläche geht also durch Spiegelung am Punkte O, d. i. die affine Abbildung $P \to P'$, die durch $\overrightarrow{OP'} = -\overrightarrow{OP}$ definiert ist, in sich über. Es kann sein, daß die Fläche (9.7) diese Symmetrieeigenschaft noch in bezug auf andere Punkte hat; zum Beispiel ist ein Zylinder

$$(\xi^1)^2 + (\xi^2)^2 = 1$$

im dreidimensionalen Raum offenbar in bezug auf jeden Punkt der ξ^3-Achse symmetrisch.

Wir zeigen jetzt, daß man alle Punkte, in bezug auf welche die Fläche (9.7) diese Symmetrieeigenschaft hat, aus O erhält, indem man die Vektoren des Ausartungsraumes der bilinearen Funktion Φ (vgl. 8.3) von O aus abträgt. Es sei also P_1 ein Punkt, in bezug auf den die Fläche symmetrisch ist und x_1 sein Ortsvektor. Spiegelt man einen Punkt P mit dem Ortsvektor x am Punkte P_1, so erhält man einen Punkt P^* mit dem Ortsvektor

$$x^* = 2\,x_1 - x .$$

Nach Voraussetzung muß somit jeder Vektor x, für den $\Phi(x) = 1$ gilt, auch der Gleichung

$$\Phi(2\,x_1 - x) = 1$$

genügen. Da man in der Flächengleichung x durch $-x$ ersetzen darf, muß somit auch

$$\Phi(2\,x_1 + x) = 1$$

*) Die Kegelflächen, das sind diejenigen, die durch die Gleichung $\Phi(x) = 0$ gegeben sind, werden hier ausgeschlossen.

gelten. Aus diesen Gleichungen erhält man durch Subtraktion

$$\Phi(x_1, x) = 0\,. \tag{9.8}$$

Wir zeigen weiter, daß dies nicht nur für Vektoren x gilt, die zu den Punkten der Fläche gehören, sondern für alle Vektoren x. Ist x ein beliebiger Vektor, so wähle man einen Vektor y so, daß $\Phi(y) > 0$ und setze

$$z = \frac{\lambda x + y}{\sqrt{\Phi(\lambda x + y)}}\,, \tag{9.9}$$

wobei λ eine hinreichend kleine Zahl bezeichnet. Dann wird

$$\Phi(z) = 1$$

und somit muß, wie bereits gezeigt,

$$\Phi(x_1, z) = 0$$

gelten. Diese Gleichung lautet, wenn man für z nach (9.9) einsetzt

$$\lambda\Phi(x_1, x) + \Phi(x_1, y) = 0$$

und da dies (bei festem x und y) für alle hinreichend kleinen λ gelten muß, folgt

$$\Phi(x_1, x) = 0\,,$$

womit unsere Behauptung bewiesen ist.

Die Gleichung (9.8) gilt somit identisch in x und besagt, daß der Vektor x_1 im Ausartungsraum von Φ liegt.

Wählt man umgekehrt einen beliebigen Vektor x_1 des Ausartungsraumes, so wird

$$\Phi(x) = \Phi(2x_1 - x)\,,$$

d. h. die Fläche (9.7) geht in sich über, wenn man sie am Punkte mit dem Ortsvektor x_1 spiegelt.

Man wird jeden Punkt P_1, in bezug auf den die Fläche symmetrisch ist, als einen Mittelpunkt der Fläche bezeichnen. Nach dem obigen Ergebnis bilden die Mittelpunkte einen $(n-r)$-dimensionalen affinen Unterraum von A, wenn r den Rang von Φ bezeichnet. Ist speziell $r = n$, also Φ nichtausgeartet, so reduziert sich dieser Unterraum auf den Punkt 0. Nur in diesem Fall ist der Mittelpunkt der Fläche eindeutig bestimmt.

9.9. Bestimmheit von Φ durch die Fläche. Wir zeigen jetzt, daß zwei Gleichungen $\Phi_1(x) = 1$ und $\Phi_2(x) = 1$ nur dann dieselbe Fläche darstellen, wenn die quadratischen Funktionen Φ_1 und Φ_2 identisch sind. Es sei zunächst x ein Vektor, für den $\Phi_1(x) > 0$. Setzt man dann

$$x_0 = \frac{x}{\sqrt{\Phi_1(x)}}\,,$$

so wird

$$\Phi_1(x_0) = 1$$

und somit nach Voraussetzung auch

$$\Phi_2(x_0) = 1\,.$$

Hieraus folgt die Gleichheit

$$\Phi_1(x) = \Phi_2(x)$$

zunächst für alle Vektoren x, in denen Φ_1 positiv ist. Es sei nun x ein beliebiger Vektor. Wählt man dann einen festen Vektor a, so daß $\Phi(a) > 0$, so wird für alle hinreichend kleinen λ

$$\Phi_1(a + \lambda x) > 0\,.$$

Hieraus folgt

$$\Phi_1(a + \lambda x) = \Phi_2\ (a + \lambda x)\,.$$

Entwickelt man hier beide Seiten und beachtet noch, daß $\Phi_1(a) = \Phi_2(a)$, so erhält man

$$2\,\Phi_1(a, x) + \lambda\Phi_1(x) = 2\,\Phi_2(a, x) + \lambda\Phi_2(x)\,.$$

Da dies für alle hinreichend kleinen λ gelten muß, folgt

$$\Phi_1(x) = \Phi_2(x)\,.$$

Damit ist unsere Behauptung bewiesen.

9.10. Tangentialraum. Es sei P_1 ein fester Punkt der Fläche $\Phi(x) = 1$ und x_1 sein Ortsvektor. Wir legen durch P_1 irgendeine Gerade

$$x = x_1 + a\,t \qquad (a \neq 0)\,. \qquad (9.10)$$

Setzt man (9.10) in die Flächengleichung ein, so erhält man für die Schnittpunkte der Geraden mit der Fläche die Gleichung

$$t^2\Phi(a) + 2\,t\Phi(x_1, a) = 0\,.$$

Eine Lösung ist $t = 0$, was dem Punkte P_1 entspricht. Dies ist genau dann eine Doppelwurzel, wenn

$$\Phi(x_1, a) = 0\,.$$

Die Gesamtheit der Richtungsvektoren a mit dieser Eigenschaft ist ein linearer Raum. Dieser hat die Dimension $(n-1)$, denn er besteht aus allen Vektoren, in denen die lineare Funktion

$$f(y) = \Phi(x_1, y)$$

verschwindet*).

Trägt man die Vektoren a von P_1 aus ab, so erhält man einen $(n-1)$-dimensionalen affinen Unterraum T_{P_1} von A, den *Tangentialraum* der

*) Daß diese Funktion nicht identisch verschwindet, folgt aus der Gleichung

$$f(x_1) = \Phi(x_1) = 1\,.$$

Fläche $\Phi(x) = 1$ im Punkte P_1. Er ist durch die Gleichung

$$\Phi(x_1, x - x_1) = 0$$

charakterisiert, die man auch in der Form

$$\Phi(x, x_1) = 1 \tag{9.11}$$

schreiben kann.

9.11. Affine Abbildungen von Flächen zweiter Ordnung. Im Raume A sei jetzt eine reguläre affine Abbildung $P \to P'$ auf sich gegeben. Diese führt jede Fläche zweiter Ordnung wieder in eine solche über; um dies zu sehen, sei

$$\Phi(x) = 1 \qquad (x = \overrightarrow{OP}) \tag{9.12}$$

eine solche Fläche. Bezeichnet O den Punkt, von dem aus die Vektoren x abgetragen werden und O' den Bildpunkt, so ist die affine Abbildung $P \to P'$ in der Form

$$\overrightarrow{OP'} = \overrightarrow{OO'} + \varphi(\overrightarrow{OP}) \tag{9.13}$$

darstellbar, wobei φ eine reguläre lineare Abbildung bezeichnet. Setzt man

$$\overrightarrow{OP'} = x', \quad \overrightarrow{OO'} = a,$$

so lautet die Beziehung (9.13)

$$x' = \varphi x + a$$

und die Bildvektoren der Fläche (9.12) sind daher durch die Gleichung

$$\Phi \varphi^{-1}(x' - a) = 1 \tag{9.14}$$

charakterisiert. Diese lautet, wenn man die quadratische Funktion Φ' mittels

$$\Phi'(x) = \Phi(\varphi^{-1} x)$$

erklärt,

$$\Phi'(x' - a) = 1 \tag{9.15}$$

und stellt somit eine Fläche zweiter Ordnung dar. Wie man aus (9.15) sieht, ist die Bildfläche in bezug auf den Punkt O' symmetrisch. Wenn also Φ — und damit Φ' — nicht ausgeartet ist, wird O' der eindeutig bestimmte Mittelpunkt der Bildfläche.

9.12. Affin äquivalente Flächen. Zwei Flächen,

$$\Phi(x - x_1) = 1 \qquad (x_1 = \overrightarrow{OO_1}) \tag{9.16}$$

und

$$\Psi(x - x_2) = 1 \qquad (x_2 = \overrightarrow{OO_2}) \tag{9.17}$$

heißen *affin äquivalent*, wenn man sie durch eine reguläre lineare Abbildung ineinander überführen kann. Wir zeigen zunächst, daß dies genau dann der Fall ist, wenn es eine reguläre lineare Abbildung φ gibt, so daß

$$\Psi(x) = \Phi(\varphi^{-1} x) .$$

Ist zunächst φ eine solche Abbildung, so bestimmt diese zusammen mit der Zuordnung $O_1 \to O_2$ eine reguläre affine Selbstabbildung, welche die Fläche (9.16) in die Fläche (9.17) überführt.

Wir nehmen jetzt zweitens an, es sei $P \to P'$ eine affine Abbildung, welche (9.16) in (9.17) überführt. Die Bildfläche von (9.16) ist andererseits durch die Gleichung

$$\Phi\, \varphi^{-1}(x - a) = 1 \qquad (a = \overrightarrow{OO'})$$

gegeben, oder wenn man

$$\Phi'(x) = \Phi\, \varphi^{-1}(x)$$

setzt, durch die Gleichung

$$\Phi'(x - a) = 1 . \tag{9.18}$$

Nach Voraussetzung stellen somit die Gleichungen (9.17) und (9.18) dieselbe Fläche dar. Hieraus folgt zunächst, daß der Vektor $\overrightarrow{O_2O'} = x_2 - a$ im Ausartungsraum von Φ' liegen muß, denn diese Fläche ist sowohl in bezug auf O_2 als auch in bezug auf O' symmetrisch. Es gilt somit

$$\Phi'(x, x_2 - a) = 0$$

identisch in x. Daher kann man (9.18) auch in der Form

$$\Phi'(x - x_2) = 1$$

schreiben. Nun folgt aus dem Eindeutigkeitssatz 9.9., daß die quadratischen Funktionen Φ' und Ψ übereinstimmen müssen,

$$\Phi'(x) = \Psi(x) .$$

Somit hängen Φ und Ψ durch die Gleichung

$$\Phi(\varphi^{-1} x) = \Psi(x)$$

zusammen.

9.13. Damit ist die affine Äquivalenz zweier Flächen auf die Frage zurückgeführt, wann zwei gegebene quadratische Funktionen $\Phi(x)$ und $\Psi(x)$ in der Form

$$\Psi(x) = \Phi(\varphi^{-1} x) \tag{9.19}$$

zusammenhängen, wobei φ eine geeignete reguläre lineare Selbstabbildung ist. Notwendig für die Existenz einer solchen Abbildung ist, daß Φ und Ψ in Rang und Trägheitsindex übereinstimmen. Um dies zu zeigen, sei φ eine Abbildung, so daß (9.19) gilt und x_ν $(\nu = 1 \ldots n)$ eine Basis, in der die Matrix von Φ Diagonalform hat (vgl. 8.6),

$$\Phi(x_\nu, x_\mu) = \varepsilon_\nu \delta_{\nu\mu} .$$

Wegen der Regularität von φ bilden die Vektoren $y_\nu = \varphi x_\nu$ wieder eine Basis und für diese gilt

$$\Psi(y_\nu, y_\mu) = \Phi(x_\nu, x_\mu) = \varepsilon_\nu \delta_{\nu\mu} .$$

Hieraus sieht man, daß Ψ denselben Rang und denselben Trägheitsindex haben muß wie Φ.

Andererseits ist diese Bedingung auch hinreichend für die Existenz einer Abbildung φ, für die (9.19) gilt. Wenn nämlich Φ und Ψ in Rang und Trägheitsindex übereinstimmen, gibt es je eine Basis x_ν und y_ν $(\nu = 1 \ldots n)$, so daß

$$\Phi(x_\nu, x_\mu) = \varepsilon_\nu \delta_{\nu\mu} \quad \text{und} \quad \Psi(y_\nu, y_\mu) = \varepsilon_\nu \delta_{\nu\mu} .$$

Erklärt man dann die lineare Abbildung φ durch die Zuordnungen

$$\varphi: x_\nu \to y_\nu ,$$

so wird

$$\Phi(x_\nu, x_\mu) = \Psi(\varphi x_\nu, \varphi x_\mu)$$

und damit auch

$$\Phi(x, y) = \Psi(\varphi x, \varphi y) ,$$

woraus für $x = y$ die Beziehung (9.19) folgt.

Damit ist insgesamt gezeigt: *Zwei Flächen zweiter Ordnung* $\Phi(x - x_1) = 1$ *und* $\Psi(x - x_2) = 1$ *sind genau dann affin äquivalent, wenn die quadratischen Funktionen* Φ und Ψ *in Rang und Trägheitsindex übereinstimmen.*

9.14. Affine Klassen. Auf Grund dieses Kriteriums kann man leicht ein vollständiges Repräsentantensystem der affinen Klassen angeben. Man wähle eine Basis x_ν $(\nu = 1 \ldots n)$ und definiere die quadratische Funktion Φ^{tr} für jedes Paar natürlicher Zahlen (t, r) $(t = 1 \ldots r,$ $r = 1 \ldots n)$ mittels

$$\Phi^{tr}(x_\nu, x_\mu) = \varepsilon_\nu \delta_{\nu\mu}, \text{ wobei } \varepsilon_\nu = \begin{cases} 1 \; (\nu = 1 \ldots t) \\ -1 \; (\nu = t + 1 \ldots r) \\ 0 \; (\nu = r + 1 \ldots n) . \end{cases}$$

Dann ist jede Fläche zweiter Ordnung zu einer der Flächen

$$\Phi^{tr}(x) = 1 \tag{9.20}$$

affin äquivalent, während je zwei der Flächen (9.20), die zu verschiedenen Zahlenpaaren (t, r) gehören, nichtäquivalent sind. Somit werden die affinen Klassen durch die Flächen (9.20) repräsentiert und ihre Anzahl ist gleich

$$\sum_{r=1}^{n} r = \frac{n(n+1)}{2} .$$

Speziell lautet dieses Repräsentantensystem in den Fällen $n = 2$ und $n = 3$:

Ebene:

1. $r = 2$:	a) $t = 2$:	$(\xi^1)^2 + (\xi^2)^2 = 1$	Ellipse
	b) $t = 1$:	$(\xi^1)^2 - (\xi^2)^2 = 1$	Hyperbel
2. $r = 1$:	$t = 1$:	$\xi^1 = \pm 1$	zwei parallele Gerade

Dreidimensionaler Raum:

1. $r = 3$:	a) $t = 3$:	$(\xi^1)^2 + (\xi^2)^2 + (\xi^3)^2 = 1$	Ellipsoid
	b) $t = 2$:	$(\xi^1)^2 + (\xi^2)^2 - (\xi^3)^2 = 1$	einschaliges Hyperboloid
	c) $t = 1$:	$(\xi^1)^2 - (\xi^2)^2 - (\xi^3)^2 = 1$	zweischaliges Hyperboloid
2. $r = 2$:	a) $t = 2$:	$(\xi^1)^2 + (\xi^2)^2 = 1$	Elliptischer Zylinder
	b) $t = 1$:	$(\xi^1)^2 - (\xi^2)^2 = 1$	Hyperbolischer Zylinder
3. $r = 1$:	$t = 1$:	$\xi^1 = \pm 1$	zwei parallele Ebenen

Aufgabe: Zwei Flächen $\Phi(x) = 1$ und $\Phi(x) = -1$ heißen *zueinander konjugiert.* Man zeige, daß konjugierte Flächen genau dann affin äquivalent sind, wenn der Rang gleich dem doppelten Trägheitsindex ist.

§ 3. Flächen zweiter Ordnung im Euklidischen Raum

9.15. Flächennormale. Es sei jetzt A ein Euklidisch-affiner Raum (vgl. 9.5) und

$$\Phi(x) = 1$$

eine Fläche zweiter Ordnung in A. P_1 sei ein fester Punkt der Fläche mit dem Ortsvektor $\overrightarrow{OP_1} = x_1$. Der Tangentialraum T_{P_1} ist dann durch die Gleichung

$$T_{P_1}:\ \Phi(x - x_1, x_1) = 0$$

gegeben. Da dieser die Dimension $(n-1)$ hat, gibt es einen bis auf einen Faktor eindeutig bestimmten Vektor, der auf den Vektoren von T_{P_1} orthogonal steht. Jeder solche Vektor heißt ein *Normalenvektor* der Fläche im Punkte P_1.

Zur bilinearen Funktion Φ gehört nach 7.10 eine selbstadjungierte Abbildung φ, die mit Φ durch die Beziehung

$$\Phi(x, y) = (x, \varphi y)$$

zusammenhängt. Somit kann man die Gleichung des Tangentialraumes T_{P_1} in der Form

$$(x - x_1, \varphi x_1) = 0$$

schreiben. Der Vektor φx_1 steht somit auf allen Vektoren von T_{P_1} orthogonal und muß daher in der Flächennormalen liegen. Damit erhält die Abbildung φ eine geometrische Deutung; sie ordnet jedem Ortsvektor x einen Vektor in der zugehörigen Flächennormalen zu. Dabei ist der Vektor φx_1 wirklich von Null verschieden, denn da P_1 auf der Fläche liegt, folgt

$$(x_1, \varphi x_1) = \Phi(x_1, x_1) = 1 .$$

Ist speziell x_1 im Eigenvektor von φ, so muß im Punkte P_1 der Normalvektor ein Vielfaches des Ortsvetkors sein.

Auch die Norm des Vektors φx_1 läßt sich geometrisch deuten; sie ist gleich dem reziproken Abstand der Tangentialebene vom Punkte 0. Für diesen Abstand erhält man nämlich (vgl. Kap. VI, § 2, Aufgabe 5)

$$d = \frac{(x_1, \varphi x_1)}{|\varphi x_1|} = \frac{1}{|\varphi x_1|} .$$

9.16. Hauptachsen. Zur selbstadjungierten Abbildung φ gehört ein System von n paarweise orthogonalen Eigenvektoren e_ν $(\nu = 1 \ldots n)$ die auf die Länge eins normiert seien (vgl. Kap. VII, § 2). Wir betrachten jetzt die Gerade

$$x = t e_\nu \qquad (-\infty < t < \infty) \tag{9.21}$$

durch den Punkt O mit der Richtung e_ν $(\nu = 1 \ldots n)$. Will man diese mit der Fläche $\Phi(x) = 1$ zum Schnitt bringen, so hat man (9.21) in die Flächengleichung einzusetzen und erhält, da

$$\Phi(t e_\nu) = t^2 \Phi(e_\nu) = t^2 (e_\nu, \lambda_\nu e_\nu) = t^2 \lambda_\nu$$

die Gleichung

$$t^2 \lambda_\nu = 1 .$$

Diese ist genau dann lösbar, wenn λ_ν positiv ist. In diesem Fall ergibt sich für den Schnittpunkt der Ortsvektor

$$x_\nu = \frac{1}{\sqrt{\lambda_\nu}} e_\nu . \tag{9.22}$$

Die so erhaltenen Vektoren heißen die *Hauptachsen* der Fläche.

Ist dagegen der Eigenwert λ_ν negativ, so hat die Gerade (9.21) mit der Fläche $\Phi(x) = 1$ keinen Schnittpunkt. Dagegen trifft sie die *konjugierte Fläche* $\Phi(x) = -1$ im Punkte

$$x_\nu = \frac{1}{\sqrt{-\lambda_\nu}} e_\nu . \tag{9.23}$$

Man nennt auch diesen Vektor eine Hauptachse der Fläche, so daß also zu jedem von Null verschiedenen Eigenwert eine Hauptachse gehört. Für die Länge der ν-ten Hauptachse erhält man nach (9.22) bzw. (9.23)

$$|x_\nu| = \frac{1}{\sqrt{|\lambda_\nu|}} .$$

Hauptachsen verschiedener Länge stehen aufeinander orthogonal.

9.17. Hauptachsengleichung. In der von den Eigenvektoren e_ν erzeugten Basis lautet die zu Φ gehörige quadratische Form

$$\Phi(x) = \sum_\nu \lambda_\nu \xi^\nu \xi^\nu$$

und damit die Flächengleichung

$$\sum_\nu \lambda_\nu \xi^\nu \xi^\nu = 1 . \tag{9.24}$$

Dabei seien die e_ν so numeriert, daß zunächst die von Null verschiedenen Eigenwerte auftreten, so daß man in (9.24) nur von Null bis r (Rang von Φ) zu summieren braucht. Ersetzt man nun noch die Eigenwerte λ_ν durch die Hauptachsenlängen, so erhält man aus (9.24) die Hauptachsenform der Flächengleichung

$$\sum_{\nu=1}^{r} \frac{\varepsilon_\nu}{|x_\nu|^2} \xi^\nu \xi^\nu = 1 .$$

Dabei ist $\varepsilon_\nu = \pm 1$, je nachdem der entsprechende Eigenwert positiv oder negativ ist.

9.18. Metrische Klassifikation der Flächen zweiter Ordnung. Wir wenden uns schließlich der Frage zu, wann sich zwei Flächen zweiter Ordnung

$$\Phi(x - x_1) = 1 \qquad (x_1 = \overrightarrow{OO_1}) \tag{9.25}$$

und

$$\Psi(x - x_2) = 1 \qquad (x_2 = \overrightarrow{OO_2}) \tag{9.26}$$

durch eine Bewegung des Euklidischen Raumes A ineinander überführen lassen. Ist

$$x' = \tau x + a$$

eine Bewegung, welche die Fläche (9.25) in die Fläche (9.26) überführt, so folgt zunächst wie in 9.12, daß zwischen den bilinearen Funktionen Φ und Ψ die Beziehung

$$\Phi(\tau^{-1} x, \tau^{-1} y) = \Psi(x, y) \tag{9.27}$$

bestehen muß, wobei τ eine Drehung bezeichnet. Hieraus folgt weiter, daß Φ und Ψ dieselben Eigenwerte mit denselben Vielfachheiten haben müssen. Geht man nämlich von Φ und Ψ zu den entsprechenden selbstadjungierten Abbildungen über, schreibt also

$$\Phi(x, y) = (\varphi x, y) , \quad \Psi(x, y) = (\psi_x, y) ,$$

so folgt nach (9.27), wenn man beachtet, daß $\tau^{-1} = \tilde{\tau}$,

$$\psi = \tau \varphi \tilde{\tau} = \tau \varphi \tau^{-1} .$$

Hieraus folgt die Übereinstimmung der charakteristischen Polynome von φ und ψ, denn es ist

$$\det(\psi - \lambda\iota) = \det(\tau\varphi\tau^{-1} - \lambda\iota) = \det(\tau\varphi\tau^{-1} - \tau\lambda\tau^{-1})$$
$$= \det\tau \det(\varphi - \lambda\iota) \det\tau^{-1} = \det(\varphi - \lambda\iota) .$$

Somit müssen die Eigenwerte von φ und ψ und damit auch die von Φ und Ψ samt ihren Vielfachheiten übereinstimmen.

Diese Bedingung ist aber auch hinreichend für die metrische Äquivalenz der Flächen (9.25) und (9.26). Sind nämlich λ_ν $(\nu = 1 \ldots n)$ die gemeinsamen Eigenwerte von Φ und Ψ, so gibt es je eine orthonormierte Basis x_ν und y_ν $(\nu = 1 \ldots n)$, in der

$$\Phi(x_\nu, x_\mu) = \lambda_\nu \delta_{\nu\mu} \quad \text{und} \quad \Psi(y_\nu, y_\mu) = \lambda_\nu \delta_{\nu\mu} .$$

Durch die Zuordnung

$$\tau : \; x_\nu \to y_\nu$$

ist dann eine Drehung definiert und für diese wird

$$\Phi(\tau^{-1}x) = \Psi(x) .$$

Sie bestimmt somit zusammen mit der Zuordnung $O_1 \to O_2$ eine Bewegung, welche die Fläche (9.25) in die Fläche (9.26) überführt.

9.19. Ebene und dreidimensionaler Raum. Jede der in 9.14 aufgezählten affinen Klassen in der Ebene und im dreidimensionalen Raum zerfällt jetzt in unendlich viele Klassen metrisch äquivalenter Kurven bzw. Flächen. Damit hat man insgesamt folgendes Repräsentantensystem der metrischen Äquivalenzklassen:

Ebene:

1. $\frac{(\xi^1)^2}{|a_1|^2} + \frac{(\xi^2)^2}{|a_2|^2} = 1$ $\quad (0 < |a_i| < \infty)$ $\quad$ Ellipse mit den Achsen $|a_1|$ und $|a_2|$ bzw. Kreis.

2. $\frac{(\xi^1)^2}{|a_1|^2} - \frac{(\xi^2)^2}{|a_2|^2} = 1$ $\quad (0 < |a_i| < \infty)$ $\quad$ Hyperbel mit den Achsen $|a_1|$ und $|a_2|$

3. $(\xi^1)^2 = |a|^2$ $\quad (0 < |a| < \infty)$ $\quad$ zwei parallele Gerade im Abstand $|a|$.

Dreidimensionaler Raum:

1. $\frac{(\xi^1)^2}{|a_1|^2} + \frac{(\xi^2)^2}{|a_2|^2} + \frac{(\xi^3)^2}{|a_3|^2} = 1$
$(0 < |a_j| < \infty, j = 1, 2, 3)$ $\quad$ Dreiachsiges Ellipsoid bzw. Rotationsellipsoid bzw. Kugel.

2. $\frac{(\xi^1)^2}{|a_1|^2} + \frac{(\xi^2)^2}{|a_2|^2} - \frac{(\xi^3)^2}{|a_3|^2} = 1$
$(0 < |a_j| < \infty, j = 1, 2, 3)$ $\quad$ Einschaliges Hyperboloid mit den Achsen $|a_j|$.

3. $\frac{(\xi^1)^2}{\lvert a_1\rvert^2} - \frac{(\xi^2)^2}{\lvert a_2\rvert^2} - \frac{(\xi^3)^2}{\lvert a_3\rvert^2} = 1$ $(0 < \lvert a_j\rvert < \infty, j = 1, 2, 3)$	Zweischaliges Hyperboloid mit den Achsen $\lvert a_j\rvert$.
4. $\frac{(\xi^1)^2}{\lvert a_1\rvert^2} + \frac{(\xi^2)^2}{\lvert a_2\rvert^2} = 1$ $(0 < \lvert a_j\rvert < \infty, j = 1, 2)$	Elliptischer Zylinder mit den Achsen $\lvert a_1\rvert$ und $\lvert a_2\rvert$ bzw. Kreiszylinder.
5. $\frac{(\xi^1)^2}{\lvert a_1\rvert^2} - \frac{(\xi^2)^2}{\lvert a_2\rvert^2} = 1$ $(0 < \lvert a_j\rvert < \infty, j = 1, 2)$	Hyperbolischer Zylinder mit den Achsen $\lvert a_j\rvert$.
6. $(\xi^1)^2 = \lvert a\rvert^2$	Zwei parallele Ebenen im Abstand $\lvert a\rvert$.

Aufgaben: 1. Es sei Φ eine nicht identisch verschwindende quadratische Funktion. Man betrachte die Flächenschar

$$\Phi(x) = \alpha \qquad (\alpha \neq 0)$$

und zeige, daß durch jeden Vektor x_1 des Raumes X genau eine Fläche der Schar hindurchgeht. Man zeige ferner, daß die zu Φ gehörige selbstadjungierte Abbildung φ jedem Vektor x_1 die Normale der durch x_1 gehenden Fläche zuordnet.

2. Es sei $\Phi(x) = 1$ eine nichtausgeartete Fläche. Man zeige, daß die zu Φ gehörige selbstadjungierte Abbildung φ (vgl. 9.15) die Fläche $\Phi(x) = 1$ in eine Fläche mit denselben Hauptachsenrichtungen überführt und daß die Hauptachsenlängen dieser Flächen zueinander reziprok sind.

Zehntes Kapitel

Unitäre Räume

In Kapitel VI wurde ausgeführt, wie ein reeller linearer Raum durch Auszeichnung einer positiv definiten symmetrischen bilinearen Funktion zu einem Euklidischen Raume wird. Es soll jetzt gezeigt werden, daß man in entsprechender Weise in einen komplexen linearen Raum ein skalares Produkt einführen kann. Dazu benötigen wir zunächst den Begriff der Hermiteschen Form.

§ 1. Hermitesche Formen

10.1. Bilineare Funktionen im komplexen Raum. Es sei A ein n-dimensionaler komplexer Raum und $\Phi(x, y)$ eine Funktion von zwei Vektoren, welche in folgendem Sinne bilinear ist:

$$\Phi(\lambda x_1 + \mu x_2, y) = \lambda\Phi(x_1, y) + \mu\Phi(x_2, y)$$
$$\Phi(x, \lambda y_1 + \mu y_2) = \bar{\lambda}\Phi(x, y_1) + \bar{\mu}\Phi(x_1 y_2)\,.$$

Die erste Bedingung besagt, daß Φ in bezug auf x eine lineare Funktion ist. In bezug auf das zweite Argument soll jedoch die Linearität dahin modifiziert sein, daß man bei den Multiplikatoren auf der rechten Seite zu den komplex konjugierten übergeht.

Setzt man in der Funktion Φ die Argumente gleich, so erhält man eine Funktion *eines* Vektors

$$\Phi(x, x) = \Phi(x) . \tag{10.1}$$

Dies entspricht dem Übergang von der bilinearen Funktion zur quadratischen in einem reellen Raum (vgl. 8.1). Aus (10.1) folgt, daß die Funktion $\Phi(x)$ der Bedingung

$$\Phi(\lambda x) = |\lambda|^2 \Phi(x)$$

genügt.

Umgekehrt kann man auch die bilineare Funktion $\Phi(x, y)$ durch $\Phi(x)$ ausdrücken; schreibt man nämlich in (10.1) anstatt x den Vektor $x + y$, so erhält man

$$\Phi(x + y) = \Phi(x) + \Phi(y) + \Phi(x, y) + \Phi(y, x)$$

und wenn man hier y durch iy ersetzt,

$$\Phi(x + iy) = \Phi(x) + \Phi(y) - i\Phi(x, y) + i\Phi(y, x) .$$

Multipliziert man die zweite Gleichung mit i und addiert zur ersten, so folgt

$$\Phi(x + y) + i\Phi(x + iy) = (1 + i)\,(\Phi(x) + \Phi(y)) + 2\Phi(x, y)$$

oder, aufgelöst nach $\Phi(x, y)$,

$$\Phi(x, y) = \tfrac{1}{2}\,\{\Phi(x + y) + i\Phi(x + iy) - (1 + i)\,(\Phi(x) + \Phi(y))\} .$$

Man beachte, daß hier ein Unterschied gegenüber den bilinearen Funktionen im gewöhnlichen Sinne besteht. Diese sind durch die zugehörige quadratische Funktion erst dann eindeutig bestimmt, wenn man sie *symmetrisch* voraussetzt.

10.2. Hermitesch konjugierte Funktionen. Wenn im folgenden von einer bilinearen Funktion in einem komplexen Raum die Rede ist, so ist dies immer im Sinne von 10.1 zu verstehen. Es sei also $\Phi(x, y)$ eine solche Funktion; aus dieser erhält man eine zweite, indem man

$$\tilde{\Phi}(x, y) = \overline{\Phi(y, x)}$$

setzt. $\tilde{\Phi}$ heißt die zu Φ *Hermitesch konjugierte* Funktion. Geht man von $\tilde{\Phi}$ nochmals zur Hermitesch konjugierten über, so erhält man die Funktion Φ zurück.

Stimmt die Funktion Φ mit ihrer Hermitesch konjugierten überein, gilt also

$$\Phi(x, y) = \overline{\Phi(y, x)} , \tag{10.2}$$

so heißt Φ eine *Hermitesche Form*. Setzt man in (10.2) speziell $y = x$, so folgt

$$\Phi(x) = \overline{\Phi(x)}, \tag{10.3}$$

d. h. eine Hermitesche Form hat für $y = x$ immer reelle Werte.

Umgekehrt ist eine bilineare Funktion mit dieser Eigenschaft Hermitesch. Sind nämlich x und y zwei beliebige Vektoren, so muß

$$\Phi(x + y) = \Phi(x) + \Phi(y) + \Phi(x, y) + \Phi(y, x)$$

reell sein und hieraus folgt, daß die Summe

$$\Phi(x, y) + \Phi(y, x)$$

reell ist. Ersetzt man hier y durch iy, so folgt andererseits, daß die Differenz

$$\Phi(x, y) - \Phi(y, x)$$

rein imaginär sein muß. Hieraus ergibt sich

$$\Phi(y, x) = \overline{\Phi(x, y)},$$

d. h. Φ ist Hermitesch.

10.3. Hermitesche Matrizen. Wählt man im komplexen linearen Raum A eine Basis x_ν $(\nu = 1 \ldots n)$, so entspricht der bilinearen Funktion Φ eine komplexe Matrix

$$\alpha_{\nu\mu} = \Phi(x_\nu, x_\mu).$$

Durch diese ist die Funktion Φ eindeutig bestimmt, denn für je zwei Vektoren

$$x = \sum_\nu \xi^\nu x_\nu \quad \text{und} \quad y = \sum_\nu \eta^\nu x_\nu$$

gilt die Darstellung

$$\Phi(x, y) = \sum_{\nu,\mu} \alpha_{\nu\mu} \xi^\nu \bar{\eta}^\mu.$$

Zur Hermitesch konjugierten Funktion $\tilde{\Phi}$ gehört die *Hermitesch konjugierte Matrix*

$$\tilde{\alpha}_{\nu\mu} = \bar{\alpha}_{\mu\nu}.$$

Speziell stimmt die Matrix einer Hermiteschen Form mit ihrer Hermitesch konjugierten überein,

$$\alpha_{\nu\mu} = \bar{\alpha}_{\mu\nu},$$

Eine solche Matrix heißt eine *Hermitesche Matrix*.

Aufgaben: 1. Man zeige, daß das charakteristische Polynom einer Hermiteschen Matrix reelle Koeffizienten hat.

2. Man zeige, daß sich der Zerlegungssatz von 8.5 auf Hermitesche Formen übertragen läßt.

§ 2. Unitäre Räume

10.4. Da eine Hermetische Form für $y = x$ immer reell ist, hat es einen Sinn, den Begriff der positiv definiten Hermiteschen Form einzuführen. Eine Hermitesche Form heißt *positiv definit*, wenn

$$\Phi(x, x) \geqq 0$$

und das Gleichheitszeichen nur für den Nullvektor steht. Eine solche Form ist niemals ausgeartet, d. h. die Gleichung

$$\Phi(x_1, y) = 0$$

kann für ein festes x_1 und alle y nur bestehen, wenn $x_1 = 0$.

Die positiv definiten Hermiteschen Formen eignen sich dazu, in den komplexen linearen Raum A eine Längenmessung einzuführen. Dadurch wird A zu einem *unitären Raum*. Es sei also (x, y) eine solche Funktion im Raume A, die wieder das *Skalarprodukt* der Vektoren x und y genannt werden soll. Dieses genügt der Symmetriebeziehung

$$(x, y) = \overline{(y, x)}$$

und der Definitheitsbedingung

$$(x, x) \geqq 0 .$$

Unter der *Norm* des Vektors x versteht man die Zahl

$$|x| = \sqrt{(x, x)} .$$

10.5. Für je zwei Vektoren x und y gilt die *Schwarzsche Ungleichung*

$$|(x, y)| \leqq |x|\,|y| \tag{10.3}$$

die man ganz analog wie im Reellen beweist (vgl. 6.2). Sie geht genau dann in eine Gleichung über, wenn die Vektoren linear abhängig sind.

Aus (10.3) erhält man die *Minkowskische Ungleichung*

$$|x + y| \leqq |x| + |y| .$$

Hier steht das Gleichheitszeichen genau dann, wenn

$$y = \lambda x ,$$

wobei λ reell und

$$\lambda \geqq 0 .$$

Zwei Vektoren x und y eines unitären Raumes heißen *orthogonal*, wenn

$$(x, y) = 0 .$$

Zu jedem r-dimensionalen Unterraum U von A gehört ein $(n - r)$-dimensionales Kompliment $U^{\perp}$.

10.6. Orthonormierte Basen. Entsprechend wie im reellen Fall erklärt man eine orthonormierte Basis x_ν $(\nu = 1 \ldots n)$ eines unitären

Raumes als eine solche, deren Vektoren den Beziehungen

$$(x_\nu, x_\mu) = \delta_{\nu\mu}$$

genügen. In einer orthonormierten Basis drückt sich das Skalarprodukt zweier Vektoren

$$x = \sum_\nu \xi^\nu x_\nu \quad \text{und} \quad y = \sum_\nu \eta^\nu x_\nu$$

in der Form

$$(x, y) = \sum_\nu \xi^\nu \bar{\eta}^\nu$$

aus und hieraus erhält man für $y = x$ für das Quadrat der Länge von x

$$|x|^2 = (x, x) = \sum_\nu \xi^\nu \bar{\xi}^\nu = \sum_\nu |\xi^\nu|^2$$

Aus einer beliebigen Basis des Raumes A kann man ganz anolog wie im reellen Euklidischen Raum durch das Schmidtsche Orthogonalisierungsverfahren eine orthonormierte Basis erhalten (vgl. 6.11). Je zwei orthonormierte Basen x_ν und $\bar{x}_\nu$ $(\nu = 1 \ldots n)$ hängen durch eine Matrix α_ν^μ zusammen, welche den Beziehungen

$$\sum_\lambda \alpha_\nu^\lambda \bar{\alpha}_\mu^\lambda = \delta_{\nu\mu}$$

genügt. Eine derartige Matrix heißt *unitär*; umgekehrt erhält man aus einer orthonormierten Basis durch Transformation mit einer unitären Matrix wieder eine solche.

10.7. Beziehung zu den linearen Funktionen. Entsprechend wie in einem Euklidischen Raum gilt der Satz, daß man jede lineare Funktion $f(x)$ in der Form

$$f(x) = (x, a) \tag{10.4}$$

schreiben kann, wobei a einen eindeutig bestimmten Vektor bezeichnet. Ist nämlich f die gegebene Funktion, die nicht identisch verschwinden möge, so bilden die Vektoren x, die durch die Gleichung $f(x) = 0$ bestimmt sind, einen $(n-1)$-dimensionalen Unterraum A_1. Bezeichnet e einen Einheitsvektor, der auf A_1 orthogonal steht, und λ eine beliebige komplexe Zahl, so verschwindet die Funktion

$$g(x) = f(x) - \lambda(x, e)$$

ebenfalls in A_1, während sie für $x = e$ den Wert

$$g(e) = f(e) - \lambda$$

annimmt. Wählt man also $\lambda = f(e)$, so wird auch $g(e) = 0$ und damit g identisch Null. Für das so bestimmte λ ist somit

$$f(x) = \lambda(x, e)\,,$$

d. h. die Funktion f ist in der Form (10.4) darstellbar.

Aufgabe: Man zeige, daß man in einem unitären Raum die Determinantenfunktion so normieren kann, daß die Identität

$$\Delta(x_1, \dots x_n)\,\overline{\Delta(y_1 \dots y_n)} = \det(x_i, y_k)$$

besteht.

§ 3. Lineare Abbildungen unitärer Räume

10.8. Beziehungen zu den linearen Funktionen. Auch die in 7.10 erwähnte umkehrbar eindeutige Beziehung zwischen den linearen Selbstabbildungen und den bilinearen Funktionen in einem Euklidischen Raum gilt unverändert in einem unitären Raum. Jede lineare Selbstabbildung φ bestimmt eine (im Sinne von 10.1) bilineare Funktion Φ gemäß

$$\Phi(x, y) = (\varphi x, y) \tag{10.5}$$

und umgekehrt läßt sich jede bilineare Funktion in der Form (10.5) darstellen. Hält man nämlich x fest, $x = x_1$, so ist durch die Gleichung

$$f(y) = \overline{\Phi(x_1, y)}$$

eine lineare Funktion definiert und diese läßt sich, wie in (10.7) gezeigt, in der Form

$$\overline{\Phi(x_1, y)} = (y, y_1)$$

schreiben, wobei y_1 ein eindeutig bestimmter Vektor ist. Durch die Zuordnung

$$\varphi\colon x_1 \to y_1$$

ist dann offenbar eine lineare Abbildung des Raumes A in sich bestimmt und für diese gilt

$$\Phi(x_1, y) = (\varphi x_1, y)\,.$$

Damit ist die Funktion Φ in der Form (10.5) dargestellt.

Die zur Hermitesch konjugierten Funktion $\tilde{\Phi}(x, y)$ gehörige Abbildung $\tilde{\varphi}$ hängt mit φ durch die Beziehung

$$(\varphi x, y) = (x, \tilde{\varphi}\, y)$$

zusammen; sie heißt die zu φ *adjungierte Abbildung*. Die Matrizen zueinander adjungierter Abbildungen in bezug auf eine orthonormierte Basis sind Hermitesch konjugiert.

10.9. Selbstadjungierte Abbildungen. Bei der oben definierten Zuordnung entsprechen sich insbesondere die Hermiteschen Formen und die selbstadjungierten Abbildungen. Für eine selbstadjungierte Abbildung φ ist somit das Skalarprodukt $(x, \varphi x)$ immer reell und umgekehrt ist eine lineare Abbildung mit dieser Eigenschaft selbstadjungiert; denn dann ist die zugehörige Bilinearfunktion für $y = x$ reell und somit nach 10.2 Hermitesch.

Zu einer selbstadjungierten Abbildung gehört in einer orthonormierten Basis eine Hermitesche Matrix. Berechnet man die Spur von φ aus dieser Matrix, so erhält man

$$\mathrm{Sp}\,\varphi = \sum_{\nu} \alpha_{\nu}^{\nu}.$$

Nun ist $\alpha_{\nu}^{\nu} = \bar{\alpha}_{\nu}^{\nu}$, also jedes α_{ν}^{ν} reell und damit auch die Spur von φ. Auch die Determinante einer selbstadjungierten Abbildung ist reell; dies folgt daraus, daß allgemein zur adjungierten Abbildung die komplex konjugierte Determinante gehört.

Es sei jetzt λ ein Eigenwert von φ und e ein zugehöriger Eigenvektor, so daß also

$$\varphi e = \lambda e.$$

Dann folgt

$$(e, \varphi e) = \bar{\lambda}\,(e, e)$$

und somit muß λ reell sein, da die linke Seite dieser Gleichung reell ist. Eine selbstadjungierte Abbildung eines unitären Raumes hat somit lauter reelle Eigenwerte. Auf Matrizen übersetzt, besagt dies, daß die charakteristische Gleichung

$$\det\,(\alpha_{\nu}^{\mu} - \lambda\,\delta_{\nu}^{\mu}) = 0$$

für eine Hermitesche Matrix lauter reelle Wurzeln hat.

Wie im Reellen (vgl. Kap. VII, § 2) kann man zeigen, daß es zu einer selbstadjungierten Abbildung eines unitären Raumes eine Basis aus n paarweise orthogonalen Eigenvektoren gibt. Im Komplexen führt jedoch noch eine andere Methode zum Ziel, die dasselbe Ergebnis gleich für eine größere Klasse von Abbildungen liefert. Wir werden in (10.12) darauf zurückkommen.

10.10. Unitäre Abbildungen. Eine lineare Abbildung φ, welche das Skalarprodukt erhält

$$(\varphi x, \varphi y) = (x, y) \tag{10.6}$$

heißt *unitär*. Die unitären Selbstabbildungen eines komplexen Raumes sind somit diejenigen, die den Drehungen eines Euklidischen Raumes entsprechen. Äquivalent zu der Bedingung (10.6) ist die Forderung, daß φ die Längen erhält,

$$|\varphi x| = |x|.$$

Aus dieser Gleichung folgt wie im Reellen, daß eine unitäre Abbildung regulär ist.

Die Inverse einer unitären Abbildung stimmt mit der Adjungierten überein,

$$\tilde{\varphi} = \varphi^{-1}.$$

Geht man hier zur Determinante über und berücksichtigt die Beziehung

$$\det\tilde{\varphi} = \overline{\det\varphi}\,,$$

so folgt

$$|\det\varphi|^2 = 1\,,$$

d. h. die Determinante einer unitären Abbildung hat den Betrag eins.

Dasselbe gilt für jeden Eigenwert λ der unitären Abbildung φ. Ist nämlich e ein zugehöriger Eigenvektor, so daß also

$$\varphi e = \lambda e\,,$$

so folgt

$$|\varphi e| = |\lambda|\,|e|$$

und somit, da $|\varphi e| = |e|$ und $|e| \neq 0$,

$$|\lambda| = 1\,.$$

10.11. Normale Abbildungen. Eine lineare Selbstabbildung eines unitären Raumes heißt *normal*, wenn sie mit ihrer Adjungierten vertauschbar ist,

$$\tilde{\varphi}\varphi = \varphi\tilde{\varphi}\,. \tag{10.7}$$

Gleichbedeutend hiermit ist die Beziehung

$$(\varphi x, \varphi y) = (\tilde{\varphi} x, \tilde{\varphi} y)\,. \tag{10.8}$$

Ist nämlich φ normal, so folgt

$$(\varphi x, \varphi y) = (x, \tilde{\varphi}\varphi y) = (x, \varphi\tilde{\varphi} y) = (\tilde{\varphi} x, \tilde{\varphi} y)\,.$$

Umgekehrt ergibt sich aus (10.8)

$$(y, \tilde{\varphi}\varphi x) = (\varphi y, \varphi x) = (\tilde{\varphi} y, \tilde{\varphi} x) = (y, \varphi\tilde{\varphi} x)$$

und hieraus, wenn man x festhält und y variiert, die Beziehung (10.7).

Aus jeder der beiden obigen Charakterisierungen sieht man, daß eine unitäre und eine selbstadjungierte Abbildung normal ist.

Die Beziehung (10.8) lautet für $y = x$

$$|\varphi x| = |\tilde{\varphi} x|$$

und hieraus folgt, daß der Kern $\tilde{K}$ der adjungierten Abbildung mit dem von φ zusammenfällt, $\tilde{K} = K$. Man darf somit in der allgemein gültigen Zerlegung (vgl. 7.1)

$$A = \varphi A \oplus \tilde{K} \qquad (\varphi A \perp \tilde{K})$$

$\tilde{K}$ durch K ersetzen und erhält eine direkte Zerlegung in Kern und Bildraum,

$$A = \varphi A \oplus K \qquad (\varphi A \perp K).$$

Hieraus sieht man, daß φ im Bildraum φA regulär ist und somit muß die Abbildung φ^2 denselben Rang wie φ haben. Der Rang einer normalen Abbildung ändert sich somit beim Iterieren nicht.

10.12. Eigenvektoren normaler Abbildungen. Mit φ ist auch die Abbildung $\varphi - \lambda\iota$ normal, wobei λ eine beliebige komplexe Zahl bezeichnet. Somit müssen die Kerne der Abbildungen $\varphi - \lambda\iota$ und $\tilde{\varphi} - \bar{\lambda}\iota$ übereinstimmen, d. h. φ und $\tilde{\varphi}$ haben dieselben Eigenvektoren und die Eigenwerte sind zueinander komplex konjugiert. Wir zeigen jetzt, daß es in einem unitären Raume zu einer normalen Abbildung eine Basis aus n paarweise orthogonalen Eigenvektoren gibt. Zunächst folgt die Existenz eines Eigenwertes λ_1, da das charakteristische Polynom mindestens eine Nullstelle haben muß. Es sei e_1 ein zugehöriger Eigenvektor und A_1 sein orthogonales Komplement. Dieses wird mittels φ in sich übergeführt, denn für jeden Vektor y von A_1 gilt

$$(\varphi y, e_1) = (y, \tilde{\varphi} e_1) = (y, \bar{\lambda}_1 e_1) = \lambda_1 (y, e_1) = 0\,,$$

d. h. der Bildvektor φy liegt wieder in A_1.

In A_1 wird somit von φ eine lineare Selbstabbildung induziert, die selbstverständlich wieder normal ist. Zu dieser muß es einen Eigenvektor e_2 geben; dieser liegt in A_1 und ist somit zu e_1 orthogonal. Indem man diese Überlegung fortsetzt, erhält man schließlich ein System von n paarweise orthogonalen Eigenvektoren, die man noch auf die Länge eins normieren kann. In der so erhaltenen Basis e_ν $(\nu = 1 \ldots n)$ hat die Abbildung φ die Gestalt

$$\varphi e_\nu = \lambda_\nu e_\nu \qquad (\nu = 1 \ldots n) \qquad (10.9)$$

Aus diesem Ergebnis folgt speziell, daß man eine selbstadjungierte oder eine unitäre Abbildung in einer passend gewählten orthonormierten Basis auf die Form (10.9) bringen kann. Dabei sind die Eigenwerte λ_ν im selbstadjungierten Fall reell und im unitären Fall vom Betrag eins.

Aufgaben: 1. Es sei φ lineare Selbstabbildung eines unitären Raumes, so daß $\tilde{\varphi} = -\varphi$. Dann sind alle Eigenwerte von φ rein imaginär.

2. Man zeige, daß sich jede reguläre lineare Abbildung eines unitären Raumes in der Form

$$\varphi = \varphi_1 \varphi_2$$

zerlegen läßt, wobei φ_1 unitär und φ_2 selbstadjungiert ist.

Anleitung. Man gehe von der selbstadjungierten Abbildung $\tilde{\varphi}\varphi$ aus und definiere eine selbstadjungierte Abbildung ψ so, daß $\psi^2 = \tilde{\varphi}\varphi$; dann setze man $\varphi_1 = \varphi\psi^{-1}$ und $\varphi_2 = \psi$.

3. Man beweise, daß das charakteristische Polynom der adjungierten Abbildung $\tilde{\varphi}$ aus dem von φ hervorgeht, indem man die Koeffizienten durch die komplex konjugierten ersetzt. Was bedeutet dies für eine selbstadjungierte Abbildung?

4. Wo ist die Stelle im Beweis von 10.12, die sich nicht auf reelle Räume übertragen läßt?

Elftes Kapitel

Invariante Unterräume

Bereits im III. Kapitel wurde das Eigenwertproblem einer linearen Selbstabbildung formuliert. Es besteht darin, diejenigen Vektoren aufzusuchen, die bei der Abbildung nur eine Multiplikation mit einem Faktor erfahren. Der von einem Eigenvektor erzeugte eindimensionale Unterraum ist dann bezüglich der Abbildung invariant, d. h. er wird in sich übergeführt. Ist der Raum Euklidisch und die Abbildung selbstadjungiert, so zerfällt er in lauter eindimensionale Unterräume. Im allgemeinen ist dies natürlich nicht richtig, es braucht ja gar keine Eigenvektoren zu geben. Somit liegt es nahe, die Aufgabe dahin zu verallgemeinern, daß man auch höherdimensionale invariante Unterräume zuläßt und verlangt, daß diese sich nicht ihrerseits als direkte Summe von invarianten Teilräumen darstellen lassen. In § 5 wird gezeigt, wie man eine Zerlegung in solche Unterräume konstruieren kann. Dabei ergeben sich in natürlicher Weise für die Matrix der Abbildung gewisse Normalformen.

Als Koeffizientenkörper legen wir einen beliebigen kommutativen Körper zugrunde. In § 7 werden die Ergebnisse auf komplexe und reelle Räume spezialisiert.

§ 1. Der Ring der linearen Selbstabbildungen

11.1. Es sei also A ein linearer Raum mit einem kommutativen Körper Λ als Skalarenkörper. Wir betrachten die Gesamtheit $\sum$ aller linearen Selbstabbildungen von A. In dieser ist eine Addition und eine Multiplikation erklärt (vgl. Kap. II, § 4) und es gelten folgende Gesetze:

I. Gesetze der Addition.

1. Kommutatives Gesetz: $\sigma_1 + \sigma_2 = \sigma_2 + \sigma_1$.

2. Assoziatives Gesetz: $(\sigma_1 + \sigma_2) + \sigma_3 = \sigma_1 + (\sigma_2 + \sigma_3)$.

3. Es gibt eine Nullabbildung 0, so daß $\sigma + 0 = \sigma$ für alle σ.

4. Zu jeder Abbildung σ gibt es eine Abbildung $-\sigma$, so daß $\sigma + (-\sigma) = 0$.

II. Gesetze der Multiplikation.

Assoziatives Gesetz: $(\sigma_1\sigma_2)\,\sigma_3 = \sigma_1\,(\sigma_2\sigma_3)$.

III. Distributives Gesetz: $\sigma_1\,(\sigma_2 + \sigma_3) = \sigma_1\sigma_2 + \sigma_1\sigma_3$

$$(\sigma_1 + \sigma_2)\,\sigma_3 = \sigma_1\sigma_3 + \sigma_2\sigma_3\,.$$

Eine Menge von Elementen, in der zwei solche Verknüpfungen definiert sind, heißt ein *Ring*. Ein Ring unterscheidet sich von einem Körper [vgl. (1.3)] dadurch, daß es kein Einselement und kein inverses Element bezüglich der Multiplikation zu geben braucht und daß die Multiplikation nicht notwendig kommutativ ist.

Die Menge Σ der linearen Selbstabbildungen ist somit ein Ring. Dieser Ring hat die spezielle Eigenschaft, ein Einselement bezüglich der Multiplikation zu besitzen, nämlich die identische Selbstabbildung.

In den Ring Σ kann man nun noch die Elemente des Koeffizientenkörpers als Multiplikatoren einführen. Wie bereits in 2.19 erwähnt, ist das Produkt zwischen einem Körperelement λ und einer Selbstabbildung σ als die Selbstabbildung

$$(\lambda\sigma)\, x = \lambda\,(\sigma x)$$

definiert. Diese Multiplikation hängt mit der Addition distributiv zusammen,

$$\lambda\,(\sigma_1 + \sigma_2) = \lambda\sigma_1 + \lambda\sigma_2$$
$$(\lambda_1 + \lambda_2)\,\sigma = \lambda_1\sigma + \lambda_2\sigma$$

und mit der Multiplikation assoziativ

$$(\lambda\sigma_1)\,\sigma_2 = \sigma_1(\lambda\sigma_2) = \lambda\,(\sigma_1\sigma_2)\,,$$
$$\lambda\,(\mu\sigma) = (\lambda\,\mu)\,\sigma\,.$$

Durch diese weitere Verknüpfung — diesmal zwischen den Elementen von Λ und Σ — wird Σ zu einem *Ring mit Operatoren aus* Λ. Speziell gilt für das Einselement von Λ

$$1 \cdot \sigma = \sigma$$

d. h. das Einselement ist der *identische Operator*.

11.2. Polynome von Selbstabbildungen. Zum Körper Λ kann man den *Polynomring* $\Lambda[u]$ bilden; seine Elemente sind die Polynome in einer Unbestimmten u mit Koeffizienten aus Λ, also endliche Summen der Form

$$f(u) = \sum_{\mu=0}^{m} a_\mu u^\mu.$$

Dabei ist die Unbestimmte u nichts als ein Rechensymbol*). Erklärt man Summe und Produkt zweier Polynome als diejenigen Polynome, die man durch formales Addieren bzw. Ausmultiplizieren erhält, so bilden die Polynome $f(u)$ einen kommutativen Ring, den *Polynomring* über dem Körper Λ*). Dieser Ring hat ebenfalls ein Einselement, nämlich das Polynom nullten Grades 1.

Es sei jetzt σ eine feste lineare Selbstabbildung des Raumes A und

$$f(u) = \sum_\mu a_\mu u^\mu$$

ein Polynom über Λ. Ersetzt man hier die Unbestimmte u durch die Abbildung σ, so erhält man die lineare Selbstabbildung

$$f(\sigma) = \sum_\mu a_\mu \sigma^\mu.$$

*) vgl. VAN DER WAERDEN, Algebra I, § 18

In dieser Weise entspricht (bei gegebenem σ) jedem Polynom $f(u)$ eine lineare Selbstabbildung $f(\sigma)$; es ist also eine eindeutige Abbildung des Ringes $\Lambda[u]$ in den Ring $\sum$ definiert. Dabei gehen Summe und Produkt zweier Polynome in Summe bzw. Produkt der entsprechenden Selbstabbildungen über. Eine derartige Abbildung eines Ringes in einen anderen heißt ein *Homomorphismus.* Jede lineare Selbstabbildung σ bestimmt somit einen Homomorphismus von $\Lambda[u]$ in $\sum$. Insbesondere entspricht hierbei dem Polynom $f(u) = u$ die Abbildung σ selbst, dem konstanten Polynom $f(u) = 1$ die identische Abbildung und dem Polynom $f(u) = 0$ die Nullabbildung.

Aus den beiden Homomorphieeigenschaften der Zuordnung $f(u) \to f(\sigma)$ folgt, daß die Selbstabbildungen der Form $f(\sigma)$, wobei f alle Polynome durchläuft, selbst wieder einen Ring bilden. Dieser ist, im Gegensatz zum Ring $\sum$, kommutativ; dies folgt einfach daraus, daß der Polynomring $\Lambda[u]$ kommutativ ist. Zu jeder linearen Selbstabbildung σ gehört somit ein kommutativer Unterring von $\sum$.

§ 2. Zusammenhang zwischen Kern und Teilbarkeit

11.3. Es sei wieder σ eine feste Selbstabbildung des Raumes A. $f(u)$ und $g(u)$ seien zwei Polynome über Λ und $f(\sigma)$ bzw. $g(\sigma)$ die entsprechenden Selbstabbildungen des Raumes A. Zu diesen gehört je ein Kern, den wir kurz mit K_f und K_g bezeichnen.

Ist dann g ein Teiler von f, so ist der Kern K_g in K_f enthalten. Nach Voraussetzung ist nämlich das Polynom $f(u)$ von der Form

$$f(u) = g(u)\,h(u)\,,$$

wobei h ein passend gewähltes Polynom bezeichnet. Ersetzt man hier u durch σ, so folgt

$$f(\sigma) = g(\sigma)\,h(\sigma)\,. \tag{11.1}$$

Ist nun x ein Vektor des Kerns K_g,

$$g(\sigma)\,x = 0\,,$$

so ergibt sich nach (11.1)

$$f(\sigma)\,x = 0\,,$$

d. h. x ist auch in K_f enthalten. Da x beliebig war, folgt hieraus die Inklusion $K_g \subset K_f$.

11.4. Größter gemeinsamer Teiler. Es seien jetzt $f(u)$ und $g(u)$ zwei beliebige Polynome und $t(u)$ sei ihr größter gemeinsamer Teiler. Dann ist der Kern K_t gleich dem Durchschnitt der Kerne K_f und K_g,

$$K_t = K_f \cap K_g\,. \tag{11.2}$$

Zunächst folgt nach 11.3, daß K_t sowohl in K_f als auch in K_g und damit im Durchschnitt $K_f \cap K_g$ enthalten ist. Andererseits gibt es, da $t(u)$ der *größte* gemeinsame Teiler von $f(u)$ und $g(u)$ ist, eine Darstellung der Form

$$t = f f_1 + g g_1 ,$$

wobei f_1 und g_1 zwei passend gewählte Polynome sind. Bezeichnet nun x einen Vektor des Durchschnittes $K_f \cap K_g$, so ist $f(\sigma)\, x = 0$ und $g(\sigma)\, x = 0$ und somit auch $t(\sigma)\, x = 0$. Der Durchschnitt $K_f \cap K_g$ ist also in K_t enthalten und es folgt die Gleichheit (11.2).

Sind die Polynome $f(u)$ und $g(u)$ insbesondere teilerfremd, so wird $t(u) = 1$ und damit $K_t = 0$. Die Räume K_f und K_g haben somit für teilerfremde Polynome nur den Nullvektor gemeinsam.

11.5. Kleinstes gemeinsames Vielfache. Es sei jetzt $v(u)$ das kleinste gemeinsame Vielfache der Polynome $f(u)$ und $g(u)$. Dann ist K_v der Verbindungsraum von K_f und K_g (vgl. 1.14),

$$K_v = K_f + K_g . \tag{11.3}$$

Zunächst folgt die Inklusion

$$K_f + K_g \subset K_v ,$$

da sowohl f als auch g Teiler von v ist. Um zu zeigen, daß auch umgekehrt K_v in $K_f + K_g$ enthalten ist, schreiben wir das Polynom v in der Form

$$v = f f_1 \quad \text{bzw.} \quad v = g g_1 ,$$

wobei f_1 und g_1 zwei geeignete Polynome bezeichnen. Diese Polynome sind teilerfremd, denn sonst wäre v nicht das *kleinste* gemeinsame Vielfache von f und g.

Somit existiert eine Darstellung der Form

$$1 = f_1 f_2 + g_1 g_2$$

mit zwei Polynomen f_2 und g_2. Ersetzt man hier die Unbestimmte durch die Abbildung σ, so folgt

$$x = f_1(\sigma)\, f_2(\sigma)\, x + g_1(\sigma)\, g_2(\sigma)\, x . \tag{11.4}$$

Erklärt man jetzt die Vektoren x_1 und x_2 durch

$$x_1 = f_1(\sigma)\, f_2(\sigma)\, x \quad \text{und} \quad x_2 = g_1(\sigma)\, g_2(\sigma)\, x ,$$

so folgt nach (11.4) für jeden Vektor x die Zerlegung

$$x = x_1 + x_2 .$$

Ist x speziell in K_v enthalten, so folgt

$$f(\sigma)\, x_1 = f(\sigma)\, f_1(\sigma)\, f_2(\sigma)\, x = v(\sigma)\, f_2(\sigma)\, x = f_2(\sigma)\, v(\sigma)\, x = 0$$

und ebenso

$$g(\sigma)\, x_2 = 0 ,$$

d. h. dann liegt x_1 in K_f und x_2 in K_g. Dies bedeutet, daß K_v in der Summe $K_f + K_g$ enthalten ist und somit folgt die Gleichheit (11.3).

Sind die Polynome $f(u)$ und $g(u)$ teilerfremd, so wird v gleich dem Produkt fg. Andererseits haben dann die Kerne K_f und K_g nur den Nullvektor gemeinsam, so daß die Zerlegung (11.3) eine direkte wird. Für zwei teilerfremde Polynome gilt somit

$$K_{fg} = K_f \oplus K_g\,.$$

Ebenso beweist man für mehrere paarweise teilerfremde Polynome $f_1, \ldots f_r$ die Zerlegung

$$K_{f_1 \ldots f_r} = K_{f_1} \oplus \cdots \oplus K_{f_r}\,.$$

§ 3. Minimalpolynom

11.6. Wir betrachten jetzt zu einer gegebenen Selbstabbildung σ die Gesamtheit (f) aller Polynome $f(u)$, so daß $f(\sigma)$ die Nullabbildung ist. Diese hat folgende Eigenschaften:

I. Sie enthält mit je zwei Polynomen f und g auch das Polynom $f + g$ und mit jedem Polynom f auch das Polynom $-f$.

II. Ist f ein Polynom aus (f) und g ein beliebiges Polynom [das nicht zu (f) gehören muß], so liegt das Produkt fg in (f); denn für jeden Vektor x gilt dann

$$f(\sigma)\, g(\sigma)\, x = g(\sigma)\, \{f(\sigma)\, x\} = g(\sigma)\, 0 = 0\,.$$

Eine Teilmenge eines Ringes mit diesen beiden Eigenschaften heißt ein *Ideal*. Wir zeigen, daß das Ideal (f) nicht nur aus dem identisch verschwindenden Polynom besteht, m. a. W., daß es nichttriviale Polynome $f(u)$ gibt, so daß $f(\sigma) = 0$. Dies ergibt sich daraus, daß die Gesamtheit der linearen Selbstabbildungen eines n-dimensionalen Raumes selbst einen n^2-dimensionalen linearen Raum bildet (vgl. 2.19); daher müssen die $(n^2 + 1)$ Abbildungen σ^ν $(\nu = 0, 1 \ldots n^2)$ linear abhängig sein, d. h. es gibt ein System von nicht sämtlich verschwindenden Koeffizienten λ_ν aus Λ, so daß

$$\sum_\nu \lambda^\nu \sigma^\nu = 0\,.$$

Das Polynom

$$f(u) = \sum_\nu \lambda^\nu u^\nu$$

ist daher nicht identisch Null und erfüllt die Gleichung

$$f(\sigma) = 0\,.$$

11.7. Minimalpolynom. Nach einem Satz der Algebra*) ist jedes Ideal (f) des Polynomringes $\Lambda[u]$ ein *Hauptideal*, d. h. es besteht aus

*) Siehe VAN DER WAERDEN, Algebra I, § 21.

den Vielfachen eines festen Polynoms f_0. Dabei kann das Polynom f_0 als das Polynom kleinsten Grades in (f) charakterisiert werden. Es ist eindeutig bestimmt, wenn man noch den höchsten Koeffizienten auf 1 normiert, und heißt das *erzeugende Polynom* des Ideals (f).

Speziell gehört zu dem von der Abbildung σ bestimmten Ideal ein erzeugendes Polynom μ; dieses heißt das *Minimalpolynom* der Abbildung σ. Es ist das Polynom kleinsten Grades, für welches $f(\sigma) = 0$ gilt und eindeutig bestimmt, wenn man es so normiert, daß der höchste Koeffizient gleich 1 wird.

Das Minimalpolynom ist vom Nullpolynom verschieden, denn sonst würde das Ideal (f) nur aus dem Nullpolynom bestehen. Es hat sogar mindestens den Grad eins, sofern sich der Raum A nicht auf den Nullvektor reduziert; wäre nämlich μ vom nullten Grad, also $\mu(u) = 1$, so müßte die identische Abbildung mit der Nullabbildung zusammenfallen und das ist nur möglich, wenn A die Dimension Null hat.

Das Minimalpolynom der identischen Abbildung lautet $\mu(u) = u - 1$ und das der Nullabbildung $\mu(u) = u$.

11.8. Es sei jetzt A_1 ein bezüglich der Abbildung σ invarianter Unterraum von A, d. h. ein Unterraum, der mittels σ in sich übergeführt wird. σ_1 bezeichne die in A_1 induzierte Selbstabbildung und μ_1 ihr Minimalpolynom. Dieses muß dann ein (echter oder unechter) Teiler von μ sein, denn in A_1 gilt $\mu(\sigma) = 0$ und somit ist μ ein Vielfaches von μ_1.

Es sei jetzt irgend eine Zerlegung des Raumes A in invariante Unterräume gegeben,

$$A = A_1 + A_2 + \cdots + A_r ;$$

bezeichnet σ_ϱ die in A_ϱ induzierte Abbildung und μ_ϱ ihr Minimalpolynom $(\varrho = 1 \ldots r)$, so ist das Minimalpolynom von σ gleich dem kleinsten gemeinsamen Vielfachen der Polynome μ_ϱ. Zunächst folgt nämlich, wenn v das kleinste gemeinsame Vielfache bezeichnet,

$$v(\sigma)\, x_\varrho = 0$$

für alle Vektoren aus A_ϱ und somit auch

$$v(\sigma)\, x = 0$$

für jeden Vektor x von A. Somit muß v ein Vielfaches des Minimalpolynoms von σ sein. Andererseits sei f irgend ein Polynom, so daß $f(\sigma) = 0$; dann folgt $f(\sigma_\varrho) = 0$ $(\varrho = 1 \ldots r)$, d. h. f muß ein Vielfaches von jedem μ_ϱ sein, also ein gemeinsames Vielfaches der Polynome μ_ϱ. Damit ist f auch ein Vielfaches von v und somit ist v als Polynom kleinsten Grades charakterisiert, für das $f(\sigma) = 0$ gilt. Dieses ist aber das Minimalpolynom von σ.

11.9. Beziehung zwischen Kern und Teilbarkeit. In 11.3 wurde gezeigt, daß für je zwei Polynome f und g, wobei g das Polynom f teilt, der Kern K_g in K_f enthalten ist. Dabei braucht K_g kein echter Unterraum von K_f zu sein, auch wenn g ein echter Teiler von f ist. Wählt man z. B. für g das Minimalpolynom und f irgend ein Vielfaches von g, so bestehen K_f und K_g aus dem ganzen Raum A.

Wenn man aber noch voraussetzt, daß f ein Teiler des Minimalpolynoms ist, muß K_g ein echter Unterraum von K_f sein, sofern g echter Teiler von f ist, wie jetzt gezeigt werden soll.

Nach Voraussetzung ist f ein Teiler von μ; es gilt also

$$\mu(u) = f(u)\, h(u)\,,$$

wobei $h(u)$ irgend ein Polynom bezeichnet. Setzt man

$$g_1(u) = g(u)\, h(u)\,,$$

so hat g_1 kleineren Grad als μ, denn g ist echter Teiler von f. $g_1(\sigma)$ kann also nicht die Nullabbildung sein und es gibt einen Vektor x_1, so daß $g_1(\sigma)\, x_1 \neq 0$. Setzt man

$$y = h(\sigma)\, x_1\,,$$

so wird

$$f(\sigma)\, y = f(\sigma)\, h(\sigma)\, x_1 = \mu(\sigma)\, x_1 = 0$$

und

$$g(\sigma)\, y = g(\sigma)\, h(\sigma)\, x_1 = g_1(\sigma)\, x_1 \neq 0\,,$$

d. h. y liegt in K_f aber nicht in K_g. Somit muß K_g ein echter Unterraum von K_f sein, w. z. b. w.

11.10. Zusammenhang mit den Eigenwerten. Wir zeigen jetzt, daß die Wurzeln des Minimalpolynoms (sofern überhaupt solche existieren) mit den Eigenwerten der Abbildung σ zusammenfallen. Es sei also λ eine Wurzel des Minimalpolynoms; dann ist das Polynom

$$f(u) = u - \lambda$$

ein Teiler von μ und andererseits enthält es das konstante Polynom $g(u) = 1$ als echten Teiler. Nach 11.9 muß daher die echte Inklusion $K_g \subset K_f$ bestehen, d. h. K_f enthält nicht nur den Nullvektor. Es gibt somit einen Vektor $x_1 \neq 0$, so daß

$$\sigma x_1 - \lambda x_1 = 0\,,$$

d. h. einen Eigenvektor zum Eigenwert λ.

Ist umgekehrt λ ein Eigenwert von σ, so besteht der Kern K_f nicht nur aus dem Nullvektor. Nun ist K_f gleich dem Durchschnitt $K_f \cap K_\mu$ (denn K_μ ist der ganze Raum) und somit können die Polynome f und μ nicht teilerfremd sein. Da f den Grad eins hat, ist das nur so möglich, daß f ein Teiler von μ ist und damit λ eine Wurzel von μ.

Aufgaben: 1. Zwei lineare Selbstabbildungen σ_1 und σ_2 heißen *ähnlich*, wenn es eine reguläre Selbstabbildung τ gibt, so daß $\sigma_2 = \tau^{-1}\sigma_1\tau$.

Man zeige, daß zwei ähnliche Selbstabbildungen σ_1 und σ_2 dasselbe Minimalpolynom haben.

2. Es sei σ eine Drehung der Ebene um den Winkel ω. Wie lautet das Minimalpolynom?

3. Man stelle das Minimalpolynom einer Drehung des dreidimensionalen Raumes auf.

4. Man zeige, daß man das Minimalpolynom einer linearen Selbstabbildung auf folgende Art erhalten kann: Man wähle einen Vektor x_1 und bestimme die kleinste Zahl m_1, so daß die Vektoren $\sigma^\nu x_1$ $(\nu = 0 \ldots m_1)$ linear abhängig sind,

$$\sum_{\nu=0}^{m_1} \lambda_\nu \sigma^\nu x_1 = 0 .$$

Dann definiere man das Polynom $f_1(u)$ durch

$$f_1(u) = \sum_{\nu=0}^{m_1} \lambda_\nu u^\nu .$$

Spannen die Vektoren $\sigma^\nu x_1$ $(\nu = 0 \ldots m_1)$ noch nicht den ganzen Raum A auf, so wähle man einen Vektor x_2, der nicht in dem von diesen Vektoren erzeugten Unterraum liegt und wende auf diesen dasselbe Verfahren an. So erhält man ein Polynom $f_2(u)$. Dieses Verfahren setzt man fort, bis der ganze Raum A erschöpft ist. Das kleinste gemeinsame Vielfache der Polynome f_ϱ ist dann das Minimalpolynom von σ.

5. Man zeige, daß die lineare Selbstabbildung σ genau dann regulär ist, wenn das konstante Glied des Minimalpolynoms verschwindet.

§ 4. Invariante Unterräume

11.11. Wie schon erwähnt, versteht man unter einem *invarianten Unterraum* einer linearen Selbstabbildung σ einen solchen, der mittels σ in sich übergeführt wird. Triviale invariante Unterräume sind der ganze Raum A und der Kern der Abbildung σ. Ferner erzeugt jeder Eigenvektor von σ einen eindimensionalen invarianten Unterraum. Allgemeiner gehört zu jedem Polynom f ein invarianter Unterraum, nämlich der Kern K_f der Abbildung $f(\sigma)$; ist nämlich x ein Vektor von K_f, so folgt

$$f(\sigma)\, \sigma x = \sigma f(\sigma)\, x = 0 ,$$

d. h. auch der Bildvektor σx liegt in K_f. Auf diese Art erhält man aber im allgemeinen nicht alle invarianten Unterräume von A; ist z. B. σ die Identität, so ist jeder Unterraum invariant, während K_f für jedes Polynom f entweder aus dem ganzen Raum oder aus dem Nullvektor besteht.

Wir betrachten jetzt zu einem Polynom f, dessen höchster Koeffizient auf 1 normiert sei, den gehörigen invarianten Unterraum K_f.

Es bezeichne σ_1 die in K_f induzierte Selbstabbildung; dann gilt

$$f(\sigma_1)\, x = f(\sigma)\, x = 0\,,$$

das Minimalpolynom μ_1 von σ_1 muß somit ein Teiler von f sein. Setzt man weiter voraus, daß f selbst ein Teiler des Minimalpolynoms μ von σ ist, so gilt sogar die Gleichheit $\mu_1 = f$. Zum Beweis betrachten wir die Unterräume K_{μ_1} und K_f von A. Da μ_1 ein Teiler von f ist, folgt die Inklusion $K_{\mu_1} \subset K_f$. Umgekehrt enthält aber K_{μ_1} nach Definition von μ_1 ganz K_f und somit fallen die Räume K_{μ_1} und K_f zusammen. Hieraus folgt nach 11.9, da f Minimalpolynom teilt, daß μ_1 unechter Teiler von f sein muß. Da der höchste Koeffizient beider Polynome gleich eins ist, folgt $\mu_1 = f$, w. z. b. w.

11.12. Zerlegung nach dem Minimalpolynom. Wir denken uns jetzt das Minimalpolynom μ über dem Körper Λ in seine irreduziblen Faktoren zerlegt,

$$\mu(u) = p_1(u)^{l_1} \ldots p_r(u)^{l_r}\,. \tag{11.5}$$

Setzt man

$$\tau_\varrho = p_\varrho(\sigma)^{l_\varrho} \qquad (\varrho = 1 \ldots r)$$

und bezeichnet den Kern der Abbildung τ_ϱ mit A_ϱ $(\varrho = 1 \ldots r)$, so entspricht der Zerlegung (11.5) des Polynoms μ eine direkte Zerlegung von A in die Unterräume A_ϱ,

$$A = A_1 \oplus \cdots \oplus A_r\,. \tag{11.6}$$

Dabei ist jeder Unterraum A_ϱ invariant und das Minimalpolynom der induzierten Abbildung lautet nach 11.11

$$\mu_\varrho(u) = p_\varrho(u)^{l_\varrho} \qquad (\varrho = 1 \ldots r).$$

11.13. Die Räume A_ϱ. Wir greifen jetzt einen der so erhaltenen invarianten Unterräume heraus und unterdrücken den Index ϱ. Dementsprechend bezeichnen wir die zugehörige Selbstabbildung einfach mit σ und ihr Minimalpolynom mit

$$\mu(u) = p(u)^l. \tag{11.7}$$

Dabei ist

$$p(u) = u^k + a_1 u^{k-1} + \cdots + a_k$$

ein über Λ irreduzibles Polynom.

Wir zeigen, daß die Dimension n von A mindestens gleich dem Grad kl des Minimalpolynoms (11.7) ist. Es sei zunächst $l = 1$, das Minimalpolynom also von der Form

$$\mu(u) = u^k + a_1 u^{k-1} + \cdots + a_k\,.$$

Dann wählen wir irgend einen Vektor x_1 $(x_1 \neq 0)$ und bilden die Vektoren

$$x_1, \sigma x_1, \ldots \sigma^{k-1} x_1\,. \tag{11.8}$$

Diese erzeugen einen invarianten Unterraum I_1, denn die Abbildung σ führt jeden der $(k-1)$ ersten Vektoren (11.8) in den folgenden und den letzten in den Vektor

$$\sigma^k x_1 = -a_1 \sigma^{k-1} x_1 - \cdots - a_k x_1$$

über. Das Minimalpolynom μ_1 der induzierten Abbildung ist nach 11.8 ein Teiler von μ. Da μ irreduzibel ist, muß μ_1 entweder mit μ zusammenfallen oder konstant sein. Der zweite Fall ist ausgeschlossen, da der Raum I_1 nicht nur aus dem Nullvektor besteht; es bleibt also nur die Möglichkeit $\mu_1 = \mu$ übrig. Hieraus kann man schließen, daß die Vektoren (11.8) linear unabhängig sind; dazu gehen wir von einer Relation der Form

$$\sum_{\nu=0}^{k-1} \lambda_\nu \sigma^\nu x_1 = 0$$

aus. Für das Polynom

$$f(u) = \sum_{\nu=0}^{k-1} \lambda_\nu u^\nu$$

gilt dann

$$f(\sigma)\, x_1 = 0$$

und somit auch

$$f(\sigma)\, \sigma^\nu x_1 = 0 \qquad (\nu = 1, 2 \ldots).$$

Somit ist $f(\sigma)$ in I_1 die Nullabbildung und μ_1 muß ein Teiler von f sein. Andererseits hat aber f kleineren Grad als μ_1 und somit muß f das Nullpolynom sein. Es folgt also $\lambda_\nu = 0$ $(\nu = 1 \ldots k-1)$, womit die lineare Unabhängigkeit der Vektoren (11.8) bewiesen ist. Der Raum A hat also mindestens die Dimension k, womit der Fall $l = 1$ erledigt ist.

Ist l beliebig, so betrachten wir die Folge

$$A \to \tau A \to \tau^2 A \to \cdots \to \tau^{l-1} A \to 0,$$

wobei wieder

$$\tau = p(\sigma)$$

gesetzt ist. Der Kern K_τ ist ein bezüglich σ invarianter Unterraum von A. Das Minimalpolynom der induzierten Abbildung lautet $p(u)$ und somit muß K_τ, wie soeben gezeigt, mindestens die Dimension k haben. Hieraus ergibt sich für die Dimension n_1 von τA

$$n_1 \leqq n - k.$$

Ebenso folgt für die Dimension n_2 von $\tau^2 A$

$$n_2 \leqq n_1 - k$$

und allgemein für die Dimension n_λ von $\tau^\lambda A$ $(\lambda = 1 \ldots l)$

$$n_\lambda \leqq n_{\lambda-1} - k \qquad (\lambda = 1 \ldots l). \quad (11.9)$$

Aus den Ungleichungen folgt durch Addition, da $n_l = 0$,

$$n \geqq k\,l\,.$$

Damit ist die behauptete Ungleichung bewiesen.

11.14. Wir gehen jetzt zur Zerlegung (11.6) zurück. Bezeichnet k_ϱ den Grad des irreduziblen Polynoms $p_\varrho(u)$ und n_ϱ die Dimension von A_ϱ, so gelten nach 11.13 die Ungleichungen

$$n_\varrho \geqq k_\varrho l_\varrho \qquad (\varrho = 1 \ldots r)\,.$$

Hieraus findet man durch Addition

$$\sum_\varrho n_\varrho \geqq \sum_\varrho k_\varrho l_\varrho\,.$$

Hier steht links die Dimension des Raumes A und rechts der Grad des Minimalpolynoms. Dieser ist somit höchstens gleich der Dimension von A.

Aufgabe: Es sei eine direkte Zerlegung des Raumes A in invariante Unterräume bezüglich einer Abbildung σ gegeben,

$$A = A_1 \oplus A_2 \oplus \cdots \oplus A_r\,.$$

Dann ist das charakteristische Polynom von σ gleich dem Produkt der charakteristischen Polynome der in A_ϱ induzierten Abbildungen. Beweis!

§ 5. Konstruktion der unzerlegbaren Unterräume

Die zu den einzelnen Faktoren $p_\varrho(u)^{l_\varrho}$ des Minimalpolynoms gehörigen Unterräume A_ϱ lassen sich im allgemeinen selbst als direkte Summen von invarianten Unterräumen darstellen. Es soll jetzt eine Zerlegung eines solchen Unterraumes in nicht weiter zerlegbare invariante Unterräume konstruiert werden. Wir unterdrücken im folgenden den Index ϱ, gehen also von einer linearen Selbstabbildung σ eines Raumes A aus, deren Minimalpolynom von der Form

$$\mu(u) = p(u)^l,$$

ist, wobei

$$p(u) = u^k + a_1 u^{k-1} + \cdots + a_k$$

ein irreduzibles Polynom bezeichnet.

11.15. Wir beweisen zunächst folgenden *Hilfssatz*: Es sei σ eine lineare Selbstabbildung mit dem Minimalpolynom $p(u)^l$ und B ein Unterraum von A, so daß B mit dem Kern K_{l-1} von τ^{l-1} nur den Nullvektor gemeinsam hat und der Raum $\tau^{l-1} B$ bezüglich σ invariant ist. Dann kann man A in der Form

$$A = K_{l-1} \oplus B \oplus \sum_{\varkappa=0}^{k-1} \sigma^\varkappa U$$

zerlegen, wobei U ein passend gewählter Unterraum von A ist.

Beweis: Es sei zunächst $l = 1$; dann ist also B ein bezüglich σ invarianter Unterraum von A und K_{l-1} reduziert sich auf den Nullvektor. Fällt B mit dem ganzen Raum A zusammen, so ist nichts zu beweisen. Andernfalls wählen wir einen Vektor x_1, der nicht in B liegt und betrachten die Vektoren

$$x_1, \sigma x_1, \ldots \sigma^{k-1} x_1 .$$

Diese sind, wie bereits in 11.13 gezeigt wurde, linear unabhängig. Ferner hat der von ihnen erzeugte Unterraum A_1 mit B nur den Nullvektor gemeinsam; um dies zu zeigen, betrachten wir den Durchschnitt $A_1 \cap B$. Dieser ist ein echter Unterraum von A_1, da x_1 nicht in B liegt und hat daher höchstens die Dimension $k - 1$. Andererseits ist er als Durchschnitt von invarianten Unterräumen selbst invariant, und zwar muß das Minimalpolynom der induzierten Abbildung ein Teiler von $p(u)$ sein. Der Grad dieses Minimalpolynoms ist aber höchstens gleich $k - 1$ und somit muß es [da $p(u)$ irreduzibel ist] konstant sein. Dies ist aber nur möglich, wenn $A_1 \cap B$ nur aus dem Nullvektor besteht.

Wenn der so erhaltene Raum $B \oplus A_1$ mit A zusammenfällt, nehme man für U den von x_1 erzeugten Unterraum; dann gilt

$$A = B \oplus \sum_{\varkappa=0}^{k-1} \sigma^{\varkappa} U$$

und man ist fertig. Andernfalls sei x_2 ein Vektor, der nicht in $B \oplus A_1$ enthalten ist. Dann hat der von den Vektoren $x_2, \sigma x_2, \ldots \sigma^{k-1} x_2$ erzeugte Unterraum mit $B \oplus A_1$ nur den Nullvektor gemeinsam; dies sieht man analog wie beim ersten Schritt. Indem man dieses Verfahren fortsetzt, erhält man schließlich einen Raum $B \oplus A_1 \oplus \ldots \oplus A_m$, der mit A zusammenfällt. Dabei wird jeder Raum A_μ von Vektoren der Form $x_\mu, \sigma x_\mu, \ldots \sigma^{k-1} x_\mu$ erzeugt. Bezeichnet nun U den von $x_1 \ldots x_m$ erzeugten Unterraum, so wird

$$A = B \oplus \sum_{\varkappa=0}^{k-1} \sigma^{\varkappa} U ,$$

womit der Hilfssatz für $l = 1$ bewiesen ist.

Ist $l \geqq 2$, so betrachten wir an Stelle von A den Raum $\tau^{l-1} A$ und den Unterraum $\tau^{l-1} B$. Diese beiden Räume erfüllen die Voraussetzungen des Hilfssatzes für $l = 1$, denn der Raum $\tau^{l-1} B$ wird nach Voraussetzung mittels σ in sich übergeführt. Somit gibt es, wie bereits bewiesen, eine Zerlegung der Form

$$\tau^{l-1} A = \tau^{l-1} B \oplus \sum_{\varkappa=0}^{k-1} \sigma^{\varkappa} V , \tag{11.10}$$

wobei V einen Unterraum von $\tau^{l-1} A$ bezeichnet. Nun bezeichne U einen Unterraum von A, der mittels τ^{l-1} regulär auf V abgebildet wird;

dann wird der Raum

$$B \oplus \sum_{\varkappa=0}^{k-1} \sigma^{\varkappa} U$$

mittels τ^{l-1} regulär auf den Raum (11.10) abgebildet und daher läßt sich A in der Form

$$A = K_{l-1} \oplus B \oplus \sum_{\varkappa=0}^{k-1} \sigma^{\varkappa} U$$

zerlegen. Damit ist der Hilfssatz bewiesen.

11.16. Konstruktion der Zerlegung. Um nun eine Zerlegung der verlangten Art zu erhalten, betrachten wir die Folge der Kerne K_λ von τ^λ ($\lambda = 0 \ldots l$), für die offenbar die Inklusionen

$$K_l \supset K_{l-1} \supset \ldots \supset K_1 \supset K_0$$

gelten. Dabei ist K_l der ganze Raum und K_0 besteht nur aus dem Nullvektor. Wendet man den Hilfssatz 11.15 auf K_l an, wobei $B = 0$ gesetzt wird, so erhält man eine Zerlegung der Form

$$K_l = K_{l-1} \oplus \sum_{\varkappa=0}^{k-1} \sigma^{\varkappa} U_l \qquad (U_l \subset A)\,. \tag{11.11}$$

Hier kann man auf K_{l-1} erneut den Hilfssatz anwenden, wenn man $B = \tau \sum_{\varkappa} \sigma^{\varkappa} U_l$ setzt*). Dieser Unterraum erfüllt beide Voraussetzungen des Hilfssatzes: zunächst folgt aus der direkten Zerlegung (11.11), daß τ^{l-1} in $\sum_{\varkappa} \sigma^{\varkappa} U_l$ regulär ist und damit auch τ^{l-2} in $\tau \sum_{\varkappa} \sigma^{\varkappa} U_l$, also in B; somit kann B mit dem Kern K_{l-2} nur den Nullvektor gemeinsam haben. Zweitens ist der Raum

$$\tau^{l-2} B = \tau^{l-1} \sum_{\varkappa=0}^{k-1} \sigma^{\varkappa} U_l$$

bezüglich σ invariant. Denn zunächst wird jeder der ersten $(k-1)$ Räume in der obigen Summe auf den folgenden abgebildet. Daß auch der Raum $\tau^{l-1} \sigma^{k-1} U_l$ wieder in den Raum $\tau^{l-1} \sum_{\varkappa} \sigma^{\varkappa} U_l$ hinein abgebildet wird, ergibt sich aus der Beziehung.

$$\tau^{l-1} \sigma^k = \tau^{l-1} \left(\tau - \sum_{\varkappa=0}^{k-1} a_{\varkappa} \sigma^{\varkappa} \right) = -\tau^{l-1} \sum_{\varkappa=0}^{k-1} a_{\varkappa} \sigma^{\varkappa}.$$

Somit kann der Kern K_{l-1} nach dem Hilfssatz in der Form

$$K_{l-1} = K_{l-2} \oplus \tau \sum_{\varkappa} \sigma^{\varkappa} U_l \oplus \sum_{\varkappa} \sigma^{\varkappa} U_{l-1} \qquad (U_{l-1} \subset K_{l-1}) \tag{11.12}$$

zerlegt werden.

Nun wenden wir den Hilfssatz auf K_{l-2} an und setzen $B = \tau^2 \sum \sigma^{\varkappa} U_l + \tau \sum \sigma^{\varkappa} U_{l-1}$. Daß die Vorraussetzungen erfüllt sind, ergibt

*) Dabei hat man $l - 1$ anstatt l zu schreiben.

sich wie beim vorherigen Schritt: Nach (11.12) haben die Räume $\tau \sum \sigma^\varkappa U_l \oplus \sum \sigma^\varkappa U_{l-1}$ und K_{l-2} nur den Nullvektor gemeinsam und somit ist τ^{l-2} im Raume $\tau \sum\limits_\varkappa \sigma^\varkappa U_l \oplus \sum\limits_\varkappa \sigma^\varkappa U_{l-1}$ regulär; daher muß auch τ^{l-3} in $\tau^2 \sum\limits_\varkappa \sigma^\varkappa U_l \oplus \tau \sum\limits_\varkappa \sigma^\varkappa U_{l-1}$ regulär sein, d. h. dieser Raum hat mit K_{l-3} nur den Nullvektor gemeinsam. Zweitens ist der Raum

$$\tau^{l-3} B = \tau^{l-1} \sum_\varkappa \sigma^\varkappa U_l \oplus \tau^{l-2} \sum_\varkappa \sigma^\varkappa U_{l-1}$$

bezüglich σ invariant; für den zweiten Summanden der obigen Gleichung folgt dies analog wie für den ersten, wenn man beachtet, daß U_{l-1} in K_{l-1} liegt und damit $\tau^{l-2} U_{l-1}$ mittels τ in den Nullvektor übergeführt wird. Somit kann man K_{l-2} in der Form

$$K_{l-2} = K_{l-3} \oplus \tau^2 \sum_\varkappa \sigma^\varkappa U_l \oplus \tau \sum_\varkappa \sigma^\varkappa U_{l-1} \oplus \sum_\varkappa \sigma^\varkappa U_{l-2} \quad (U_{l-2} \subset K_{l-2}) \tag{11.13}$$

schreiben.

Indem man diese Schlußweise fortsetzt, erhält man allgemein für K_λ eine Zerlegung der Form

$$K_\lambda = K_{\lambda-1} \oplus \tau^{l-\lambda} \sum_\varkappa \sigma^\varkappa U_l \oplus \tau^{l-\lambda-1} \sum \sigma^\varkappa U_{l-1} \oplus \dots \oplus \sum \sigma^\varkappa U_\lambda$$
$$(\lambda = l, \dots 1,\ U_\lambda \subset K_\lambda)\,. \tag{11.14}$$

Addiert man diese Gleichungen, so ergibt sich für K_l, also für den ganzen Raum A, die Zerlegung

$$A = \begin{cases} \sum\limits_\varkappa \sigma^\varkappa U_l \oplus \tau \sum\limits_\varkappa \sigma^\varkappa U_l \oplus \tau^2 \sum\limits_\varkappa \sigma^\varkappa U_l \oplus \cdots \oplus \tau^{l-1} \sum\limits_\varkappa \sigma^\varkappa U_l \oplus \\ \qquad \oplus \sum\limits_\varkappa \sigma^\varkappa U_{l-1} \oplus \tau \sum\limits_\varkappa \sigma^\varkappa U_{l-1} \oplus \cdots \oplus \tau^{l-2} \sum\limits_\varkappa \sigma^\varkappa U_{l-1} \oplus \\ \qquad\qquad \cdot \quad \cdot \quad \cdot \\ \qquad\qquad\qquad \oplus \sum\limits_\varkappa \sigma^\varkappa U_2 \oplus \tau \sum\limits_\varkappa \sigma^\varkappa U_2 \\ \qquad\qquad\qquad \oplus \quad \sum\limits_\varkappa \sigma^\varkappa U_1 \end{cases} \tag{11.15}$$
$$(U_\lambda \subset K_\lambda,\ \lambda = 1 \dots l)\,.$$

11.17. Hieraus läßt sich nun leicht eine Zerlegung von A in invariante Unterräume der Dimensionen $kl, k(l-1), \dots k$ konstruieren; dazu wählen wir in jedem Raume U_λ $(\lambda = 1 \dots l)$ eine Basis

$$U_\lambda\colon\ x_{\lambda 1}, x_{\lambda 2}, \dots x_{\lambda n_\lambda}$$

und erzeugen den Unterraum $I_{\lambda\mu}$ durch die Vektoren

$$I_{\lambda\mu}: \begin{cases} x_{\lambda\mu}, \sigma x_{\lambda\mu}, \dots \sigma^{k-1} x_{\lambda\mu} \\ \tau x_{\lambda\mu}, \tau\sigma x_{\lambda\mu}, \dots \tau\sigma^{k-1} x_{\lambda\mu} \\ \dots\dots\dots\dots \\ \tau^{\lambda-1} x_{\lambda\mu}, \tau^{\lambda-1}\sigma x_{\lambda\mu} \dots \tau^{\lambda-1}\sigma^{k-1} x_{\lambda\mu} \end{cases} \quad (\lambda = 1 \dots l,\ \mu = 1 \dots n_\lambda)\,. \tag{11.16}$$

Aus (11.15) folgt, daß die Räume $I_{\lambda\mu}$ paarweise nur den Nullvektor gemeinsam haben und daß ihre direkte Summe gleich dem ganzen Raume A ist,

$$A = \sum_{\lambda,\mu} I_{\lambda\mu} . \tag{11.17}$$

Weiter ergibt sich, daß die Räume $I_{\lambda\mu}$ bezüglich der Abbildung σ invariant sind; zunächst folgt aus der Definition von $I_{\lambda\mu}$, daß die ersten $(k-1)$ Basisvektoren jeder Zeile von (11.16) je in den folgenden übergeführt werden. Für den jeweils k-ten Vektor gilt

$$\sigma(\tau^j\sigma^{k-1}x_{\lambda\mu}) = \tau^j\sigma^k x_{\lambda\mu} = \tau^{j+1}x_{\lambda\mu} - \sum_{\varkappa=0}^{k-1} a_\varkappa \tau^j \sigma^\varkappa x_{\lambda\mu} \quad (j = 0, \ldots \lambda - 1) .$$

Für $j = 1, \ldots \lambda - 2$ sieht man unmittelbar, daß der so erhaltene Vektor wieder eine Linearkombination der Vektoren (11.16) ist. Dies gilt aber auch für $j = \lambda - 1$, denn dann ist

$$\tau^{j+1}x_{\lambda\mu} = \tau^\lambda x_{\lambda\mu} = 0 ,$$

da $x_{\lambda\mu}$ in U_λ und damit in K_λ enthalten ist.

Die Gleichung (11.17) stellt somit eine direkte Zerlegung von A in invariante Unterräume der Dimension $kl, k(l-1), \ldots k$ dar. Dabei wird die Anzahl der $k\lambda$-dimensionalen Räume $(\lambda = 1 \ldots l)$ durch die Dimension n_λ von U_λ gegeben. Hieraus sieht man speziell, daß in der Zerlegung mindestens ein Unterraum der Dimension kl auftreten muß; denn der Raum U_l ist mindestens eindimensional, da sonst nach (11.11) der Kern K_l mit K_{l-1} zusammenfallen würde und somit das Minimalpolynom nicht $p(u)^l$ sondern höchstens $p(u)^{l-1}$ wäre.

11.18. Unzerlegbarkeit der Räume $I_{\lambda\mu}$. Es bleibt schließlich zu zeigen, daß sich die Räume $I_{\lambda\mu}$ nicht selbst als direkte Summen invarianter Unterräume darstellen lassen. Wir greifen also einen Raum $I_{\lambda\mu}$ heraus und bezeichnen den erzeugenden Vektor der Kürze halber mit a, so daß also $I_{\lambda\mu}$ von den Vektoren

$$I_{\lambda\mu} \left\{ \begin{array}{l} a, \sigma a, \ldots \sigma^{k-1}a, \\ \tau a, \tau\sigma a, \ldots \tau\sigma^{k-1}a, \\ \ldots\ldots\ldots\ldots\ldots \\ \tau^{\lambda-1}a, \tau^{\lambda-1}\sigma a, \ldots \tau^{\lambda-1}\sigma^{k-1}a \end{array} \right. \tag{11.18}$$

erzeugt wird. Das Minimalpolynom der in $I_{\lambda\mu}$ induzierten Abbildung lautet $p(u)^\lambda$; zunächst folgt, daß die Abbildung τ^λ den Raum $I_{\lambda\mu}$ in den Nullvektor überführt, da a in K_λ enthalten ist. Dagegen ist $\tau^{\lambda-1}$ in $I_{\lambda\mu}$ nicht identisch Null, denn es ist $\tau^{\lambda-1}a \neq 0$, da der Vektor a in U_λ liegt und dieser nach Konstruktion der Räume U_λ mit $K_{\lambda-1}$ nur den Nullvektor gemeinsam hat.

Nehmen wir nun an, der Raum $I_{\lambda\mu}$ zerfalle weiter in zwei invariante Unterräume I_1 und I_2. Die Minimalpolynome in I_1 und I_2 müssen dann von der Form $p(u)^{\lambda_1}$ bzw. $p(u)^{\lambda_2}$ sein. Dann besteht der Raum $\tau^{\lambda_1-1}I_1$ nicht nur aus dem Nullvektor; das Minimalpolynom der in ihm von σ induzierten Abbildung ist dann $p(u)$ und somit muß der Raum $\tau^{\lambda_1-1}I_1$ mindestens die Dimension k haben. Dasselbe gilt von $\tau^{\lambda_2-1}I_2$ und daraus folgt, daß der Kern von τ, der diese beiden Räume enthält, mindestens die Dimension $2k$ haben müßte. Andererseits hat dieser genau die Dimension k, wie man unmittelbar aus der Basis (11.18) von $I_{\lambda\mu}$ sieht. Somit ist eine weitere Zerlegung des Raumes $I_{\lambda\mu}$ unmöglich, w. z. b. w.

11.19. Damit haben wir insgesamt folgendes Ergebnis erhalten: *Es sei σ eine lineare Selbstabbildung und*

$$\mu(u) = p_1(u)^{l_1}\, p_2(u)^{l_2} \ldots p_r(u)^{l_r}$$

die Zerlegung ihres Minimalpolynoms in irreduzible Faktoren. Dann kann man den Raum A als direkte Summe von nicht weiter zerlegbaren invarianten Unterräumen der Dimensionen $k_\varrho l_\varrho$, $k_\varrho(l_\varrho-1), \ldots k_\varrho$ $(\varrho = 1 \ldots r)$ darstellen, wobei k_ϱ den Grad des irreduziblen Polynoms p_ϱ bezeichnet. Dabei gibt es in jedem dieser Unterräume eine Basis, die von einem Vektor a in der Form (11.18) *erzeugt wird.*

11.20. Normalform der Matrix. In jedem der unzerlegbaren Räume $I_{\lambda\mu}$ kann man nun eine Basis angeben, in der die Matrix von σ eine besonders einfache Gestalt hat. Bezeichnet wieder a den Vektor, der die Basis (11.18) erzeugt, so liegen alle Vektoren $\sigma^\nu a$ $(\nu = 0, 1, 2 \ldots)$ in $I_{\lambda\mu}$, da $I_{\lambda\mu}$ invariant ist. Speziell bilden die Vektoren

$$a, \sigma a, \sigma^2 a, \ldots \sigma^{\lambda k-1} a \tag{11.19}$$

eine Basis von $I_{\lambda\mu}$. Denn erstens erzeugen sie den Raum $I_{\lambda\mu}$, da die Basisvektoren (11.18) Linearkombinationen dieser Vektoren sind und zweitens ist ihre Anzahl gleich der Dimension von $I_{\lambda\mu}$.

Um nun die Matrix von σ in dieser Basis zu erhalten, hat man auf die einzelnen Vektoren (11.19) die Abbildung σ anzuwenden. Dabei geht jeder in den folgenden über und der letzte in den Vektor $\sigma^{\lambda k} a$. Um diesen als Linearkombination der Vektoren (11.19) darzustellen, potenzieren wir das Polynom $p(u)^\lambda$ aus,

$$p(u)^\lambda = u^{\lambda k} + b_1 u^{\lambda k-1} + \cdots + b_{\lambda k}\,.$$

Ersetzt man hier u durch σ, so erhält man

$$\tau^\lambda = \sigma^{\lambda k} + b_1 \sigma^{\lambda k-1} + \cdots + b_{\lambda k}\,\iota$$

und somit wird, da τ^λ in $I_{\lambda\mu}$ die Nullabbildung ist,

$$\sigma^{\lambda k} a = -\, b_{\lambda k} a - b_{\lambda k-1}\, \sigma a - \cdots - b_1 \sigma^{\lambda k-1} a\,.$$

Die Matrix der Abbildung σ in bezug auf die Basis (11.19) hat somit die Gestalt

$$\begin{pmatrix} 0, 1 & & & & \\ & 0, 1 & & 0 & \\ & & \cdot & & \\ & & & \cdot & \\ & & & & \cdot \\ & & & & 1 \\ -b_{\lambda k}, & \ldots & & & -b_1 \end{pmatrix}. \tag{11.20}$$

Wählt man in jedem Unterraum $I_{\lambda\mu}$ eine solche Basis, so bilden diese Vektoren zusammen eine Basis des Raumes A. In dieser zerfällt die Matrix der Abbildung σ in lauter Kästchen der Form (11.20), die längs der Hauptdiagonale aufeinanderfolgen. Dies ist die *allgemeine Normalform* der Matrix von σ.

Man beachte, daß man die einzelnen Kästchen der Normalform direkt aus dem nach (11.5) zerlegten Minimalpolynom ablesen kann. Wenn man überdies weiß, wie oft jedes solcher Kästchen in der Normalform vorkommt, kann man diese direkt angeben, ohne zuerst die Basen (11.18) bzw. (11.19) zu konstruieren. Wie man die Anzahlen der einzelnen Kästchen bestimmen kann, wird in (11.24) gezeigt werden.

11.21. Die Jordansche Normalform. Wenn das Minimalpolynom der Abbildung σ über dem Körper Λ speziell in Linearfaktoren zerfällt, so wie es z. B. im Körper der komplexen Zahlen immer der Fall ist, kann man die Matrix der Abbildung noch auf andere Art auf eine Normalform bringen. Dazu gehen wir von der Basis (11.18) des Raumes $I_{\lambda\mu}$ aus, wobei jetzt für $p(u)$ ein Polynom ersten Grades einzusetzen ist,

$$p(u) = u - \varkappa, \tau = \sigma - \varkappa\iota .$$

Die Basis (11.18) wird dann von den Vektoren

$$a, \tau a, \ldots \tau^{\lambda-1} a$$

gebildet und somit hat die Matrix die Form

$$\begin{pmatrix} \varkappa, 1 & & & & \\ & \varkappa, 1 & & 0 & \\ & & \varkappa, 1 & & \\ & & 0 & & 1 \\ & & & & \varkappa \end{pmatrix}. \tag{11.21}$$

Setzt man die so bestimmten Basen der Räume $I_{\lambda\mu}$ zu einer Basis des Raumes A zusammen, so zerfällt die Matrix der Abbildung σ in lauter Kästchen der Form (11.21), die längs der Hauptdiagonale aufeinanderfolgen. Dies ist die *Jordansche Normalform* der Matrix. Sie kann im Gegensatz zu der allgemeinen Normalform (11.20) nur dann erhalten werden, wenn das Minimalpolynom in lauter Faktoren ersten Grades zerfällt.

§ 6. Unzerlegbare und vollständig zerlegbare Räume

11.22. Aus dem Zerlegungssatz von § 5 erhält man leicht ein Kriterium, ob der Raum A bezüglich einer gegebenen Selbstabbildung σ unzerlegbar ist. Notwendig hierfür ist jedenfalls, daß das Minimalpolynom $\mu(u)$ nicht zwei teilerfremde Faktoren enthält, also von der Form

$$\mu(u) = p(u)^l \tag{11.22}$$

ist. Konstruiert man nun zur Abbildung σ mit diesem Minimalpolynom nach § 5 die unzerlegbaren Unterräume, so tritt unter diesen, wie bereits am Schluß von 11.17 erwähnt, mindestens ein Raum der Dimension kl auf. Soll nun A selbst unzerlegbar sein, so darf nichts mehr übrig bleiben, d. h. kl muß gleich der Dimension von A sein. Umgekehrt ist dies offenbar auch hinreichend für die Unzerlegbarkeit von A.

Notwendig und hinreichend für die Unzerlegbarkeit des Raumes A ist somit, daß das Minimalpolynom die Form (11.22) *hat und sein Grad gleich der Dimension des Raumes A ist.*

11.23. Zusammenhang zwischen Minimalpolynom und charakteristischem Polynom. Berechnet man für einen unzerlegbaren Raum $I_{\lambda\mu}$ das charakteristische Polynom der Abbildung σ aus der Normalform (11.20), so erhält man

$$\chi(u) = \begin{vmatrix} -u, 1 & & & \\ & -u, 1 & & \\ & & \ddots & \\ & & & -u, 1 \\ -b_{\lambda k}, -b_{\lambda k-1}, & & & -b_1 - u \end{vmatrix} \begin{aligned} &= (-1)^{\lambda k}(u^{\lambda k} + b_1 u^{\lambda k-1} + \cdots + b_{\lambda k}) \\ &= (-1)^{\lambda k} p(u)^{\lambda}. \end{aligned}$$

Diese Gleichung zeigt, daß das charakteristische Polynom im unzerlegbaren Fall bis auf einen Vorzeichenfaktor mit dem Minimalpolynom übereinstimmt. Hieraus läßt sich auch für den allgemeinen Fall ein Zusammenhang dieser beiden Polynome erhalten. Stellt man nämlich den Raum A als direkte Summe von unzerlegbaren Unterräumen dar, $I = \sum_{\nu=1}^{N} I_\nu$, so ist das Minimalpolynom μ von σ nach 11.8 gleich dem kleinsten gemeinsamen Vielfachen der Minimalpolynome μ_ν der induzierten Abbildungen. Andererseits ist das charakteristische Polynom von σ gleich dem Produkt der charakteristischen Polynome χ_ν (vgl. § 4, Aufgabe). Hieraus folgt, da je zwei Polynome χ_ν und μ_ν bis aufs Vorzeichen übereinstimmen, daß χ ein Vielfaches von μ sein muß.

Ersetzt man die Unbestimmte u durch die Abbildung σ, so erhält man den Satz von Cayley-Hamilton:

Jede lineare Selbstabbildung σ ist Nullstelle ihres charakteristischen Polynoms.

11.24. Anzahl der unzerlegbaren Unterräume. Es sei jetzt wieder σ eine lineare Selbstabbildung von A mit dem Minimalpolynom

$$\mu(u) = p(u)^l.$$

Wir zeigen jetzt, daß man die Anzahl der unzerlegbaren Unterräume der einzelnen Dimensionen aus den Rängen der Abbildung $\tau = p(\sigma)$ und ihrer Potenzen berechnen kann.

Nach § 5 zerfällt A in unzerlegbare Unterräume der Dimensionen $kl, k(l-1), \ldots k$. Es bezeichne A_λ die direkte Summe der $k\lambda$-dimensionalen Unterräume $(\lambda = 1 \ldots l)$, so daß also

$$A = A_1 \oplus \cdots \oplus A_l. \tag{11.23}$$

Dabei möge A_λ aus N_λ Räumen bestehen; dann hat A_λ die Dimension $k\lambda N_\lambda$ und somit folgt

$$n = k \sum_\lambda \lambda N_\lambda .$$

Wendet man auf die Zerlegung (11.23) die Abbildung τ an, so ergibt sich

$$\tau A = \tau A_1 \oplus \cdots \oplus \tau A_l$$

hier darf man wieder eine direkte Summe schreiben, weil jeder Raum A_λ in sich übergeführt wird. Der Raum τA_λ hat die Dimension $k(\lambda - 1) N_\lambda$, denn A_λ besteht aus N_λ unzerlegbaren Unterräumen der Dimension $k\lambda$ und beim Anwenden von τ verringert sich die Dimension jedes solchen Raumes um k. Hieraus ergibt sich die Beziehung

$$r_1 = k \sum_{\lambda=2}^{l} (\lambda - 1) N_\lambda ,$$

wobei r_1 den Rang von τ bezeichnet. Iteriert man nun die Abbildung τ, so erhält man allgemein, wenn r_j den Rang von τ^j bezeichnet,

$$r_j = k \sum_{\lambda=j+1}^{l} (\lambda - j) N_\lambda \qquad (j = 1 \ldots l). \tag{11.24}$$

Diese Gleichungen lassen sich nun nach N_λ auflösen; schreibt man (11.24) einmal für $j+1$ und einmal für $j-1$ auf, so erhält man

$$r_{j+1} = k \sum_{\lambda=j+2}^{l} (\lambda - j - 1) N_\lambda = k \sum_{\lambda=j+2}^{l} (\lambda - j) N_\lambda - k \sum_{\lambda=j+2}^{l} N_\lambda \tag{11.25}$$

und

$$r_{j-1} = k \sum_{\lambda=j}^{l} (\lambda - j + 1) N_\lambda = k \sum_{\lambda=j}^{l} (\lambda - j) N_\lambda + k \sum_{\lambda=j}^{l} N_\lambda, \quad (r_0 = n). \tag{11.26}$$

Aus (11.24), (11.25) und (11.26) ergibt sich nun die Formel

$$k N_j = r_{j+1} + r_{j-1} - 2 r_j \qquad (j = 1 \ldots l).$$

11.25. Vollständig zerlegbare Räume. Der andere extreme Fall ist der, daß der Raum A in lauter *eindimensionale* invariante Unterräume zerfällt. Wir zeigen, daß dies genau dann der Fall ist, wenn das Minimalpolynom von σ in lauter verschiedene Faktoren ersten Grades zerfällt.

Als erstes nehmen wir an, der Raum A zerfalle in lauter eindimensionale invariante Unterräume I_ν $(\nu = 1 \ldots n)$. Wählt man in jedem Raume I_ν einen Vektor x_ν $(x_\nu \neq 0)$, so bilden diese eine Basis von I. Da I_ν invariant ist, muß σx_ν von der Form

$$\sigma x_\nu = \lambda_\nu x_\nu$$

sein. Die x_ν sind also Eigenvektoren von σ und die λ_ν die zugehörigen Eigenwerte. Wir denken uns die Vektoren x_ν so numeriert, daß $\lambda_1, \ldots \lambda_r$ $(r \leqq n)$ die paarweise verschiedene Eigenwerte sind. Setzt man

$$f(u) = (u - \lambda_1) \ldots (u - \lambda_r)\,,$$

so folgt

$$f(\sigma)\, x_\nu = 0 \qquad (\nu = 1 \ldots n)$$

und somit $f(\sigma)\, x = 0$ für alle Vektoren x. Das Polynom f führt somit σ in die Nullabbildung über und muß daher ein Vielfaches des Minimalpolynoms sein. Daher muß auch das Minimalpolynom in lauter Faktoren ersten Grades zerfallen.

Wir setzen jetzt umgekehrt voraus, daß das Minimalpolynom in lauter verschiedene Faktoren ersten Grades zerfällt,

$$\mu(u) = (u - \lambda_1) \ldots (u - \lambda_r)\,.$$

Bezeichnet A_ϱ den Unterraum der Eigenvektoren zu λ_ϱ $(\varrho = 1 \ldots r)$, so gilt zunächst die Zerlegung

$$A = A_1 \oplus \cdots \oplus A_r\,.$$

Nun ist in jedem Raume A_ϱ

$$\sigma x = \lambda_\varrho x\,,$$

d. h. A_ϱ läßt sich weiter in lauter eindimensionale Unterräume zerlegen. Damit zerfällt der ganze Raum A in lauter eindimensionale Unterräume, womit unsere Behauptung bewiesen ist.

Für Matrizen ausgedrückt besagt dieses Ergebnis: *Die Matrix einer linearen Selbstabbildung σ läßt sich genau dann in einer geeigneten Basis auf Diagonalgestalt bringen, wenn das Minimalpolynom in lauter verschiedene Faktoren ersten Grades zerfällt.*

Aufgaben: 1. Es seien σ und σ' zwei lineare Selbstabbildungen mit dem gemeinsamen Minimalpolynom

$$\mu(u) = p(u)^l\,,$$

wobei $p(u)$ irreduzibel ist. Man zeige, daß die Abbildungen σ und σ' genau dann ähnlich sind (vgl. § 3, Aufgabe 1), wenn je zwei Abbildungen $p(\sigma)^j$ und $p(\sigma')^j$ $(j = 1 \ldots l)$ denselben Rang haben.

2. Man zeige, daß zwei lineare Selbstabbildungen σ und σ' genau dann ähnlich sind, wenn ihre Minimalpolynome übereinstimmen und die in den Unterräumen A_ϱ der Zerlegung (11.6) induzierten Abbildungen σ_ϱ und σ'_ϱ $(\varrho = 1 \ldots r)$ der Bedingung von Aufgabe 1 genügen.

§ 7. Anwendung auf komplexe und reelle Räume

Die in den letzten Paragraphen erhaltenen Ergebnisse, die für einen linearen Raum über einem beliebigen Körper Λ gelten, sollen nun auf komplexe und reelle lineare Räume spezialisiert werden.

11.26. Komplexe Räume. Es sei zunächst A ein komplexer linearer Raum und σ eine lineare Selbstabbildung von A. Ihr Minimalpolynom zerfällt dann nach dem Fundamentalsatz der Algebra über dem Körper der komplexen Zahlen in lauter Linearfaktoren,

$$\mu(u) = (u - \lambda_1)^{l_1} \ldots (u - \lambda_r)^{l_r}.$$

Dabei sind die Wurzeln λ_ϱ die Eigenwerte der Abbildung σ (vgl. 11.10). Setzt man

$$\tau_\varrho = \sigma - \lambda_\varrho \iota \qquad (\varrho = 1 \ldots r)$$

und bezeichnet der Kern der Abbildung $\tau_\varrho^{l_\varrho}$ mit A_ϱ, so zerfällt der Raum A zunächst in die invarianten Unterräume A_ϱ,

$$A = A_1 \oplus A_2 \oplus \ldots \oplus A_r .$$

Die im Raume A_ϱ induzierte Selbstabbildung hat das Minimalpolynom

$$\mu_\varrho(u) = (u - \lambda_\varrho)^{l_\varrho}$$

und somit kann man auf den Raum A_ϱ den Zerlegungssatz von § 5 (mit $k = 1$) anwenden. Danach zerfällt der Raum A_ϱ in unzerlegbare invariante Unterräume der Dimensionen $l_\varrho, l_\varrho - 1, \ldots 1$, wobei mindestens ein Unterraum der Dimension l_ϱ auftritt. In jedem der so erhaltenen Unterräume gibt es eine Basis der Form

$$a, \tau_\varrho a, \tau_\varrho^2 a, \ldots \tau_\varrho^{l_\varrho - 1} a . \tag{11.27}$$

Setzt man diese Basen zu einer Basis des Raumes A zusammen, so zerfällt die Matrix von σ in dieser Basis in lauter quadratische Kästchen der Form

$$\begin{pmatrix} \lambda_\varrho, & 1 & & & \\ & \lambda_\varrho, & 1 & 0 & 0 \\ & & \ddots & 1 & 0 \\ & 0 & & \lambda_\varrho, & 1 \\ & & & & \lambda_\varrho \end{pmatrix}.$$

In einem komplexen Raum läßt sich somit die Matrix einer linearen Selbstabbildung immer auf die Jordansche Normalform bringen.

11.27. Normale Abbildungen. Im komplexen Raume A sei jetzt ein positiv definites Skalarprodukt definiert (vgl. Kap. X, § 2) und die

Selbstabbildung σ sei *normal* (vgl. 10.11). In diesem Falle kann man zeigen, daß der Raum A in lauter eindimensionale invariante Unterräume zerfällt. Nach dem Kriterium in 11.25 hat man hierfür zu zeigen, daß das Minimalpolynom von σ in lauter verschiedene Linearfaktoren zerfällt.

Es sei λ ein Eigenwert von σ und l seine Vielfachheit im Minimalpolynom. Wir setzen wieder

$$\tau = \sigma - \lambda\iota$$

und bezeichnen den Kern von τ^l mit K. In diesem wird dann eine lineare Selbstabbildung mit dem Minimalpolynom $\mu(u) = (u - \lambda)^l$ induziert. Nun ist die Abbildung τ mit σ ebenfalls normal, wie man aus den Beziehungen

$$\tilde{\tau}\tau = (\tilde{\sigma} - \bar{\lambda}\iota)(\sigma - \lambda\iota) = \tilde{\sigma}\sigma - \bar{\lambda}\sigma - \lambda\tilde{\sigma} + \lambda\bar{\lambda}\iota$$

und

$$\tau\tilde{\tau} = (\sigma - \lambda\iota)(\tilde{\sigma} - \bar{\lambda}\iota) = \sigma\tilde{\sigma} - \lambda\tilde{\sigma} - \bar{\lambda}\sigma + \lambda\bar{\lambda}\iota$$

erkennt. Somit bleibt der Rang von τ beim Iterieren ungeändert (vgl. 10.11) und τ muß also die Nullabbildung sein (da $\tau^l = 0$). Somit wird der Kern K bereits durch τ in den Nullvektor übergeführt und es folgt $l = 1$. Das Minimalpolynom hat somit lauter einfache Wurzeln, w. z. b. w.

Da die selbstadjungierten Abbildungen und die Drehungen normal sind, folgt speziell, daß ein komplexer Raum bezüglich einer jeden solchen Abbildung vollständig zerfällt.

11.28. Reelle Räume. Es sei jetzt σ eine lineare Abbildung eines reellen Raumes A. Dann zerfällt das Minimalpolynom im allgemeinen in Faktoren ersten und zweiten Grades

$$\mu(u) = (u - \lambda_1)^{j_1} \ldots (u - \lambda_r)^{j_r} (u^2 + a_1 u + b_1)^{l_1} \ldots (u^2 + a_s u + b_s)^{l_s}, \tag{11.28}$$

wobei die quadratischen Polynome keine reellen Wurzeln haben. Dem entspricht eine Zerlegung

$$A = \sum_\alpha A_\alpha \oplus \sum_\beta B_\beta$$

des Raumes A, wobei A_α den Kern der Abbildung $(\sigma - \lambda_\alpha\iota)^{j_\alpha}$ und B_β den Kern der Abbildung $(\sigma^2 + a_\beta\sigma + b_\beta\iota)^{l_\beta}$ bezeichnet. Jeder Raum A_α läßt sich weiter mittels der Konstruktion von § 5 als direkte Summe von unzerlegbaren Räumen der Dimensionen 1 bis j_α darstellen. In jedem dieser Unterräume kann man eine Basis konstruieren, so daß die Matrix von σ die Jordansche Normalform

$$\begin{pmatrix} 1 & \lambda_\alpha & & & \\ & 1 & \lambda_\alpha & & \\ & & \ddots & & \\ & & & 1 & \lambda_\alpha \\ & & & & 1 \end{pmatrix} \tag{11.29}$$

erhält. Nun betrachten wir einen der Unterräume B_β und lassen den Index β der Kürze halber weg. Das Minimalpolynom der in B induzierten Abbildungen lautet

$$(u^2 + a u + b)^l$$

und somit kann man B als direkte Summe von unzerlegbaren Unterräumen der Dimensionen 2, 4, ... 2 l darstellen. In jedem dieser Unterräume gibt es eine Basis der Form

$$x, \sigma x; \tau x, \sigma \tau x; \ldots \tau^{l-1} x, \sigma \tau^{l-1} x, \qquad (\tau = \sigma^2 + a\sigma + b\iota)$$

so daß die Matrix von σ die Form

$$\begin{pmatrix} 0 & 1 & & & & & \\ -b & -a & 1 & & & & \\ 0 & 0 & 0 & 1 & & & \\ 0 & 0 & -b & -a & 1 & & \\ & & & & & \ddots & \\ & & & & & 0 & 1 \\ & & & & & -b & -a \end{pmatrix} \tag{11.30}$$

erhält. Insgesamt zerfällt also die Matrix einer linearen Selbstabbildung eines reellen Raumes in Kästchen der Form (11.29) und (11.30).

11.29. Normale Abbildungen und Drehungen. Ist der Raum A Euklidisch und σ eine normale Abbildung*), so müssen alle Exponenten in der Zerlegung (11.28) gleich eins sein. Dies ergibt sich wie in 11.27, da mit der Abbildung σ auch jede Abbildung der Form $\sigma - \lambda\iota$ und $\sigma^2 + a\sigma + b\iota$ normal ist. Die Matrix einer normalen Abbildung läßt sich somit immer auf die Form

$$\begin{pmatrix} \lambda_1 & & & & & & & \\ & \ddots & & & & & & \\ & & \lambda_r & & & & & \\ & & & 0 & 1 & & & \\ & & & -b_1 & -a_1 & & & \\ & & & & & \ddots & & \\ & & & & & & 0 & 1 \\ & & & & & & -b_s & -a_s \end{pmatrix} \tag{11.31}$$

bringen.

Als Spezialfall sind hierin die Drehungen enthalten. Dabei muß die in einer invarianten Ebene induzierte Drehung eigentlich sein, denn sonst gäbe es in dieser Ebene zwei Eigenvektoren (vgl. 7.15) und sie

*) In einem reellen Euklidischen Raume wird eine normale Abbildung φ ebenso wie im unitären Fall durch die Beziehung $\tilde{\varphi}\varphi = \varphi\tilde{\varphi}$ charakterisiert.

würde weiter zerfallen. Wählt man in jeder invarianten Ebene eine orthonormierte Basis, so erhalten die Zweierkästchen der Matrix (11.31) die Form

$$\begin{pmatrix} \cos\omega & \sin\omega \\ -\sin\omega & \cos\omega \end{pmatrix}.$$

Beachtet man noch, daß alle Eigenwerte einer Drehung gleich ± 1 sein müssen, so erhält man für die Matrix die Form

$$\begin{pmatrix} \pm 1 & & & & & & & \\ & \ddots & & & & & & \\ & & \pm 1 & & & & & \\ & & & \cos\omega_1 & \sin\omega_1 & & & \\ & & & -\sin\omega_1 & \cos\omega_1 & & & \\ & & & & & \ddots & & \\ & & & & & & \cos\omega_s & \sin\omega_s \\ & & & & & & -\sin\omega_s & \cos\omega_s \end{pmatrix}.$$

Dabei ist die Anzahl der negativen Eigenwerte gerade oder ungerade, je nachdem die Drehung eigentlich oder uneigentlich ist.

Aufgaben: 1. Es sei σ eine lineare Selbstabbildung eines komplexen linearen Raumes und $f(u)$ ein beliebiges Polynom. Sind dann $\lambda_\nu (\nu = 1 \ldots n)$ die Wurzeln des charakteristischen Polynoms von σ (unter denen auch gleiche vorkommen können), so hat das charakteristische Polynom der Abbildung $f(\sigma)$ die Wurzeln $f(\lambda_\nu)$. Beweis!

2. Es sei σ eine lineare Selbstabbildung eines komplexen linearen Raumes und

$$\chi(u) = (u - \lambda_1)^{l_1} \ldots (u - \lambda_r)^{l_r}$$

die Zerlegung ihres charakteristischen Polynoms in Linearfaktoren. Dann hat der Kern $K_\varrho (\varrho = 1 \ldots r)$ der Abbildung

$$(\sigma - \lambda_\varrho \iota)^{l_\varrho}$$

die Dimension l_ϱ und der ganze Raum A ist die direkte Summe der Unterräume K_ϱ.

3. Man zeige, daß sich eine eigentliche Drehung eines n-dimensionalen reellen Raumes durch eine stetige Schar von Drehungen in die Identität deformieren läßt.

4. Es sei σ eine lineare Selbstabbildung eines komplexen linearen Raumes A. Der Raum A kann genau dann zu einem unitären Raum gemacht werden, so daß die Abbildung σ a) normal, b) unitär, c) selbstadjungiert, d) antiselbstadjungiert ist, wenn

a) Der Raum A bezüglich σ vollständig zerfällt.

b) Der Raum vollständig zerfällt und alle Eigenwerte den Betrag eins haben.

c) Der Raum vollständig zerfällt und alle Eigenwerte reell sind.

d) Der Raum vollständig zerfällt und alle Eigenwerte rein imaginär sind.

5. Es sei σ eine lineare Selbstabbildung eines reellen linearen Raumes A. Der Raum A läßt sich genau dann mit einem positiv definiten Skalarprodukt versehen, so daß die Abbildung σ a) normal, b) längentreu, c) selbstadjungiert, d) antiselbstadjungiert ist, wenn

a) der Raum vollständig in invariante Gerade und Ebenen zerfällt und für die in den irreduziblen Ebenen induzierten Abbildungen ψ die Bedingung

$$\frac{1}{4}(\mathrm{Sp}\,\psi)^2 - \det\psi < 0$$

erfüllt ist.

b) der Raum vollständig in invariante Gerade und Ebenen zerfällt, so daß jede invariante Gerade entweder punktweise festbleibt oder am Nullpunkt gespiegelt wird und die in den irreduziblen invarianten Ebenen induzierten Abbildungen ψ den Bedingungen

$$\det\psi = 1$$
$$|\mathrm{Sp}\,\psi| < 2$$

genügen.

c) der Raum A vollständig in invariante Gerade zerfällt.

d) der Raum A in den Kern von σ und in invariante Ebenen zerfällt, wobei die in diesen Ebenen induzierten Selbstabbildungen ψ den Bedingungen

$$\det\psi > 0$$
$$\mathrm{Sp}\,\psi = 0$$

genügen.

Literaturverzeichnis

BAER, R.: Linear Algebra and Projective Geometry. New York: Academic Press Inc. 1952.

BIRKHOFF, G., and S. MACLANE: A Survey of Modern Algebra. New York: The Macmillan Company 1944.

BOURBAKI, N.: Eléments de mathématique. Première Partie, Livre II.

GRÖBNER, W.: Matrizenrechnung. München: R. Oldenburg 1956.

HALMOS, P. R.: Finite Dimensional Vectos Spaces. Princeton N. J.: Princeton University Press 1942.

LICHNEROWICZ, A.: Algèbre et Analyse linéaires. Paris: Masson & Cie 1956.

PICKERT, G.: Analytische Geometrie. Leipzig: Akademische Verlagsgesellschaft 1953.

SPERNER, E.: Einführung in die Analytische Geometrie und Algebra. Göttingen 1948/1951.

STOLL, R.: Linear Algebra and Matrix Theory. London-New York-Toronto: McGraw-Hill Book Publ. Comp. Inc. 1952.

WAERDEN, B. L. VAN DER: Algebra I. 4. Aufl. Berlin-Göttingen-Heidelberg: Springer 1955.

Sachverzeichnis

Heidelberger Taschenbücher

Mathematik — Physik — Informatik — Technik

12 B. L. van der Waerden: Algebra I. 8. Auflage der Modernen Algebra. DM 12,80
13 H. S. Green: Quantenmechanik in algebraischer Darstellung. DM 12,80
15 L. Collatz/W. Wetterling: Optimierungsaufgaben. 2. Auflage. DM 16,80
19 A. Sommerfeld/H. Bethe: Elektronentheorie der Metalle. DM 14,80
20 K. Marguerre: Technische Mechanik. I. Teil: Statik. 2. Auflage. DM 14,80
21 K. Marguerre: Technische Mechanik. II. Teil: Elastostatik. DM 12,80
22 K. Marguerre: Technische Mechanik. III. Teil: Kinetik. DM 14,80
23 B. L. van der Waerden: Algebra II. 5. Auflage der Modernen Algebra. DM 16,80
26 H. Grauert/I. Lieb: Differential- und Integralrechnung I. 3. Auflage. DM 14,80
30 R. Courant/D. Hilbert: Methoden der mathematischen Physik I. 3. Auflage. DM 19,80
31 R. Courant/D. Hilbert: Methoden der mathematischen Physik II. 2. Auflage. DM 19,80
36 H. Grauert/W. Fischer: Differential- und Integralrechnung II. 2. Auflage. DM 14,80
43 H. Grauert/I. Lieb: Differential- und Integralrechnung III. DM 14,80
44 J. H. Wilkinson: Rundungsfehler. DM 16,80
49 Selecta Mathematica I. Verf. und hrsg. von K. Jacobs. DM 12,80
50 H. Rademacher/O. Toeplitz: Von Zahlen und Figuren. DM 12,80
51 E. B. Dynkin/A. A. Juschkewitsch: Sätze und Aufgaben über Markoffsche Prozesse. DM 19,80
54 G. Fuchs: Mathematik für Mediziner und Biologen. DM 14,80
64 F. Rehbock: Darstellende Geometrie. 3. Auflage. DM 16,80
65 H. Schubert: Kategorien I. DM 16,80
66 H. Schubert: Kategorien II. DM 14,80
67 Selecta Mathematica II. Hrsg. von K. Jacobs. DM 14,80
71 O. Madelung: Grundlagen der Halbleiterphysik. DM 14,80
73 G. Pólya/G. Szegö: Aufgaben und Lehrsätze aus der Analysis I. DM 16,80
74 G. Pólya/G. Szegö: Aufgaben und Lehrsätze aus der Analysis II. 4. Auflage. DM 16,80
75 Technologie der Zukunft. Hrsg. von R. Jungk. DM 19,80
80 F. L. Bauer/G. Goos: Informatik — Eine einführende Übersicht. Erster Teil. 2. Auflage. DM 14,80
81 K. Steinbuch: Automat und Mensch. 4. Auflage. DM 19,80
85 W. Hahn: Elektronik-Praktikum für Informatiker. DM 14,80
86 Selecta Mathematica III. Hrsg. K. Jacobs. DM 16,80
87 H. Hermes: Aufzählbarkeit, Entscheidbarkeit, Berechenbarkeit. 2. Auflage. DM 16,80
93 O. Komarnicki: Programmiermethodik. DM 16,80
98 Selecta Mathematica IV. Hrsg. von K. Jacobs. DM 16,80
99 P. Deussen: Halbgruppen und Automaten. DM 14,80
102 W. Franz: Quantentheorie. DM 19,80
104 O. Madelung: Festkörpertheorie I. DM 16,80
105 J. Stoer: Einführung in die Numerische Mathematik I. DM 16,80
107 W. Klingenberg: Eine Vorlesung über Differentialgeometrie. DM 16,80
108 F. W. Schäfke/D. Schmidt: Gewöhnliche Differentialgleichungen. DM 16,80
109 O. Madelung: Festkörpertheorie II. DM 16,80

110 W. Walter: Gewöhnliche Differentialgleichungen. DM 16.80
114 J. Stoer/R. Bulirsch: Einführung in die Numerische Mathematik II. DM 16,80
117 M. J. Beckmann/H. P. Künzi: Mathematik für Ökonomen II. DM 14,80
120 H. Hofer: Datenfernverarbeitung. DM 19.80
126 O. Madelung: Festkörpertheorie III. DM 16,80
127 H. Schecher: Funktioneller Aufbau digitaler Rechenanlagen. DM 19,80
129 K. P. Hadeler: Mathematik für Biologen. DM 16,80
140 R. Alletsee/G. Umhauer: Assembler 1. Ein Lernprogramm. DM 16,80
141 R. Alletsee/G. Umhauer: Assembler 2. Ein Lernprogramm. DM 17,80
142 R. Alletsee/G. Umhauer: Assembler 3. Ein Lernprogramm. DM 19,80
143 T. Bröcker/K. Jänich: Einführung in die Differentialtopologie. DM 16,80
151 C. Blatter: Analysis 1. DM 14,80
152 C. Blatter: Analysis 2. DM 14,80
153 C. Blatter: Analysis 3. DM 14,80
159 F. L. Bauer/R. Gnatz/U. Hill: Informatik. Aufgaben und Lösungen I. DM 14,80
160 F. L. Bauer/R. Gnatz/U. Hill: Informatik. Aufgaben und Lösungen II. DM 14,80
172 H. P. Künzi/W. Krelle: Nichtlineare Programmierung. DM 18,80
175 E. Jessen: Architektur digitaler Rechenanlagen. DM 17,80

Hochschultext

Mathematik

Grauert, H./Fritzsche, K.: Einführung in die Funktionentheorie mehrerer Veränderlicher. DM 19,80
Gross, M./Lentin, A.: Mathematische Linguistik. DM 32,–
Hermes, H.: Introduction to Mathematical Logic. DM 34,–
Heyer, H.: Mathematische Theorie statistischer Experimente. DM 19,80
Hinderer, K.: Grundbegriffe der Wahrscheinlichkeitstheorie. DM 19,80
Jörgens, K./Rellich, F.: Eigenwerttheorie gewöhnlicher Differentialgleichungen. DM 28,–
Kreisel, G./Krivine, J. L.: Modelltheorie. DM 32,–
Lüneburg, H.: Einführung in die Algebra. DM 24,–
MacLane, S.: Kategorien. DM 38,–
Owen, G.: Spieltheorie. DM 32,–
Oxtoby, J. C.: Maß und Kategorie. DM 19,80
Preuss, G.: Allgemeine Topologie. DM 38,–
Querenburg, B. v.: Mengentheoretische Topologie. DM 16,80
Werner, H.: Praktische Mathematik I. DM 19,80
Werner, H./Schaback, R.: Praktische Mathematik II. DM 22,–

Preisänderungen vorbehalten

MIX
Papier aus verantwortungsvollen Quellen
Paper from responsible sources
FSC® C105338

If you have any concerns about our products,
you can contact us on
ProductSafety@springernature.com

In case Publisher is established outside the EU,
the EU authorized representative is:
Springer Nature Customer Service Center GmbH
Europaplatz 3, 69115 Heidelberg, Germany

Printed by Libri Plureos GmbH
in Hamburg, Germany